安全系统工程

ANQUAN XITONG GONGCHENG

主编 谭钦文 徐中慧 刘建平 何友芳

重庆大学出版社

内 容 提 要

本书系统地阐述了安全系统工程的基本思想、方法和技术，并以典型应用为实例进行了分析。全书在介绍安全系统工程的基本概念、事故发生的原理、危险源辨识方法、系统安全分析技术、危险性评价及控制的基础上，增选了系统工程方法论、系统调查分析方法论和系统可靠性分析等系统思维和方法论基础。全书强调系统思维逻辑和实现方法的具体操作，基本概念和原理叙述深入浅出，重点突出；示例联系工程实际，并对求解逻辑和步骤进行了必要的讨论。

本书可作为安全工程及相关专业本科生的专业基础课教材，也可供安全工程专业研究生和工程技术人员参考。

图书在版编目(CIP)数据

安全系统工程/谭钦文等主编.—重庆：重庆大学出版社，2014.11(2025.1 重印)
ISBN 978-7-5624-8605-3

Ⅰ.①安… Ⅱ.①谭…②徐…③刘…④何… Ⅲ.①安全系统工程 Ⅳ.①X913.4

中国版本图书馆 CIP 数据核字(2014)第 223205 号

安全系统工程
主 编 谭钦文 徐中慧 刘建平 何友芳
责任编辑：陈 力 版式设计：陈 力
责任校对：刘志刚 责任印制：邱 瑶
*
重庆大学出版社出版发行
出版人：陈晓阳
社址：重庆市沙坪坝区大学城西路 21 号
邮编：401331
电话：(023) 88617190 88617185(中小学)
传真：(023) 88617186 88617166
网址：http://www.cqup.com.cn
邮箱：fxk@cqup.com.cn (营销中心)
全国新华书店经销
重庆新生代彩印技术有限公司印刷
*
开本：787mm×1092mm 1/16 印张：18 字数：449千
2014 年 11 月第 1 版 2025 年 1 月第 8 次印刷
ISBN 978-7-5624-8605-3 定价：48.00 元

编委会

主　编：谭钦文　徐中慧　刘建平　何友芳

参　编：李仕雄　王永强　谭汝媚　魏　勇　刘年平

吴爱军　林龙沅　江　丽　许秦坤　周煜琴

罗尧东　李　雪　李春林　王海龙

前言

安全系统工程，是运用系统论的观点和方法，结合工程学原理及有关专业知识来研究生产安全管理和工程的新学科，是系统工程学的一个分支。其研究内容主要有辨识危险；预测后果；消除、控制导致事故的危险；分析构成安全系统各单元间的关系和相互影响，协调各单元之间的关系，取得系统安全的最佳设计等。其目的是运用“系统工程原理和方法”，依托“安全基本理论”，实现系统中的“危险性辨识、分析、评价和控制”。

要完成上述工作，首先必须掌握基本的系统工程思想和方法（第2章）和基本的事故致因理论（第3章）；其次，利用适当的系统调查分析方法，熟悉研究对象（第2章），并在此基础上根据事故致因机理，运用系统安全分析方法，完成对象系统的危险源辨识与分析（第4章、第5章）；最后，利用系统安全分析和评价技术对事故后果作出预测和评价，并利用系统危险控制技术制订相应措施，实现系统的优化控制（第6章）。本教材共分为6章，其章节逻辑结构如下图所示。

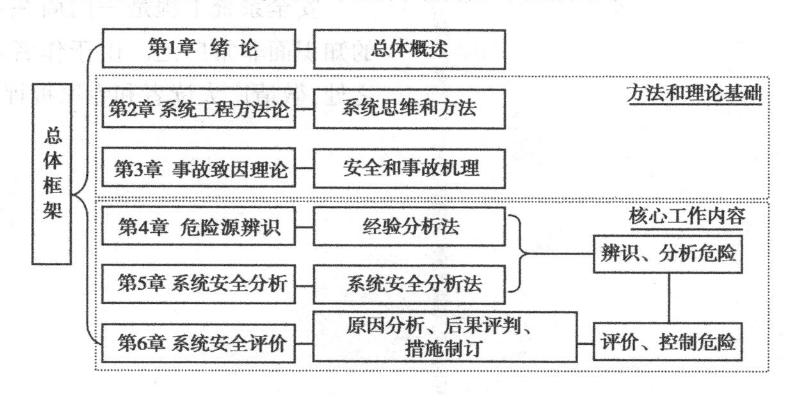

安全系统工程总体框架图

本教材力求语言简洁、层次清晰、通俗易懂，从解决问题“思维模式”“理论需求”到“实践技能”逐层展开，注重理论联系实际，强调实用性和可操作。其中第一部分进行系统思想和系统方法介绍，注重系统思维方法和系统观念的建立；第二部分以安全工作核心内容为主线，展开系统安全分析、预测、评价和控制技术方面的基础理论方法及其典型工程应用实例实现过程与使用技巧介绍。强调实践技能培养，改变传统的“概念、原理、方法到简单案例套入应用”的编写思路和组织体系，变被动式“学知识”以备使用为“遇问题，变思路、求方案”，以期解决“理论与实践脱节”的问题。本教材可作为大专院校安全工程及相关专业学生的选用教材，也可作为企业安全管理与技术人员，以及生产作业人员的培训教材，还可作为从事安全工程专业的科研人员，职业安全监督、监察与管理人员的参考用书。

本书由西南科技大学谭钦文、徐中慧、刘建平和何友芳任主编，李仕雄，王永强，谭汝娟，魏勇，刘年平，吴爱军，林龙沅，江丽，许秦坤，周煜琴，罗尧东，李雪，李春林和王海龙等参加编写。在成书和出版过程中得到了西南科技大学教材建设及精品课程建设项目和重庆大学出版社等的大力支持；西南科技大学研究生谢羽佳、耿龙、徐午言、苗东涛、陈玄超、辛保泉、许晴、贾梁等参与了大量的内容整理和编排工作；本书部分章节还参阅了许多著作和文献，在此一并表示感谢。

安全系统工程是一门尚在不断发展中的交叉学科，涉及的知识面非常广泛。由于作者水平所限，书中难免存在疏漏之处，敬请广大读者和专家批评指正。

编　者

2014 年 8 月

目录

第1章 绪论

在系统科学中,系统工程是改造客观世界,并使改造过程合理化的一门技术。它以运筹学、控制论、信息论、系统论中的一些具有普遍意义的基本理论为指导,在自然科学、社会科学以及工程建设和管理中发挥作用。近30年来,许多学者和科学家一直在探索将系统工程的理论和原理,运用到安全管理方面,并逐步发展为安全系统工程,成为安全科学中的主要分支。

安全系统工程是以信息论、控制论等为理论基础,以安全工程、系统工程、可靠性工程的原理和方法为手段,以安全管理、安全技术和职业健康为载体,对研究对象中的风险进行辨识、评价、控制和消除,以期实现系统及其全过程安全的新兴科学。

1.1 安全系统工程

1.1.1 系 统

(1)系统的概念

"系统"的概念,来源于人类社会的实践经验,并在长期的社会实践中不断发展而逐渐形成。一般系统的创始人奥地利的贝塔朗菲指出:"系统的定义可以确定为一定的相互关系中,并与环境发生关系的各组成部分的总体。"我国科学家钱学森对系统的定义为:"把极其复杂的研究对象称为系统,即由相互作用和相互依赖的若干组成部分结合成的具有特定功能的有机整体,而且这个系统本身又是它所从属的一个更大系统的组成部分。"虽然对于系统概念有很多种理解,但其基本意义大致相同,即系统是由相互作用、相互依赖的若干组成部分结合而成的具有特定功能的有机整体。

系统是一种由若干元素组成的集合体,用它来完成某种特殊功能。系统中的元素间相互联系、相互渗透、相互促进,彼此间保持着特有的关系,保证系统所要达到的最终目的。一旦相互间的特定关系遭到破坏,就会造成工作被动和不必要的损失。

客观世界都是由大大小小的系统组成的。组成系统的子系统和要素又由一定数量的元素组成，各有其特定的功能和目标，它们之间相互关联，分工合作，以达到整体的共同目标。例如任何的生产系统都是由人、机器、原材料、方法和环境5个子系统组成。它们集合在一起的共同目标是多出好产品，使企业的经济效益最大化，从而推动企业向前发展。而生产系统又是人类社会经济大系统的一个组成部分，或者说是一个子系统。

任何一个团体、工厂、企业都可称为一个系统，在这个系统中，包含管理机关、运行体系；继续往下分，又出现一个系统，我们称其为子系统，它们包括班组及其成员等。

(2)系统的分类

分类是系统研究的基本方法，其目的是更好地认识和理解系统的性质和特征，按照不同的分类标准可以把系统分为以下类型。

1)按照系统的起源分类

①自然系统。由自然物组成的系统。它是由自然现象发展而来的，如银河系、太阳系、地球、山脉系统、河流系统、森林系统、矿产系统等。

②人造系统。由人类按一定的目的设计和改造而成的，并由人的智能或机械动力来完成特定目标的系统，如政府机构、民间团体、交通运输系统、电力传输系统、企业系统等。

2)按照系统与环境的关系分类

①开放性系统。与外界环境发生联系的系统。

②封闭性系统。与外界环境隔绝或不受外界环境影响的系统。

3)按照组成系统的要素存在的形态分类

①实体系统。组成系统的元素是实体的，物理方面的存在物的系统。

②概念系统。以概念、原理、原则、方法、制度、程序等非物理方面的存在物组成的系统。

4)按照系统与时间的依赖关系分类

①静态系统。决定系统特性的因素不会随时间的变化而变化的系统。

②动态系统。决定系统特性的因素是随时间的变化而变化的系统。

5)按照物质运动的发展阶段分类

①无机系统。如力学系统、物理系统、化学系统等。

②有机系统。如生物系统等。

③人类社会系统。如管理系统、经营系统、作业系统等。

6)按照系统包含的范围分类

①大型系统。如生态平衡系统等。

②中型系统。如工程系统等。

③小型系统。如班组管理系统等。

7)按照系统的构成分类

①简单系统。由性质相近的若干要素组成的系统，如物资系统等。

②复杂系统。由人造系统和自然系统相结合的系统，如农业系统、企业系统和武器系统以及社会经济大系统等。

8)按照系统的功能分类

①环境系统。自然系统和人类社会共同组成大系统，以及与所要研究的系统周围具有一定关系的系统。

②军事系统。由军人组成的、旨在对国家和本国人民，负有保卫国家安全以及对世界和

平作出贡献的整个系统。

③安全系统。由人、机、料、法、环等组成的维持社会团体、机关、企业等安全运行的系统。

某些系统的形态并不是一成不变的，它是随着人们认识客观世界的深度，以及改造客观世界的需要，按照人们提出的分类标准进行划分的。在实际工作中这些系统也并非孤立存在的，有时是相互交叉、相互依存、相互独立和相辅相成的。

(3)系统的特征

从系统工程的观点来看，系统的特征主要有以下几个方面。

1)集合性

集合性表明系统是由许多(至少两个)可以相互区别的要素组成。例如，一个工业企业是一个系统，它的要素集合如图1.1所示。

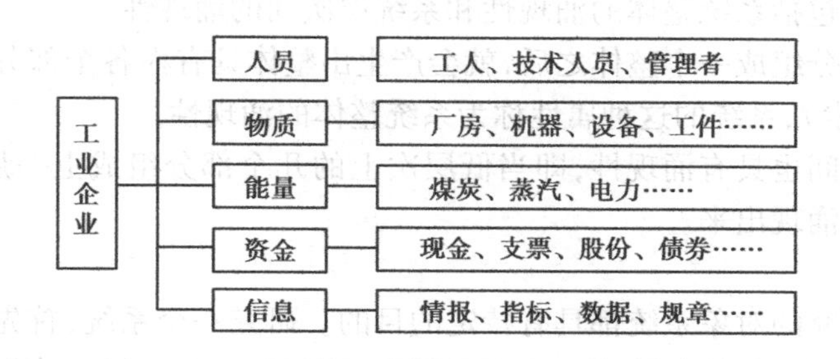

图1.1 工业企业的组成要素

2)相关性

相关性是指系统内部的要素与要素之间、要素与系统之间、系统与其环境之间存在着这样那样的联系。联系又称关系，常常是错综复杂的。如果不存在相关性，众多的要素就如同一盘散沙，只是一个集合(set)而不是一个系统(system)。

3)层次性

系统可分成若干个子系统和更小的子系统，而该系统又是其所属系统的子系统。这种系统的分割形式表现为系统结构的层次性。例如，我国的行政系统包含国家—省(自治区、直辖市)—市—县—乡镇；军队系统包含军—师—(旅)—团—营—连—排。

如图1.2所示为企业管理的层次，它分为战略计划层(高层)、经营管理层(中层)和作业层(基层)。大企业的中层又可分为若干层次，构成一座金字塔。

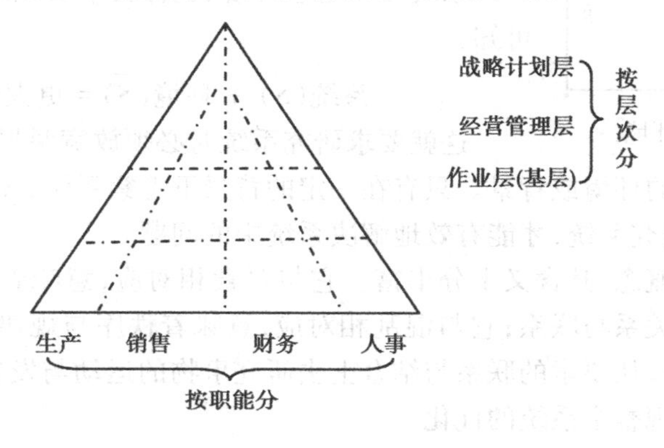

图1.2 企业管理的层次

4)整体性

系统是作为一个整体出现的,是作为一个整体存在于环境之中、与环境发生相互作用的,系统的任何组成要素或者局部都不能离开整体去研究。

系统的整体性又称为系统的总体性、全局性。系统的局部问题必须放在系统的全局之中才能有效地解决,系统的全局问题也必须放在系统的环境之中才能有效地解决。局部的目标和诉求,要素的质量、属性和功能指标,要素与要素之间、局部与局部之间的关系,都必须服从整体或总体的目的,它们共同实现系统整体或总体的功能。系统的功能和特性,必须从系统的整体或总体来加以理解,加以要求,使之实现并且优化。系统的整体观念或总体观念是系统概念的精髓。

5)涌现性

系统的涌现性包括系统整体的涌现性和系统层次间的涌现性。

系统的各个部分组成一个整体之后,就会产生出整体具有而各个部分原来没有的某些东西(性质、功能、要素),系统的这种属性称为系统整体的涌现性。

系统的层次之间也具有涌现性,即当低层次上的几个部分组成上一层次时,一些新的性质、功能、要素就会涌现出来。

6)目的性

系统工程所研究的对象系统都具有特定的目的。研究一个系统,首先必须明确它作为一个整体或总体所体现的目的与功能。人们正是为了实现一定的目的,才组建或改造某一个系统的。例如,学校的目的主要是培养合格的人才;企业的目的主要是生产合格的产品,提供相应的服务,并获取显著的经济效益等。

明确系统的目的性,是开展系统工程项目的首要工作。与目的一词意义相近的术语有目标、指标。系统的目的常常通过更具体的目标或指标来描述。系统总是多目标或多指标的,它们也分为若干层次,构成一个指标体系。

7)系统对于环境的适应性

任何一个系统都存在于一定的环境之中,在系统与环境之间具有物质的、能量的和信息的交换。环境的变化必定对系统及其要素产生影响,从而引起系统及其要素的变化。系统要获得生存与发展,必须适应外界环境的变化,这就是系统对于环境的适应性。

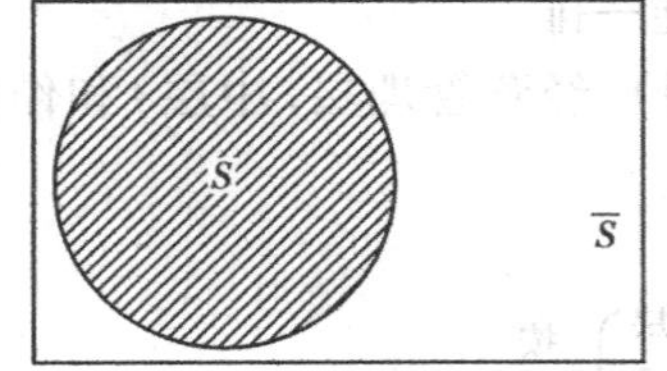

图 1.3　系统与环境

系统必须适应环境,就像要素必须适应系统一样,由图 1.3 可知:

$$\text{系统}(S) + \text{环境}(\overline{S}) = \text{更大的系统}(\Omega) \tag{1.1}$$

这就要求研究系统时必须放宽眼界,不但要看到整个系统本身,还要看到系统的环境或背景。只有在一定的背景下考察系统,才能看清系统的全貌;只有在一定的环境中研究系统,才能有效地解决系统中的问题。

总之,系统这个概念,其含义十分丰富。它与要素相对应,意味着总体与全局;它与孤立相对应,意味着各种关系与联系;它与混乱相对应,意味着秩序与规律。研究系统,意味着从事物的总体与全局上、从要素的联系与结合上去研究事物的运动与发展,找出其固有的规律,建立正常的秩序,实现整个系统的优化。

1.1.2 系统工程

系统工程是20世纪50年代发展起来的一门新兴科学,是以系统为研究对象,以现代科学技术为研究手段,以系统最佳化为研究目标的工程学。

系统工程从系统的观点出发,跨学科地考虑问题,运用工程的方法去研究和解决各种系统问题。具体地说,就是运用系统分析理论,对系统的规划、研究、设计、制造、试验和使用等各个阶段进行有效的组织管理。它科学地规划和组织人力、物力、财力,通过最佳方案的选择,使系统在各种约束条件下,达到合理、经济、有效的预期目标。它着眼于整体的状态和过程,而不拘泥于局部的、个别的部分。这是因为系统工程采用了新的方法论,这种方法论的基础就是系统分析的观点,即一种"由上而下""由总而细"的方法。它不着眼于个别单元的性能是否优良,而是要求巧妙地利用单元间或子系统之间的相互配合与联系,来优化整个系统的性能,以求得整体的最佳方案。

(1)系统工程的定义

系统工程(System Engineering)是为了使系统性能的公认尺度达到最大而进行的关于许多系统元素相互间复杂关系的设计,在设计时对以任何方式和系统相关联的所有因素加以考虑,包括人力的利用以及该系统各个组成部分特性的利用。它是一种管理方法,是一种用于管理系统的规划、研究、设计、制造、试验和使用的科学方法。

系统工程是以系统为研究对象的一门边缘学科。它是根据总体协调的需要,把自然科学和社会科学中的某些思想、理论、方法、策略和手段等有效地结合起来,应用于人类实践,运用系统理论、现代数学、控制论、信息论和电子计算机等工具,对系统的构成要素、组织机构、信息交换和自动控制等功能进行分析研究,从而达到最优设计、最优控制和最佳管理的目的,是为更加合理地研制和运用系统而采取的各种组织管理技术的总称。也可以简单地定义为:系统工程是组织管理"系统"的规划、研究、设计、制造、试验和使用的科学方法,是一种对所有"系统"都具有普遍意义的科学方法。这个定义,比较明确地表述了3层意思:系统工程属于工程技术,主要是组织管理的各类工程方法论;是解决工程活动整体及其全过程优化问题的工程技术;这种技术具有普遍的适用性。

(2)系统工程的理论基础

系统工程是一门边缘学科,涉及很多学科,但究其理论基础,大致可分为两类:共同理论基础和分支理论基础。

1)共同理论基础

共同理论基础是奠定和发展系统工程理论和方法的专业知识,如运筹学、控制论、信息论、计算科学等,其发展为系统工程提供了理论和方法,对系统分析、综合、优化和控制提供了可靠的理论依据和手段。

2)分支理论基础

系统工程的分支理论基础是系统工程实践中所需的专业知识。它是系统工程应用到某一特定领域时所需的特殊理论基础。如安全系统工程是系统工程在安全领域中的应用,应用时必须以安全工程为其理论基础,才能解决生产过程中的安全问题,并使之达到最优状态。

(3)系统工程的特征

系统工程的基本原理就是用管理工程的办法组织管理整个系统。它以系统为对象，把要组织和管理的事物，用概率、统计、运筹和模拟等方法，经过分析、推理、判断和综合，建成某种系统模型，以最优化的方法，求得最佳结果。使系统达到技术上先进、经济上合算、时间上节约、能协调运转的最优效果。因此，它具有以下特征：

①优化的方法使系统达到最佳。

②与具体的环境和条件、事物本来的性质和特征的密切相关性。

③它着眼于整个系统的状态和过程，不拘泥于局部的、个别的部分，它表现出系统最佳途径并不需要所有子系统都具有最佳的特征。

④它包含着深刻的社会性，涉及组织、政策、管理、教育等上层建筑因素。

⑤它的精华在于，它是软技术，即在科学技术领域，由重视有形产品转向更加重视无形产品带来的效益。

1.1.3 安全系统工程

安全系统工程是运用系统论的观点和方法，结合系统工程学原理及有关专业知识，对所研究对象中的危险进行辨识、分析、评价与控制，使系统或生产过程达到一种最佳安全状态的综合性技术科学，是系统工程学的一个重要分支。

(1)基本概念

1)安全与危险

安全和危险是一对互为存在前提的术语，在安全评价中，主要是指人和物的安全和危险。

安全是指免遭不可接受危险的伤害。它是一种使伤害或损害的风险限制处于可以接受的水平的状态。安全程度用安全性指标来衡量。其实质就是防止事故，消除导致死亡、伤害、急性职业危害及各种财产损失发生的条件。

危险也是一种状态，指存在引起人身伤亡、设备破坏或降低完成预定功能能力的状态。当存在危险时，就存在产生这些不良影响的可能性。危险也就是人们所不愿意见到的可以造成人身伤害、财产损失、环境破坏的威胁。人们在现实生活中始终面临着大量的危险（如自然灾害的伤害、生产过程的事故等）。通常人们采用危险性大小来衡量危险程度。危险性是对危险系统的客观描述，说明危险的相对程度。它用危险概率和危险严重度来表示危险可能导致的后果。危险概率是发生危险的可能性。它可用定量的方法来表示，一般用单位时间内危险可能出现的次数来描述。危险严重度是对危险造成结果的评价。

生活在现实世界里的每一个人都要面临大量的危险。面对众多的危险，人们不断努力去追求所谓的安全。按一般的理解，安全是没有伤害、损害或危险，不遭受危害或损害的威胁，或免除了伤害的威胁。然而世界上没有绝对的安全，安全即为没有超过允许限度的危险。按此理解，安全也存在危险，只不过其危险性很小，人们可以接受它。这种没有超过允许限度的危险被称为可接受的危险。

所谓可接受的危险，是来自某种危险源的实际危险，但是它不能威胁有知识而又谨慎的人。例如，在交通拥挤的道路上骑自行车，虽然能发生交通事故，但是人们仍然愿意骑车代步。

被社会公众所接受的危险称为“社会允许危险”。在安全评价中,社会允许的危险是判别安全与危险的标准。

同时,安全也是一个相对主观的概念,安全是一种心理状态。对于同一事物是安全还是危险的认识,不同的人是不一样的;即使同一个人当其具有不同的心理状态、不同的立场、不同的目的时,对危险的认识也是不同的。

研究表明,有许多因素影响着人们对危险的认知程度。一般来说,当人们进行某项活动时,可能获得的利益越多,所能承受的危险程度就越高。如图1.4所示,处于A处且相对获得的利益较少的人认为是安全的,而处于B处且获利较多的人也认为是安全的。美国原子能委员会曾引用利益与危险关系图来说明人们从事非自愿的活动所获得的利益与承受的危险之间的关系,如图1.5所示。

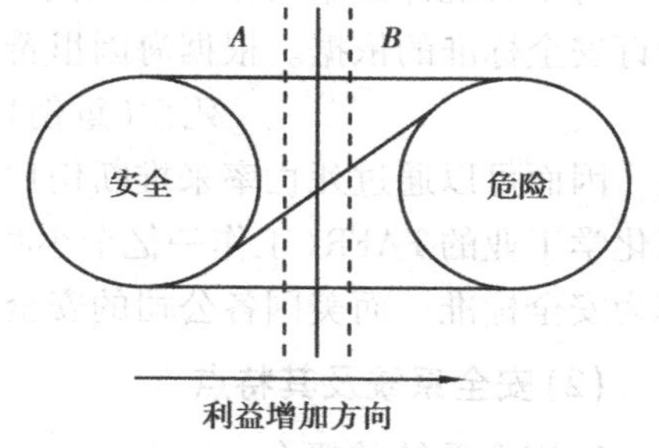

图1.4 社会允许方向

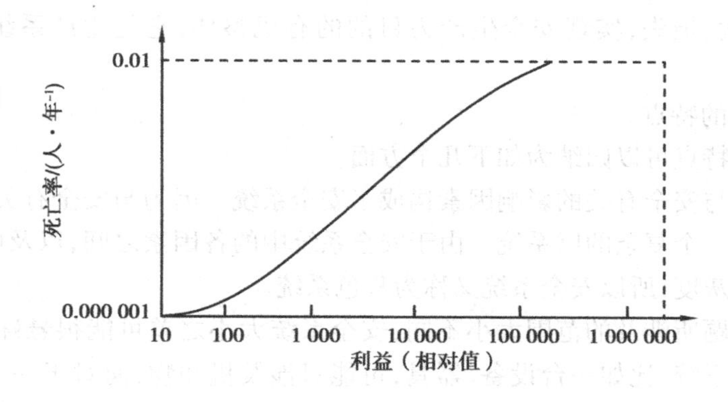

图1.5 利益与危险关系

影响可接受危险程度的因素还包括人们是否自愿从事某项活动,危险的后果是否立即出现,对危险的认识程度等。

经过人们对危险的认识和实际危险之间关系的研究,容易得到如下结果:

①人们往往认为疾病死亡人数低于交通事故死亡人数,实际上前者是后者的若干倍。

②低估了一次死亡人数少、但大量发生的事故的危险性。

③高估了一次死亡许多人、但很少发生的事故的危险性。

在人们的心目中一般认为平均每年只导致一次死亡300人的社会活动比导致平均每天死亡1人的社会活动更加危险。出现这种情况的原因是一些精神的、道义的和社会心理因素起的作用。

2)安全标准

安全是一个相对的、主观的概念。评定状态是否安全需要有一个界限、目标或标准,通过与定量化的风险率或危害程度进行比较,判定其是否达到人们所期盼的安全程度。我们把这个标准称为安全标准。受技术、资金等因素的制约,危险是不可能完全杜绝的。安全标准实际上是一个社会各方面可以接受的危险度。例如20世纪60年代,美国根据交通事故统计资料得出,每年每103个美国人中有25人因乘坐小汽车死亡,但是当时美国人没有因为这种风险而放弃使用小汽车，说明这个分析能够被美国社会所接受，所以这个风险率可作为美国人使用小汽车作为交通工具的安全标准。

确定安全标准的方法有统计法和风险与收益比较法。对系统进行安全评价时，也可以对评价得到的危险指数进行统计分析，确定适用一定范围的安全标准。

对于有统计数据的行业，常用事故可能造成人员的伤亡或事故可能造成的经济损失作为制订安全标准的依据。根据海因里希事故调查报告统计规律：

死亡（重伤）：轻伤：无伤害 = 1：29：300

因而可以通过死亡率来推断伤亡情况，把平均死亡率作为安全标准制订的依据。例如英国化学工业的FAFR（工作一亿个小时的死亡率）为3.5，英国帝国化学公司（ICI）提案取0.35作为安全标准。而美国各公司的安全标准大都取各行业安全标准的十分之一。

（2）安全系统及其特点

1）安全系统的概念

安全系统是以人为中心，由安全工程、卫生工程技术、安全管理、人机工程等几部分组成，以消除伤害、疾病、损失，实现安全生产为目的的有机整体，它是生产系统的一个重要组成部分。

2）安全系统的特点

安全系统的特点可以归纳为如下几个方面。

①系统性。与安全有关的影响因素构成了安全系统。因为与安全有关的因素纷繁交错，所以安全系统是一个复杂的巨系统。由于安全系统中的各因素之间，以及因素与目标之间的关系多数有一定灰度，所以安全系统又称为灰色系统。

依据安全问题所涉及的范围大小不同，安全系统大小之差可能很悬殊。一般来讲，纯属技术领域的安全系统，比如一台设备、器具，可能只涉及机和物，而对于一个车间甚至一个工厂，考虑安全问题的系统范围，则不仅为机和物，肯定要把人—机—环境都考虑进来。实际上，人—机—环境的提法是考虑了安全问题的空间跨度和时间跨度两个方面。如此说来，即便是一台设备，如果把它的制造安全与使用安全考虑进来，也仍然是人—机—环境的复杂系统。

安全系统的目标不是寻求最优解，这是因为安全系统目标的多元化以及安全目标的极强相对性、时间延滞性与其理想化理念很难协调，所以安全系统的目标解是具有一定灰度的满意解或可接受解。

②开放性。安全系统是客观存在的，这是因为安全系统是建立在安全功能构件的物质基础之上。但同时安全系统总是寄生在客体（另一个系统）中，在处理方法上，如果把客体看成一个黑匣子，安全系统是通过客体的能量源、物流和信息流的流入—流出的非线性变化趋势，确认安全和事故发生的可能性，因此安全系统具有开放性特点。

开放性不仅是安全系统在动态中保持稳定存在的前提，也是安全系统复杂性及安全—事故转换的重要机制。

③确定性与非确定性。“确定性”是指制约系统演化的规则确定性，不含任何随机性因素。确定性的特征是演化方向及演化结果确定，可精确预测。“非确定性”或者具有演化方向和演化结果不确定，或者具有刻画事物运动特征的特征量不能客观精确地确定的特征，非确

定性包括随机性和模糊性。

“随机性”可能有两个方面的来源：一是在不含任何外在的随机影响因素作用下，完全由“确定性”系统演化而产生的随机性（例如产生混沌），这种随机性称为本质随机性。二是系统还可能因其外在影响因素的随机作用而产生随机性行为，从而使系统在一定条件下表现了随机的特征（外在随机性）。由于安全系统把环境看成是它的组成部分，所以对安全系统而言，本质随机性和外在随机性的区别不是绝对的。

“模糊性”是指事物的本身不清楚或衡量事物尺度不清楚。对于安全系统，就是指系统的构成及其相互关系，以及组成与目标的关系不清楚。造成这些不清楚的可能来源在于主观和客观两个方面，即具有主观模糊性和客观模糊性。首先，刻画安全运行轨迹的以模糊数学方法建立的数学模型具有主观模糊性。因为数学模型常常不可能“严格地”确定安全系统各因素之间及其与目标之间完整的客观关系。当然，对于自然的技术因素之间的关系尚好一些。而对于社会的因素及其与技术因素的耦合关系将难于量化，因而也将难于建立准确的数学关系。应该强调的是，出现上述问题不完全是由于安全系统本身不清楚；它可能只是人们的安全系统主观模糊性的表现。

另外，对安全系统安全度的评价尺度以及构成安全度等级的评价指标体系也具有客观模糊性，即从事物的本质上无法给出其客观衡量尺度。

④安全系统是有序与无序的统一体。“序”主要反映事物的组成规律和时域。依据序的性质，可分为有序、混沌序和无序。有序通常同稳定性、规则性相关联，主要表现为空间有序、时间有序和结构有序。无序通常与不稳定、无规则相关联。而混沌序则是不具备严格周期和对称性的有序态。现代复杂系统演化理论认为，复杂系统的演化中，不同性质的序之间可以相互转化。安全系统序的转化是否引发灾害或使灾害扩大，取决于序结构的类型及系统对特定序结构下运动的（灾害意义上的）承受能力。

有序和无序，确定性和非确定性都会在系统演化过程中通过其空间结构、时间结构、功能结构和信息结构的改变体现出来。

⑤突变性或畸变性。安全系统发展过程的突变或畸变，或过程由连续到非连续变化，在本质上还是服从于量变引起质变的规律。

量变到质变的转化形式可以用畸变、突变或飞跃来描述，但也可通过渐变实现。所以安全系统的渐变也可能孕育着事故，而突变、畸变则肯定对应于灾害故事的启动，是致灾物质或能量的突然释放。

综上所述，安全系统虽然与一般系统、非线性系统等有若干共同点，但安全系统的个性还是非常明显的，这是决定它客观存在并区别于其他系统的根本原因。

3）安全的动力学特征

从系统的结构和功能形成看，可将系统分为两类；一类是自组织系统，另一类是被组织系统。协同学的创始人哈肯教授曾给自组织下了一个非常经典的定义，他认为，如果系统在获得空间的、时间的或功能的结构过程中，没有外界的特定干预，便说系统是自组织的。这里的“特定”一词是指，那种结构或功能并非外界强加给系统的，而是外界以非特定的方式作用于系统的。可见，自组织与被组织的区别就在于，系统行为是否受外界某种特定干预的影响。显然，自组织的动力在系统内部，是自己运动的结果；而被组织的动力在系统外部，是在外部特定的干预下运动的结果。一般而言，自组织系统因其动力来自系统内部，因而它具有持久永恒的生机和活力;相反,被组织系统因其动力来自系统外部,因而其生机和活力随外部干预状态的变化而变化。

安全系统是物质系统。安全系统既可能是自组织的,也可能是被组织的,也可能两者兼而有之。对安全来说,所谓外界的特定干预主要是指社会属性中的被动因素。它可能有两种发展形式:一种是非组织的向组织的有序发展过程,其本质是组织程度从相对较低向相对较高演化;另一种则是维持相同组织层次,但复杂程度必定相对增加。前一种过程反映了安全系统组织层次跃升过程;后一种过程则标志着安全系统组织结构与功能从简单到复杂的组织水平的提高。

安全系统的自组织的演化过程主要反映它的自然属性与社会属性共同作用的过程和结果。因为安全系统也是开放系统,它可以不断与外界交换物质、能量和信息,从而出现上述的两种发展形式,即从原有的混沌无序状态转变为一种在时间、空间或功能上的有序状态。

一旦安全过程出现被组织的情况,如不可预见的天灾、地震、战争、纵火、瞎指挥、违规操作等,则会发生灾难或事故。

当然安全系统也是非线性系统,因而也具有非线性系统的共同特征。非线性是系统产生自组织行为的内因,没有这个内因,所谓的开放性将不起作用,无序—有序的过程也就不会发生。

(3)安全系统工程简介

人类社会在发展过程中经历了各种各样的事故,人类为了自身的生存和发展,不仅要采取各种安全措施来解决生产中的各种事故,还要研究生产过程中各种事故之间的内在联系和变化规律。通过实践,人们总结出对付事故的两种办法。

第一种是事故发生后吸取教训,进行预防的方法,有人也称这种方法为“问题出发型”。例如,从事故后果查找原因,采取措施防止事故重复发生。通常采取的各种组织和技术措施,如设立专职机构,制定法规标准,进行监督检查和宣传教育,以及防尘防毒,防火防爆,使用安全防护设备、个人防护用具等,都属此类,这就是通常的传统安全工作方法。

第二种是用系统工程控制事故的方法,有人也称这种方法为“问题发现型”。这种方法是从系统内部出发,研究各构成部分存在的安全联系,检查可能发生事故的危险性及其发生途径,通过重新设计或变更操作来减少或消除危险性,把发生事故的可能性降低到最低限度。这就是系统科学的思想,运用系统的思路解决生产中遇到的安全问题。

1)安全系统工程的定义

安全系统工程是指应用系统工程的基本原理和方法,辨识、分析、评价、排除和控制系统中的各种危险,对工艺过程、设备、生产周期和资金等因素进行分析评价和综合处理,使系统可能发生的事故得到控制,并使系统安全性达到最佳状态的一门综合性技术科学。

对这个定义,可以从以下几个方面理解:

①安全系统工程是系统工程在安全工程学中的应用,安全系统工程的理论基础是安全科学和系统科学。

②安全系统工程追求的是整个系统或系统运行全过程的安全。

③安全系统工程的核心是系统危险因素的识别、分析,系统风险评价和系统安全决策与事故控制。

④安全系统工程要达到的预期安全目标是将系统风险控制在人们能够容忍的限度以内,

也就是在现有经济技术条件下,最经济、最有效地控制事故,使系统风险在安全指标以下。

由于安全系统工程是从根本上和整体上来考虑安全问题,因而它是解决安全问题的具有战略性的措施,为安全工作者提供了一个既能对系统发生事故的可能性进行预测,又可对安全性进行定性、定量评价的方法,从而为有关决策人员提供决策依据,并据此采取相应安全措施。

2)安全系统工程的任务

安全系统工程的主要任务有以下几点:

①通过系统分析,界定系统中哪些部位存在危险源,并确定其危险性质和存在状态。

②分析、预测危险源由触发因素作用而引发事故的类型及后果。

③设计和选用安全措施方案,进行安全决策。

④安全措施和对策的实施。

⑤对措施效果做出总体评价。

⑥不断改进,以求最佳效果,使系统达到最佳安全状态。

3)安全系统工程的步骤

安全系统工程的一般步骤为:

①收集资料,熟悉系统。

②建立系统模型(结构、数学、逻辑模型)。

③危险源辨识与分析。

④危险性评价。

⑤控制方案与方案比较。

⑥最优化决策。

⑦决策计划的执行与检查。

1.2　安全系统工程的研究对象、内容与方法

1.2.1　安全系统工程的研究对象

安全系统工程作为一门科学技术,有它本身的研究对象——安全系统,即生产系统中的安全问题。而任何一个生产系统都包括3个部分,即从事生产活动的操作人员和管理人员(人子系统);生产必需的机器设备、厂房、物料等物质条件[机(物)子系统];生产活动所处的环境(环境子系统)。所以任何一个生产系统都是一个“人—机(物)—环境”系统。与此对应,安全系统工程的研究对象可以划分为:人子系统安全、机(物)子系统安全和环境子系统安全。

(1)人子系统安全

人子系统涉及人的生理和心理因素,以及规章制度、规程标准、管理手段、方法等是否适合人的特性,是否易于为人们所接受的问题。研究人子系统时,不仅要把人当成“生物人”“经济人”,更要看成“社会人”,必须从社会学、人类学、心理学、行为科学角度分析问题、解决

问题；不仅把人子系统看成系统固定不变的组成部分，更要看成自尊自爱、有感情、有思想、有主观能动性的人。

(2)机(物)子系统安全

对于机(物)子系统，不仅要从工件的形状、大小、材料、强度、工艺、设备的可靠性等方面考虑其安全性，而且要考虑仪表、操作部件对人提出的要求，以及从人体测量学、生理学、心理与生理过程有关参数对仪表和操作部件的设计提出要求。

(3)环境子系统安全

对于环境子系统，主要应考虑环境的理化因素和社会因素。理化因素主要有噪声、振动、粉尘、有毒气体、射线、光、温度、湿度、压力、热、化学有害物质等；社会因素有管理制度、工时定额、班组结构、人际关系等。

3个子系统相互影响、相互作用的结果就使系统总体安全性处于某种状态。例如，理化因素影响机器的寿命、精度甚至损坏机器；机器产生的噪声、振动、温度又影响人和环境；人的心理状态、生理状况往往是引起误操作的主要因素；环境的社会因素又会影响人的心理状态，给安全带来潜在危险。这就是说，这3个相互联系、相互制约、相互影响的子系统构成了一个"人—机(物)—环境"系统的有机整体。分析、评价、控制"人—机(物)—环境"系统的安全性，只有从3个子系统内部及3个子系统之间的这些关系出发，才能真正解决系统的安全问题。安全系统工程的研究对象就是这种"人—机(物)—环境"安全系统(以下简称"系统")。

1.2.2 安全系统工程的研究内容及特点

(1)安全系统工程的研究内容

安全系统工程是专门研究如何用系统工程的原理和方法确保实现系统安全功能的科学技术。其主要研究内容有系统安全分析、系统安全评价、安全决策与控制。

1)系统安全分析

要提高系统的安全性，使其不发生或少发生事故，其前提条件是预先发现系统可能存在的危险因素，全面掌握其基本特点，明确其对系统安全性影响的程度。只有这样，才有可能抓住系统可能存在的主要危险，采取有效的安全防护措施，改善系统安全状况。这里所强调的"预先"是指：无论系统生命过程处于哪个阶段，都要在该阶段开始之前进行系统的安全分析，发现并掌握系统的危险因素。这就是系统安全分析要解决的问题。

系统安全分析是使用系统工程的原理和方法，辨别、分析和评价存在的危险因素，并根据实际需要对其进行定性、定量描述的技术方法。

根据有关文献介绍，系统安全分析有多种形式和方法，使用中应注意：

①根据系统的特点、分析的要求和目的，采取不同的分析方法。因为每种方法都有其自身的特点和局限性，并非处处通用。使用中有时要综合应用多种方法，以取长补短或相互比较，验证分析结果的正确性。

②使用现有分析方法不能死搬硬套，必要时要根据需要对其进行改造或简化。

③不能局限于分析方法的应用，而应从系统原理出发，开发新方法，开辟新途径，还要在以往行之有效的一般分析方法基础上总结提高，形成系统性的安全分析方法。

2)系统安全评价

安全评价的目的是为决策提供依据。系统安全评价往往要以系统安全分析为基础，通过分析和掌握系统存在的危险、有害因素，进而通过评价掌握系统的事故风险大小，以此与预定的系统安全指标相比较，如果超出指标，则应对系统的主要危险、有害因素采取控制措施，使其降至该标准以下。这就是系统安全评价的任务。

评价方法也有多种，评价方法的选择应考虑评价对象的特点、规模，评价的要求和目的，采用不同的方法。同时，在使用过程中也应和系统安全分析的使用要求一样，坚持实用和创新的原则。在过去的20年间，我国在许多领域都进行了系统安全评价的实际应用和理论研究，开发了许多实用性很强的评价方法，特别是企业安全评价技术和各类危险源的评估、控制技术。

3)安全决策与控制

任何一项系统安全分析方法或系统安全评价方法，如果没有一种强有力的管理手段和方法，也不会发挥其应有的作用。因此，在出现系统安全分析的同时，也出现了系统安全决策和安全控制。其最大的特点是从系统的完整性、相关性、有序性出发，对系统实施全面、全过程的安全管理，实现对系统的安全目标控制。最典型的例子是美国标准《系统安全程序》，美国道(DOW)化学公司的安全评价程序，国际劳工组织、国际标准化组织倡导的《职业安全卫生管理体系》。系统安全管理是应用系统安全分析和系统安全评价技术，以及安全工程技术为手段，控制系统安全性，使系统达到预定安全目标的一整套管理方法、管理手段和管理模式。

安全措施是指根据安全评价的结果，针对存在的问题，对系统进行调整，对危险点或薄弱环节加以改进。安全措施主要有两个方面：一是预防事故发生的措施，即在事故发生之前采取适当的安全措施，排除危险因素，避免事故发生；二是控制事故损失扩大的措施，即在事故发生之后采取补救措施，避免事故继续扩大，使损失减到最小。

(2)安全系统工程的特点

在工业领域内引进安全系统工程的方法是有很多优越性的。安全系统工程使安全管理工作从过去的凭直观经验进行主观判断的传统方法，转变为定性、定量分析。它具有以下5个特点：

①通过安全分析，了解系统的薄弱环节及其可能导致事故的条件，从而采取相应的措施，预防事故的发生；通过安全分析，还可以找到事故发生的真正的原因，查找到以前未想到的原因，定性地确定系统的危险程度，定量地分析可能发生事故的大小，采取相应的措施预防事故的发生。

②通过安全评价和优化技术的选择，可以找出适当的方法使各个子系统之间达到最佳配合状态，用最少的投资创造最佳的安全效果，大幅度地减少伤亡事故的发生。

③安全系统工程的方法不仅适用于工程技术，而且适用于安全管理。在实际工作中已经形成了安全系统工程与安全系统管理两个分支。它的应用范畴可以归纳为发现事故隐患、预测故障引起的危险、设计和调整安全措施方案、实现安全管理最优化、不断改善安全措施和管理方法5个方面。

④可以促进各项安全标准的制定和有关可靠性数据的收集。安全系统工程既然需要评价，就需要各种标准和数据。如允许安全值、故障率数据以及安全设计标准、人机工程标准等。

⑤可以迅速提高安全技术人员的管理水平。要做好安全系统工程,必须熟悉生产的各个环节,掌握各种安全分析方法和评价方法,对提高安全管理工作人员的水平和安全管理质量有很大的推动作用。

1.2.3 安全系统工程的方法论

(1)安全系统工程的方法体系

安全系统工程是为了达到安全系统目标而对系统的构成要素、组织结构、信息流动及控制机构、环境等进行分析、设计、评价的技术。按照安全系统工程的工作内容,其对应的安全工程方法体系应该包括:安全系统分析方法、安全系统预测方法、安全系统评价方法、安全系统建模方法、安全系统模拟方法、安全系统优化方法、安全系统决策方法等。

1)对象调查研究

在进行危险有害因素调查之前首先要确定所要分析的系统,例如,对整个企业还是某个车间或某个生产工艺过程,然后对所分析的系统进行调查。调查的主要内容有:

①生产工艺设备及材料情况。

②作业环境情况。

③安全防护。

④操作情况。

⑤事故情况。

2)安全系统分析方法

在系统工程方法中,系统分析起着核心的作用。安全系统分析的目的是揭示系统中存在的危险性或事故发生的可能性,发现系统中存在的隐患,进而为预测事故发生、发展的趋势服务。安全系统分析的一般步骤为:

①现场调查,收集资料。

②确定安全分析对象及范围。

③熟悉系统,明确系统构成要素及内在逻辑。

④选择安全分析方法。

⑤定性或定量分析。

⑥确定危险及有害因素。

3)安全系统预测方法

事故预测是基于可知的信息和情报,对预测对象的安全状况进行预报和预测。安全系统预测的一般步骤为:

①收集资料,分析数据。

②确定安全预测对象及目标。

③选择安全预测方法。

④确定模型结构、参数,建立预测模型。

⑤进行安全预测。

⑥预测结果的分析及检验。

⑦预测结果修正,确定预测结果。

常用的事故预测方法有：

①直观预测法。

②回归预测法。

③时间趋势外推法。

④灰色预测法。

⑤神经网络法。

⑥贝叶斯网络法。

⑦马尔可夫链状预测法。

4)安全系统评价方法

安全系统评价方法可以分为定性和定量方法,其一般步骤为：

①准备阶段。

②危险、有害因素识别与分析。

③定性、定量评价。

④提出安全对策措施。

⑤形成安全评价结论及建议。

⑥编制安全评价报告。

5)安全系统建模及模拟方法

系统建模既需要理论方法又需要经验知识,还需要真实的统计数据和有关信息资料,对结构化强的系统,有自然科学提供的各种定量规律,系统建模较为容易处理;而对于非结构化的复杂系统,只能从对系统的理解甚至经验知识出发,再借助于大量的实际统计数据,去提炼出系统内部的某些内在定量联系,然后借助于数学或计算机手段,将系统描述出来。安全系统模拟则是对安全系统的描述、模仿和抽象,它反映安全系统的物理本质与主要特征,模型就是实际系统的代替物。安全系统建模及模拟一般方法有:直观模拟法、模型模拟、功能模拟、计算机模拟。其一般步骤包括：

①根据环境、范围等分析实现系统。

②确定安全影响因素和之间的关系。

③确定模型结构。

④检验模型效果。

⑤模型的改进及修正。

⑥确定模拟目标。

⑦模型的运行。

⑧模拟结果的分析与验证。

6)安全系统优化方法

很多实际安全系统相当复杂,如航空安全系统、矿山安全系统等,这类研究目前在安全规划与管理大系统中,所追求的系统目标有安全效益、政治效益、社会效益、经济效益、生态环境效益等多个目标,所以要进行安全系统的优化。安全系统优化方法的一般步骤为：

①确定安全系统优化的目标体系。

②选择影响系统目标的独立优化变量集。

③确定系统优化模型的结构形式。

④进行最终求解。

⑤优化结果的检验与修正。

7)安全系统决策方法

在进行安全系统决策时,对各种可行方案应从社会、政治、经济、技术等方面综合考察,对方案价值进行评判,评价指标体系的建立、评价指标的量化及综合方法是进行安全系统决策的关键。一般决策方法包括:ABC分析法、德尔菲法、智力激励法、评分法、技术经济评价法、模糊综合决策法、决策树法。决策分析的一般步骤为:

①确定安全决策的目标和决策准则。

②设计和评价多个具体可行性和替代性的行动方案。

③研究和预测未来对各个方案有影响的自然状态。

④选择最满意的决策方案。

(2)安全系统工程方法的其他分类方式

安全系统工程的方法是依据系统学和安全学理论,在总结过去经验型安全方法的基础上日渐丰富和成熟的。其分类方式除了可按前述的安全系统工程工作时序和阶段任务进行分类之外,也可从系统分析时采用的知识维角度,概括归纳为以下5个方面。

1)从系统整体出发的研究方法

安全系统工程的研究方法必须从系统的整体性观点出发,从系统的整体考虑解决安全问题的方法、过程和要达到的目标。例如,对每个子系统安全性的要求,要与实现整个系统的安全功能和其他功能的要求相符合。在系统研究过程中,子系统和系统之间的矛盾以及子系统与子系统之间的矛盾,都要采用系统优化方法寻求各方面均可接受的满意解;同时要把安全系统工程的优化思路贯穿到系统的规划、设计、研制和使用等各个阶段中。

2)本质安全方法

这是安全技术追求的目标,也是安全系统工程方法中的核心。由于安全系统把安全问题中的"人—机(物)—环境"统一为一个"系统"来考虑,因此不管是从研究内容来考虑还是从系统目标来考虑,核心问题就是本质安全化,就是研究实现系统本质安全的方法和途径。

3)人—机(物)匹配法

在影响系统安全的各种因素中,至关重要的是"人—机(物)"匹配。在产业部门研究与安全有关的"人—机(物)"匹配称为安全人机工程,在人类生存领域研究与安全有关的"人—机(物)"匹配称为生态环境和人文环境问题。显然,从安全的目标出发,考虑"人—机(物)"匹配,以及采用"人—机(物)"匹配的理论和方法是安全系统工程方法的重要支撑点。

4)安全经济方法

根据安全的相对性原理,安全的投入与安全(目标)在一定经济、技术水平条件下有着对应关系。也就是说,安全系统的"优化"同样受制于经济。但是,由于安全经济的特殊性(安全性投入与生产性投入的渗透性、安全投入的超前性与安全效益的滞后性、安全效益评价指标的多目标性、安全经济投入与效用的有效性等)就要求安全系统工程方法在考虑系统目标时,要有超前的意识和方法,要有指标(目标)的多元化的表示方法和测算方法。

5)系统安全管理方法

安全系统工程从学科的角度讲是技术与管理相交叉的横断学科,从系统科学原理的角度讲,它是解决安全问题的一种科学方法。系统安全管理方法就是安全系统工程中为其规划、设计、检查和控制全过程的一种方法,是安全系统工程从理论到实践的桥梁,是安全系统工程方法的重要组成部分。

1.2.4 安全系统工程的优点及其在安全工作中的应用

(1)安全系统工程在工业中的应用

安全管理工作和其他工作一样,具有其技术特点。安全系统工程的出现,为安全管理的深入研究和应用提供了坚实的理论基础,几十年的应用和发展又为其提供了可靠的实践经验。

从安全系统工程的发展可以看出,它最初是从研究产品的可靠性和安全性开始的。军事装备的零部件对可靠性和安全性的要求十分严格,否则不仅不能完成武器的设计,而且制造和使用过程中的各个环节也不安全。后来这种方法发展到对生产系统的各个环节进行安全分析。环节的内容除了包括原料、设备等因素外,还包括了人和环境的因素,这就使安全系统工程的方法在工业安全(即传统的安全工作)领域中得到实际的应用。这个研究开发的过程大致经历了以下5个阶段。

1)工业安全和系统安全

工业安全负责工人的人身安全,系统安全负责产品的安全。两者是一种分工合作的关系,保证了生产任务的完成。

2)工业安全引进系统安全分析方法的阶段

科学技术的发展及重大社会灾害性事故的频繁发生,使得工业安全工作者试图寻求新的解决办法。系统安全分析的方法引起了他们的重视,被引进到工业安全分析中,并在工业安全领域起到了极大的作用。

3)安全管理对系统工程的引进阶段

工业安全工作者在对人的因素的管理方面引进了系统安全的分析原理和方法,开始综合分析人、机器、原材料、环境等因素,使安全管理工作有了定性、定量分析的可能,并对安全管理工作及其危险性进行安全评价,提高了安全管理工作的系统性、准确性、可靠性和安全性。

4)安全系统工程的发展阶段

安全系统工程的实践和应用始于美、英等工业发达国家。20世纪80年代,各国广泛地对其进行研究和应用,说明这种管理方法已成为完善安全管理工作的发展方向。

5)安全系统工程向其他领域的渗透

几十年来,我国出现了许多研究和应用安全系统工程的科研院校和企业,并取得了很大的成绩。安全系统工程的基本原理和方法已在安全管理、质量管理、环保管理、医疗事故管理等方面得到了应用。

(2)安全系统工程的应用特点

安全系统工程是一门应用性很强的科学技术。几十年来,许多经典的应用范例始终激励人们进行不懈的探索,不断充实和发展其自身的理论体系,以期获得更好的应用效果,这是安全系统工程始终保持快速发展的重要原因。为了进一步促进学科发展,提高其实用性,有必要进一步明确安全系统工程的应用特点,具体如下:

1)系统性

不论是系统安全分析、系统安全评价的理论,还是系统安全管理模式和方法的应用,都表现了系统性的特点,它从系统的整体出发,综合考虑系统的相关性、环境适应性等特性,始终追求系统总体目标的满意解或可接受解。

2)预测性

安全系统工程的分析技术与评价技术的应用,无论是定性的,还是定量的,都是为了预测系统存在的危险因素和风险水平。它是通过这些预测来掌握系统安全状况如何,风险能否接受,以便决定是否应当采取措施控制系统风险。所以,安全系统工程也可称作是系统的事故预测技术。

3)层序性

安全系统工程的应用是按照系统的时空两个跨度有序展开的,管理规范的执行,一般是按照系统生命过程有序进行,而且贯彻到系统的方方面面。因此,安全系统工程具有明显的"动态过程"研究特点。

4)择优性

择优性的应用特点主要体现在系统风险控制方案的综合与比较,从各种备选方案中选取最优方案。在选取控制风险的安全措施方面,一般按下列优先顺序选取方案:设计上消除→设计上降低→提供安全装置→提供报警装置→提出专门规程。因此,冗余设计,安全连锁,有一定可靠的保证的安全系数,是安全系统工程经常采用的设计思想。

5)技术与管理的融合性

安全系统工程是自然(技术)科学与管理科学的交叉学科,随着科技与经济的发展,人们对安全追求的目标(特别是生产领域)是本质安全。但是,一方面由于新技术的不断涌现;另一方面由于经济条件的制约,对于一时做不到本质安全的技术系统,则必须用安全管理来补偿。所以在相当长的时间内,解决安全问题还必须把技术与管理通过系统工程的方法有机地结合起来。

这些安全系统工程的应用特点应在该学科的理论研究和实际应用中得到充分重视,使安全系统工程发展得更快,应用效果更为明显。

(3)安全系统工程的优点

从上述介绍可看出,安全系统工程在解决安全问题上与传统的方法不同,它改变了以往凭直接经验和事后处理的被动局面,因而它本身具有一些显著优点。

①预测和预防事故的发生,是现代安全管理的中心任务。运用系统安全分析方法,识别系统中存在的薄弱环节和可能导致事故发生的条件;通过定量分析,预测事故发生的可能性和事故后果的严重度,从而可以采取有效措施控制事故的发生,大大减少伤亡事故。这是安全系统工程最大的优点。

②现代工业的特点是规模化、连续化和自动化,其生产关系日趋复杂,各个环节和工序之间相互联系、相互制约。安全系统工程通过系统分析,全面地、系统地、彼此联系地以及预防性地处理生产系统中的安全性,而不是孤立地、就事论事地解决生产系统中的安全问题。

③安全系统工程方法,不仅适用于工程,而且适用于管理。实际上已形成安全系统工程和安全系统管理两个分支,其应用范畴可以归纳为5个方面:

a.发现事故隐患。

b.预测由故障引起的危险。

c.设计和调整安全措施方案。

d.实现最优化的安全措施。

e.不断地采取改善措施。

④对安全进行定性定量分析、评价和优化技术，为安全事故预测提供了科学依据，根据分析可以选择出最佳方案，使各子系统之间达到最佳配合，用最少的投资达到最佳的安全效果，从而可以大幅度地减少人身伤亡和设备损坏事故。

⑤促进各项标准的制定和有关可靠性参数的收集。安全系统工程既然包括安全性评价，就需要有各种标准和数据，如许可安全值、故障率、人—机工程标准以及安全设计标准等。

⑥通过安全系统工程的开发和应用，可以迅速提高安全技术人员、操作人员和管理人员的业务水平和系统分析能力，同时为培养新人提供了一套完整的参考资料。

1.3 安全系统工程的产生与发展

1.3.1 安全系统工程的产生

事故给人类带来很多的损失，严重地制约了经济发展和社会进步。然而，已发生的事故的影响也促进人们在研究生产安全方面不断进步。首先，事故具有鲜明的反面教育的作用，它向人们展示了破坏的恶果，促使人们必须按照科学规律办事。其次，事故是一种特殊的科学实验。一个系统发生事故，说明该系统存在某些不安全、不可靠的问题，从而以事故的形式弥补了设计时应做而没做或想做而没敢做（没有经费）的实验。人们通过对事故的调查、分析，找出事故原因，研究并采取了有效控制事故的措施，改变了系统工艺、设备，从而提高了系统的性能，发展了专业技术。最后，事故也是诞生新的科学技术的催化剂。事故的强大负面效应对人类产生巨大的冲击作用，从而激发人类以更大的决心和更大的力量研究事故。通过对事故信息、资料的收集、整理、分析、研究，也就是充分开发利用“事故资源”，一个崭新的自然科学学科就在人们这种不懈努力与艰苦卓绝的斗争中诞生了，这就是作用力与反作用力的作用机制。在科学技术发展的历史长河中，几乎每一个学科的诞生都离不开事故这种反作用力的作用。

安全系统工程也正是在这种事故的反作用下应运而生的。安全系统工程产生于20世纪50年代的美、英等工业发达国家。1957年苏联发射了第一颗地球人造卫星之后，美国为了赶上空间优势，匆忙地进行导弹技术开发，实行所谓研究、设计、施工齐头并进的方法，由于对系统的可靠性和安全性研究不足，在一年半的时间内连续发生了4次重大事故，每一次都造成了数以百万计美元的损失，最后不得不全部报废，从头做起。这种情况迫使美国空军以系统工程的基本原理和管理方法来研究导弹系统的安全性、可靠性，并于1962年第一次提出了“弹道导弹系统安全工程”，制定了《武器系统安全标准》；1963年提出了《系统安全程序》；到1967年7月由美国国防部确认，将该标准定为美军标准，之后又经两次修订，成为现在的《系统安全程序要求》（MIL-STD-882B）。它以标准的形式规范了美国军事系统的工程项目在招标以及研发过程中对安全性的要求和管理程序、管理方法、管理目标,首次奠定了安全系统工程的概念,以及设计、分析、综合等基本原则。这就是由事故引发的军事系统的安全系统工程。

原子弹是可怕的,从而在人们的心里存在着对以放射性物质为动力的核电站的恐惧心理。因此,在社会压力下各国政府对核电站的要求极其严格,同时在核安全方面的研究投入了巨大的人力、物力。英国在这方面的研究开始得比较早,从20世纪60年代中期开始收集有关核电站故障的数据,对系统的安全性和可靠性问题,采用了概率评价方法,成功开发了概率风险评价(PRA)技术,后来进一步推动了定量评价的工作,并设立了系统可靠性服务所和可靠性数据库,从而以概率来计算核电站系统风险大小以及是否可以接受。1974年美国原子能委员会发表了拉斯姆逊教授的《商用核电站风险评价报告》(WASH—1400)。这项报告是该委员会委托麻省理工学院的拉斯姆逊教授,组织了十几个人,用了两年时间,花了300万美元完成的。报告收集了核电站各个部位历年发生的故障及其概率,采用了事件树和事故树的分析方法,作出了核电站的安全性评价。这个报告发表后,引起了世界各国同行的关注,从而成功地开发应用了系统安全分析和系统安全评价技术。该报告的科学性和对事故预测的准确性得到了“三哩岛事件”(核电站堆芯熔化造成放射性物质泄漏事故)的证实。这就是核工业的安全系统工程。

化工企业的危险性和化工事故的危害性是众所周知的。随着工业规模的扩大和事故破坏后果的日益严重化,迫使化工企业加倍努力,严格控制事故,特别是化工厂的火灾爆炸事故。为此,美国道化学公司于1964年发表了化工厂“火灾爆炸指数评价法”,俗称道氏法。该法经过多年的使用,修改了6次,出了第7版,并出版了教科书。该法是根据化学物质的理化特性确定的物质系数为基础,综合考虑一般工艺过程和特殊工艺过程的危险特性,计算系统火灾爆炸指数,评价系统损失大小,并据此考虑安全措施,修正系统风险指数。之后,英国帝国化学公司在此基础上开发了蒙德评价法,日本提出了岗山法、疋田法。20世纪70年代日本劳动省发表的评价方法是以分析与评价,定性评价与定量评价相结合为特点的“化工企业安全评价指南”,也称“化工企业六步骤安全评价法”。该评价法是一种对化工系统的全过程如何进行评价的管理规范。它不仅规定了评价方法、评价技术,也规定了系统生命周期每个阶段用哪种评价方法,如何进行评价等。这就是化工系统的安全系统工程。

民用工业也存在安全系统工程的诞生与发展问题。20世纪60年代正是美国市场竞争日趋激烈的年代,许多新产品在没有得到安全保障的情况下就投放市场,造成许多使用事故,用户纷纷要求厂方赔偿损失,甚至要求追究厂商刑事责任,迫使厂方在开发新产品的同时寻求提高产品安全性的新方法、新途径。这期间,在电子、航空、铁路、汽车、冶金等行业开发了许多系统安全分析方法和评价方法,这也可以称之为民用工业的安全系统工程。

1.3.2 安全系统工程的发展

当前,安全系统工程已普遍引起了各国的重视,国际安全系统工程学会每两年举办一次年会,1983年在美国休斯敦召开的第六次会议,参加国有40余个,从讨论议题涉及面的广泛,可以看出这门学科越来越引起人们的兴趣。

在我国,安全系统工程的研究、开发是从20世纪70年代末开始的。天津东方化工厂应用安全系统工程成功地解决了高度危险企业的安全生产问题,为我国各个领域学习、应用安全系统工程起了带头作用。其后是各类企业借鉴引用国外的系统安全分析方法，对现有系统进行分析。到20世纪80年代中后期，人们研究的注意力逐渐转移到系统安全评价的理论和方法，开发了多种系统安全评价方法，特别是企业安全评价方法，重点解决了对企业危险程度的评价和企业安全管理水平的评价。

这期间，许多专家学者的相关著作也相继问世，系统地总结了国内外安全系统工程的理论与方法，这些论著的共同观点是：

①安全系统工程是在事故逼迫下产生的。安全系统工程也好，系统安全工程也好，都是在人类从事社会经济活动中由于发生事故的规模如此巨大，事故损失如此惨重，以致人们再也承受不起这么严重的灾难，不得不在现有安全工程技术基础上，寻找能够预测、预防、预控事故的科学技术，安全系统工程就是在这样的背景下诞生的。即预先的系统安全分析、系统安全评价技术和对系统整个生命周期实施全过程安全控制的系统安全管理工程。

②现代科学技术的发展为安全系统工程的产生提供了必要条件。20世纪40年代产生了系统可靠性工程，50年代出现了系统工程，以及这一期间现代数学和计算机技术的迅速发展，使安全系统工程在20世纪60年代成为科学技术发展的必然产物，也是相关学科相互影响的必然结果。

③美国导弹技术的开发促使安全系统工程的诞生，但它不是安全系统工程产生的唯一策源地。美国导弹技术的开发深入地研究了系统的安全性和控制系统安全性的手段与方法，从而出现了空军标准《系统安全程序》和《系统安全程序要求》。同时也必须看到，在同一时期，还有核电站的概率风险评价技术，化工企业的火灾爆炸指数安全评价法，以及涉及产品安全的系统安全分析技术，如FTA、ETA、FMEA等，这些行业的安全系统工程都是在20世纪60年代短短几年时间产生的，因此，将所有这些成功的理论通过科学的总结形成一个完整的学科——安全系统工程，应当说是顺理成章的。

④安全系统工程不仅包括分析与评价技术，也应包括管理程序、管理方法等管理科学的内容，它也是以系统工程为基础的安全工程。各类有关安全系统工程的论著，其内容都是以系统工程为基本原理，包括系统安全分析、系统安全评价和系统安全管理3部分内容。通过分析和评价认识风险，通过工程技术管理控制风险，使系统安全性达到预定的目标。

基于这种思想，迄今国外发表的系统安全分析、系统安全评价、系统安全管理技术与方法属于安全系统工程范畴，国内已经实践证明对预先控制事故、提高系统安全性确有实效的，具有系统工程鲜明特点的安全分析、安全评价和安全管理技术与方法也应当属于安全系统工程范畴。

1.3.3　我国推广安全系统工程的现状

1982年北京市劳动保护研究所召开了安全系统工程座谈会，会上交流了国内开展研究和应用的情况，并探讨了在我国开展安全系统工程的方向，研究如何组织分工合作、如何进行学术交流等，这次会议为我国开展安全系统工程的研究与应用打下了良好的基础。1985年，中国“劳动保护管理科学专业委员会”成立，在会上建立了“系统安全学组”，该学组以安全系统工程为中心，进行开发研究和推广应用等活动，为安全系统工程学科的发展和推进安全管理作出了贡献。其后在机械、冶金、航空、交通运输、水电、汽车、核电等行业和部门借鉴引用国外的系统安全分析方法，对现有系统进行分析评价，取得了较好效果。

20世纪80年代初期，安全系统工程引入我国，通过吸收、消化国外安全检查表和安全分析方法，机械、冶金、化工、航空、航天等行业的有关生产经营单位开始应用安全分析评价方法，如安全检查表（SCL）、事故树分析（FTA）、故障类型及影响分析（FMFA）、事件树分析（ETA）、预先危险性分析（PHA）、危险与可操作性分析（HAZOP）、作业条件危险性评价（LEC）等。石油、化工等易燃、易爆危险性较大的生产经营单位，还应用美国道化学公司火灾、爆炸危险指数评价方法进行了安全评价。1986年原劳动人事部分别向有关科研单位下达了机械工厂危险程度分级、化工厂危险程度分级、冶金工厂危险程度分级等科研项目。1987年原机械电子部首先提出了在机械行业内开展机械工厂安全评价，1988年1月1日颁布了第一个安全评价标准《机械工厂安全性评价标准》。此外，我国有关部门还颁布了《石化生产经营单位安全性综合评价办法》《电子生产经营单位安全性评价标准》《航空航天工业工厂安全评价规程》《兵器工业机械工厂安全性评价方法和标准》《医药工业生产经营单位安全性评价通则》等。

1991年，在国家“八五”科技攻关课题中，将安全评价方法研究列为重点攻关项目。由原劳动部劳动保护科学研究所等单位完成的“易燃、易爆、有毒重大危险源识别、评价技术研究”，获得了易燃、易爆、有毒重大危险源识别、评价方法的研究成果，填补了我国跨行业重大危险源评价方法的空白，在事故严重度评价中建立了伤害模型库，采用了定量的计算方法，使我国工业安全评价方法的研究初步从定性评价进入定量评价阶段。

1996年10月原劳动部颁发了第3号令，规定6类建设项目必须进行劳动安全卫生预评价，与之配套的规章、标准还有原劳动部第10号令、第11号令和部颁标准《建设项目（工程）劳动安全卫生预评价导则》（LD/T 106—1998）。2002年11月1日起开始实施的《中华人民共和国安全生产法》（以下简称《安全生产法》），就明确提出“生产经营单位新建、改建、扩建工程项目（以下统称‘建设项目’）的安全设施，必须与主体工程同时设计、同时施工、同时投入生产和使用。安全设施投资应当纳入建设项目概算”。2013年12月7日修订的中华人民共和国国务院第591号《危险化学品安全管理条例》，在规定了对危险化学品各环节管理和监督办法等的同时，提出了“生产、储存、使用剧毒化学品的单位，应当对本单位的生产、储存装置每年进行一次安全评价；生产、储存、使用其他危险化学品的单位，应当对本单位的生产、储存装置每两年进行一次安全评价”的要求。《安全生产法》和危险化学品安全管理条例的颁布，进一步推动了安全评价工作的发展。2007年国家安全生产监督管理总局发布了《安全评价通则》（AQ8001—2007）、《安全验收评价导则》（AQ8003—2007）、《安全预评价导则》（AQ8002—2007），规范了安全评价工作，提高了企业安全管理水平。近年来，我国安全生产领域的标准化的实施更使安全工作向更广、更深的方向发展。

各行业积极推广应用安全系统工程学的原理、方法，取得了可喜的成果。2011年3月8日国务院学位委员会、教育部发布了《学位授予和人才培养学科目录（2011年）》，将“安全科学与工程”列为研究生教育的一级学科，进一步推进了安全学科专业发展。目前，全国高校中安全系统工程专业迅猛发展。这些都为普及和推广安全系统工程知识、推进现代安全管理创造了有利条件，同时也为创新出适合我国各行业发展的安全系统工程理论和方法打下良好的人才基础。

综上所述，以系统的观点、方法，对安全系统的理论与方法的产生和发展归纳如下：

①安全系统工程是在事故逼迫下产生的。人类在从事社会经济活动中，由于经常发生事

故给人们的生命、财产带来了严重的威胁，人们不得不在现有安全工程技术的基础上，寻找能够预测、预防、预控事故的科学技术，安全系统工程就是在这样的背景下诞生的。人们开始采用系统安全预先分析、系统安全评价技术，对系统全过程进行安全控制，开展科学的安全管理工程。

②现代科学技术的发展为安全系统工程的产生提供了必要条件，20 世纪 40 年代产生了系统可靠性工程，20 世纪 50 年代出现了系统工程，以及这期间现代数学和计算机技术的迅速发展，使安全系统工程在 20 世纪 60 年代成为科学技术发展的必然产物，也是相关学科相互影响的必然结果。

③军事、核工业、化工等行业系统安全分析与评价方法的研究与开发，丰富了安全系统工程的研究内容。20 世纪 60 年代初，美国在导弹技术的开发中，深入地研究了系统的安全性和控制系统安全性的手段与方法，从而出现了空军标准“系统安全程序”和“系统安全程序要求”。同一时期，出现了核电站的概率风险评价技术，化工企业的火灾爆炸指数安全评价法以及涉及产品安全的系统安全分析技术，如事故树、事件树、故障类型和影响分析等。这些理论和方法大大丰富了安全系统工程的内容，从而形成一个完整的学科——安全系统工程。

④安全系统工程在理论研究和实践中不断完善和发展。安全系统工程以系统工程和安全科学为其理论基础，以人—机—环境的安全问题为其研究对象，其研究内容不仅包括辨识、分析、评价与控制技术，还包括管理程序、管理方法等管理科学的内容。基于这种思想，迄今国外发表的有关系统安全分析、系统安全评价、系统安全管理技术与方法的论著，都属于安全系统工程的范畴；各行业预先分析与控制事故、提高系统安全性、倡导安全技术等的实践和研究，也都具有鲜明的系统工程特点。因此，安全系统工程在理论研究和生产实践过程中不断完善和发展。

思考题

1.“熟悉系统，即熟悉研究对象”是开展工作的前提和基础，而分类是研究系统的基本方法，请从认识和理解研究对象的角度阐述为什么要对系统进行分类？如何进行分类？并从实际生活需求出发，给出人的 100 种分类标准，并阐明其适用情形。

2.掌握系统的组成要素及其内在逻辑（即系统剖分和逻辑重构）是认识系统的关键，请结合系统思想，利用系统的集合性、相关性、整体性、层次性和目的性等知识，构建安全工程专业课程体系框架图，并说明理由。

3.请运用系统的相关性阐述一个生产系统中人、机、环境 3 个子系统之间的关系。

4.安全系统工程的研究对象是“安全系统”还是“生产系统”？

第2章 系统工程方法论

由安全系统工程的定义可知，它是系统工程基本原理和方法运用于安全领域而产生的系统工程学的一个分支。系统工程的基本原理和方法是安全系统工程运用的基础。本章将对在安全系统工程中涉及的系统和系统工程基本原理、系统工程方法论以及系统调查分析方法论等内容进行介绍。

2.1 系统学原理

系统学的任务主要包括两个方面：一个是对系统规律的认识；另一个是在认识系统规律的基础上，如何控制系统。第一个方面是关于系统结构、子系统协同以及系统功能在系统环境作用下的演化规律。第二个方面则是把控制的思想和理论引入系统学。如同认识客观世界是为了更好地改造客观世界一样，人们认识系统也是为了更好地控制系统。

系统学是系统科学的基础理论学科，为系统工程提供理论依据。作为系统学原理，可以归纳为以下8条。

2.1.1 整体性原理

现代科学技术的飞速发展，使科学研究的对象和人们对它的认识发生了很大的变化，有机的整体取代了被分割的部分。以前认为最基本的部分，如今看来，实际上也是一个可分的由各个部分组成的有机整体。微观世界呈现出来的整体结构与客观世界出乎意料地相似。世界上一切事物、现象和过程，都是有机的整体，自成系统而又互成系统。客观世界的整体性是系统学整体性原理的来源和依据。

2.1.2 相关性原理

系统学的相关性原理，是辩证法的普遍联系观点的具体体现和实际应用。科学技术发展的全部成就，证明了普遍联系观点的真理性，质量和能量的相互转化和守恒定律，揭示了各种物质的状态及其运动状态之间的普遍联系。细胞的发现和达尔文进化论的创立，揭示了生物界内部的普遍联系以及生物和环境之间的联系。门捷列夫的元素周期表,揭示了曾经被认为互不联系、互不依赖的各种元素之间的关系。客观世界就是一个相互联系的整体。世界上一切事物、现象和过程之间的联系是客观存在的,一种事物离开了它和它周围条件的相互联系和相互作用,就成为不可理解和毫无意义的东西。也就是说,事物总是存在于某种系统之中,亦即处于某种联系之中。如果把某一事物从某个系统中分离出来,它们必然又落入另一个系统。因此,相关性原理要求把任何一个事物作为某个系统的一个要素来研究。传统的科学方法主要是研究系统内各子系统(或元素)或子系统与元素之间的联系。诸如系统联系、结构联系、功能联系、起源联系等。客观事物存在的联系是多种多样的,联系的多样性,决定了系统的多样性。各类联系间界限的相对性,导致未知联系向已知联系的转化,形成未知系统向已知系统的过渡。科学技术发展到某一阶段,人们原本认为互不联系的东西,也可能存在新的未知联系。某些现在看来不成系统的东西,在进一步深入研究的时候,可能发现就是一个新的系统。从联系的广泛性,可以知道系统的广泛性。从哲学的高度建立起来的相关性原理,为研究系统结构奠定了基础。

2.1.3　有序性原理

凡是系统都是有序的。系统的有序性,是系统有机联系的反映。稳定的联系构成的结构,保障了系统的有序性;本质的联系,形成了系统发展和变化的规律。在研究事物的联系时,最重要的是把握它的规律性。规律所表现的是现象间在一定条件下所具有的本质的、普遍的、必然的联系。对系统有序性的研究,开辟了发现规律的途径;对有序性原理的运用,将在一定程度上起到指导人们按规律办事的作用。

任何一个系统,都和周围环境组成了一个较大的系统,因此,任何一个系统都是更高一级的系统的一个要素。同时,任何一个系统的要素本身,通常又是较低一级的系统。以科学体系为例,科学本身的两个组成部分——自然科学和社会科学,其又分别是较低一级的系统,这就必须研究各部门学科的关系及发展的不平衡性。若科学作为一个相对独立的完整体系,则必须研究它的一般规律。

系统的稳定联系构成的系统结构,形成了一个纵横交错的立体网络模式,它既可按垂直方向进行描述,以区分子系统的各种层次和等级,也可按水平方向进行描述,以掌握系统的各个组成部分之间的联系。波兰学者马列茨基等把现代科学整体化的过程,区分为两类:一类为“纵向整体化,即科学与实践相接近,科学的基础研究与应用研究相接近”;另一类为“横向整体化,即跨课题和跨学科的研究”。这种分类,不仅形象地设计了科学整体化过程的系统模式,而且准确地说明了系统科学和系统方法等学科科学横向整体化的产物,它几乎横贯一切学科,反映一切学科的系统属性。

2.1.4　动态性原理

动态性是指状态与实践的相关性。动态性原理是研究系统元素间的联系随时间变化规律。

现代科学研究的对象大都是结构复杂和高度活动的系统,系统学中的动态性原理就是适应这种客观需要产生的。故不仅要研究各种系统发展变化的方向和趋势、活动的速度和方式,而且要探索它们发展变化的动力、原因和规律,从而主动驾驭这些系统,使之造福于人类。动态性原理反映了辩证法的发展原理。

系统发展变化的动力,来自系统内部对立面的斗争和统一,即内在矛盾。自然界的变化,主要是由于自然界内部矛盾的变化。社会的变化,主要是由于社会内部矛盾的发展、生产力和生产关系的矛盾、新和旧的矛盾、正确与错误的矛盾变化。把科学作为一个相对立的系统来考察,科学的发展动力直接来自科学能力和科研体的矛盾运动,社会经济等条件的变化,是重要的外部原因。科学的进步必须通过科学研究系统内部科学能力的提高和科研体制的改善来推动。

2.1.5 分解综合原理

分解是将具有比较密切结合关系的要素分组化。对于系统来说,分解就是分析出相对独立、层次不同的子系统。综合则是完成新系统的设计过程,即选择具有性能好、适用性强以及标准化了的子系统,设计出它们之间的关系,形成具有更广泛价值和特定功能的系统,以达到预期的目的。

系统的分解与综合是系统学的重要原理之一。要设计出新的系统,必须分析已有的系统,已有的系统又是前人分析的综合。可以说不论多大、多复杂的系统,如分解为适当的几个子系统,就能根据过去的经验和知识去处理。如果将这些系统或子系统的特征和性能标准化,并编成程序,运用到计算机中,设计就容易多了。

分解的方法是多种多样的,一般可按结构要素分解,按功能要求分解,按时间序列分解,按空间状态分解等。分解的原则,既要有利于系统设计、可靠,又要便于论证、实施和管理。分解的形式有示意图、关系图、树形图、网络图等。

2.1.6 创造思维原理

管理者的责任在于创造性的工作,工程师的天职在于创造性的设计与施工。创造思维的基本原理有两条:一是把陌生的事物看作熟悉的东西,用已有的知识加以辨别和解决。这是人们惯用的方法,它不只对新的事物给以旧的解释,也能给以新的解释,从而创造出新的理论。二是把熟悉的事物看成陌生的东西,用新的方法、新的原理加以研究,创造出新的理论、新的技术和方法。

创造性思维活动极其复杂,它的形式多种多样,并且常常是多种形式相互重叠交错在一起。掌握这条原理,可以克服思维过程中的障碍,通过训练提高创造能力,增强系统设计者的素质,加速系统的综合。

2.1.7 验证性原理

人类的生产生活是最基本的实践活动,是决定其他一切活动的基础。实践是检验真理的唯一标准。人类对于事物的认识,主要依赖于人类社会的生产活动。只有人们的社会实践,也就是验证,才是检验客观真理的标准。实际上,在处理系统问题时,无论是管理系统,还是工程系统,要达到预期的目的,只有通过反复的实践、验证、总结,才能产生认识过程的突变,产生新的概念。

一般来说，在处理系统问题时，不能用数学解析式描述系统问题的，总是先提出假设，通过检验对可能出现的故障进行分析判断，为执行者提供数据进行核实和检验，以及通过试验为用户提供验收条件，甚至借助试验验证、修正假设和理论。

2.1.8 反馈原理

反馈是输入的信息和资源经过处理后，将结果（即输出）再送回到输入状态的程序，并对新输入信息和资源发生影响的过程。反馈使事物本身与周围环境处于动态的统一之中，构成了新陈代谢运动，架起了原因和结果的桥梁。

反馈按控制结果可分为正反馈和负反馈两类。

（1）正反馈

系统的输入与输出的差异是发散的，即加剧该系统正在进行的动态过程，使系统趋于不稳定状态，乃至破坏稳定状态。

（2）负反馈

系统的输入与输出的差异是收敛的，即倾向于反抗系统正在偏离目标的过程，使系统趋于稳定状态。

现代管理系统，是十分复杂的系统，人、财、物的组合关系多种多样，时空变化和环境影响很大，内部运动和结构在不断变化，随机性很大，组织关系错综复杂，使人的思维、信息的动力作用加大，从而使反馈原理在现代管理中处于十分重要的地位。在安全管理系统中，领导者、安全管理者起着控制作用；信息资料部门起着接收、处理各种安全信息的作用；负责检查工作的部门则起检测作用；执行任务者就起着实现安全目标的关键作用。领导、管理者将安全生产、检修计划指令下达后，必须经常深入基层检查安全措施的执行情况，在职工群众中听取反映，及时根据反馈进行调整、修改安全措施，保证安全生产和检修目标的实现。

2.2 系统工程原理及基本观点

2.2.1 系统工程原理

（1）系统原理

现代管理对象都是一个系统，它包含若干分系统（子系统），同时又和外界的其他系统发生着横向的联系，为了达到现代化管理的优化目标，就必须运用系统理论，对管理进行充分的系统分析，使之优化，这就是管理的系统原理。

（2）整分合原理

现代高效率的管理必须在整体规划下明确分工，并在分工的基础上进行有效的综合，这就是整分合原理。整体规划就是在对系统进行深入、全面分析的基础上，把握系统的全貌及其运动规律，确定整体目标、制订规划与计划及各种具体规范。明确分工就是确定系统的构成，明确各个局部的功能，把整体的目标分解，确定各个局部的目标以及相应的责、权、利，使各局部都明确自己在整体中的地位和作用,从而为实现最佳的整体效应而最大限度地发挥作用。有效综合就是对各个局部必须进行强有力的组织管理,在各纵向分工之间建立起紧密的横向联系,使各个局部协调配合、综合平衡地发展,从而保证最佳整体效应的圆满实现。现代高效率的管理,必须是在整体规划下明确分工,在分工基础上进行有效的综合。

(3)反馈原理

现代高效率的管理,必须有灵敏、正确、有力的反馈,这就是反馈原理。管理实质就是一种控制,管理活动的过程是由决策指挥中心发出指令,由执行机构去执行,直到实现管理目标。决策指挥中心要实现既定的目标,就要随时掌握执行机构活动的情况,及时发现偏差并加以调整、控制,使之在正确的轨道上运行。决策指挥中心如何掌握执行机构活动的情况呢?这就需要反馈。把反馈信息与输出信息进行比较,用比较所得的偏差对信息的再输入产生影响,起到控制的作用,以达到预定的目的。

(4)弹性原理

管理是在系统外部环境和内部条件千变万化的形势下进行的,管理必须要有很强的适应性和灵活性,才能有效地实现动态管理。安全管理所面临的是错综复杂的环境和条件,尤其是事故致因是很难完全预测和掌握的,因此,安全管理必须尽可能保持好的弹性。一方面不断推进安全管理的科学化、现代化,加强系统安全分析、危险性评价,尽可能地做到对危险因素的识别、消除和控制;另一方面要采取全方位、多层次的事故防治对策,实行全面、全员、全过程的安全管理,从人、物、环境等方面层层设防。此外,安全管理必须注意协调好上、下、左、右、内、外各方面的关系,尽可能取得管理对象的理解和支持,一旦发生问题,就比较容易得到配合。

(5)封闭原理

任何一个系统的管理手段、管理过程等都必须构成一个连续封闭的回路,才能形成有效的管理活动。但是,管理封闭是相对的,从空间上讲,封闭系统不是孤立系统,它要受到系统管理的作用,与上、下、左、右各个系统都有着输入和输出的关系,只能与它们协调平衡地发展,而不能不顾周围,自行其是;从时间上讲,事物是不断发展的,永远不能做到完全预测未来的一切。因此,必须根据事物发展的客观需要,不断地以新的封闭系统代替旧的封闭系统,求得动态的发展,在变化中不断前进。

(6)能级原理

一个稳定而高效的管理系统必须是由若干具有不同能级的不同层次的有规律地组合而成的,这就是能级原理。管理系统中的能级的划分不是随意的,它们的组合也不是随意的,必须按照一定的要求,有规律地建立起管理系统的能级结构。

(7)动力原理

管理必须有强大的动力(这些动力包括物质动力、精神动力和信息动力),而且要正确地运用动力,才能使管理运动持续而有效地进行。

(8)激励原理

以科学的手段,激发人的内在潜力,充分发挥出人的积极性和创造性。

2.2.2　系统工程的基本观点

根据系统工程的特征,在处理问题时,以下一些系统工程的基本观点是值得重视的。

(1)全局的观点

全局的观点就是强调把要研究和处理的对象看成一个系统,从整个系统(全局)出发,而不是从某一个子系统(局部)出发。例如美国喷气推进实验室早就研究喷气发动机,后来美国陆军希望研究一个“下士”导弹系统,它涉及弹头、弹体、发动机和制导系统等。当时想用该实验室研制的发动机,由于开始没有从总体考虑,只是把已有的东西(各个系统)进行了拼凑,虽然可以使用,但造价昂贵,不便维修,很不成功。后来研究“中士”导弹系统,该实验室提出要参与整个导弹系统的设计,也即对全系统的“特定功能”有所了解,而且要求了解设计、生产、使用的全部过程,结果“中士”导弹系统各个方面的功能得以大大改进。

全局性的观点承认并坚持:凡是系统都要遵守系统学第一定律,即系统的属性总是多于组成它的元素在孤立状态时的属性;在复杂系统内部或这个复杂系统和环境中其他系统之间,存在着复杂的互依、竞争、吞噬或破坏关系;一个系统可以在一定的条件下由无序走向有序,也可以在一定的条件下由有序走向无序;对于非工程系统的研究,必须保证模型和原系统之间的相似性等基本观点。

(2)总体最优化的观点

人们设计、制造和使用系统最终是希望完成特定的功能,而且总是希望完成的功能效果最好。这就是所谓最优计划、最优实际、最优控制和最优管理和使用等。这里需要使用运筹学中的优化方法、最优控制理论、决策论等。值得注意的是近年来关于多目标最优性的讨论。由于考虑的功能很多,有的系统方案在这方面功能较好,而另一方面较差,很难找到一个十全十美的系统。因此在一些互相矛盾功能要求中,必须有一个合理的妥协和折中,再加上定性目标的研究有时很难做到定量的最优化。因此,近年来有人开始提出“满意性”的观点,也就是总体最优性的观点。

系统总体最优性包含3层意思:一是空间上要求整体最优;二是从时间上要求全过程最优;三是总体最优性是从综合效应反映出来的,它并不等于构成系统的各个要素(或子系统)都是最优。

(3)实践性的观点

系统工程和某些学科的区别是它非常注重实用,如果离开具体的项目和工程也就谈不上系统工程。正如钱学森指出的:“系统工程是改造客观世界的,是要实践的。”当然,实践性并不排斥对系统工程理论的探讨和对其他项目系统工程经验的借鉴。

(4)综合性的观点

由于复杂的大系统涉及面广,不但有技术因素,还有经济因素、社会因素等,仅靠一两门学科的知识是不够的,需要综合应用诸如数学、经济学、运筹学、控制论、心理学、社会学和法学等各方面的学科知识;由于一个人所掌握的学科知识有局限性,所以系统工程的研究需要吸收各方面的专家、领导、工程技术人员乃至有经验的工人参加,组成一个联合攻关和研讨小组开展工作。

(5)定性和定量分析相结合的观点

运用系统工程来研究并解决问题,强调把定性分析与定量分析结合起来。这是因为在处理一些庞大而复杂的系统时,经典数学的精确性与这些大系统的某些因素的不确定性存在着不少矛盾。因此,在对整个系统进行定性分析和定量分析时,必须合理地将定性分析与定量分析有机地结合起来。脱离定性研究来进行定量分析,就只能是数学游戏,不能说明系统的本质问题;同样,只注意对系统进行定性分析,而不进行定量研究,就不可能得到最优化的结果。

2.3 系统工程方法论

通俗地讲,系统工程方法论就是系统工程思考处理问题的步骤、思维过程和方法。系统工程具有自己独特的工作程序和方法。目前在安全系统工程中应用较广的系统工程方法论有以下几种。

2.3.1 以兰德公司为代表的系统分析方法论

系统学原理认为,世界上各种对象都是由具有内在联系的各部分组成的有机整体。整体的效果和功能,不仅取决于其组成部分的效果和功能,而且还取决于它们的相互联系和相互作用,还受到环境条件的限制。系统工程研究的对象主要是复杂系统。这些系统与环境的关系、与子系统的关系以及子系统之间的关系一般说来都非常复杂,不仅涉及工程领域,还涉及社会、经济和政治领域;除有确定的因素外,还存在着许多不确定的矛盾因素。对这些因素能否及时了解、掌握和正确处理,将影响到系统整体功能和目标的完成。系统本身的目标和功能是否合理也需要研究。不明确、不恰当的系统目标和功能,往往会给系统的生存带来严重的后果。因此,不论是组建新系统或是改进现有系统,都必须对系统的目标和功能、环境以及系统内部关系进行认真分析,做出正确的决策,使系统和环境相适应,系统内部相互协调,以保证系统整体功能和目标的完成。系统分析就是完成此项任务的中心环节,在系统工程中起着最重要的作用。同时,系统分析有广义与狭义之分。广义系统分析是把系统分析作为系统工程的同义语;狭义系统分析是把系统分析作为系统工程的一个逻辑步骤,这个步骤是系统工程的核心部分。不论是何种解释,都可以看出系统分析的重要性。系统分析是系统工程的重要标志。

(1)系统分析的概念

关于系统分析的概念有许多说法。一般说来,系统分析就是从系统总体出发,对需要改进的已有系统或准备创建的新系统使用科学的方法和工具,对其目标、功能、环境、费用效益等进行调查研究,并收集、分析和处理有关资料和数据,据此建立若干备用方案和必要的模型,进行模拟、仿真试验,把试验、分析、计算的各种结果进行比较和评价,并对系统的环境和发展做出预测,在若干选定的目标和准则下,为选择对系统整体效益最佳的决策提供理论和试验依据。与技术经济分析不同,系统分析从系统总体最优出发,采用各种分析工具和方法,对系统进行定性和定量分析。它不仅分析技术经济方面的有关问题,而且还分析包括政策、组织体制、信息、物流等各有关方面的问题。

系统分析是一种辅助决策工具。借助系统分析,决策者可以获得对问题的综合和整体的认识,既不忽略内部各因素的相互关系,又能顾及外部环境变化带来的影响。特别是系统分析借助各种模型、模拟试验和定量计算,可为决策者提供可靠的数据依据。显然,科学的系统分析会使决策建立在科学的基础上,以最有效的策略解决复杂的问题,顺利地达到系统的各项目标。

系统分析的目的和作用如图2.1所示。

图2.1 系统分析的目的和作用

(2)系统分析的特点

1)以整体为目标

系统分析以发挥系统整体最大效益为准则,而不是局限于个别子系统,以防顾此失彼。系统分析以特定问题为对象。系统分析是一种处理问题的方法,有很强的针对性,其目的在于寻求解决特定问题的最优方案。

2)运用定量方法

系统分析解决问题不是单凭主观臆断、经验和直觉。在许多复杂情况下,必须以相对可靠的数学资料为分析依据,保证结果的客观性。

3)凭借价值判断

系统分析不但使用定量方法找出系统中各要素的定量关系,还要依靠直观判断和经验的定性分析,凭借价值判断,综合权衡,以判别由系统分析提供的各种不同策略可能产生的效益优劣,并从中选择最优方案。

(3)系统分析的原则

系统的性质取决于系统的要素以及要素之间的相互关系,又受到环境的影响,关系错综复杂,存在着许多矛盾的因素。因此,在系统分析时,必须认真协调和处理好各种因素的相互关系,特别是对复杂系统进行分析时,应遵循下列原则。

1)外部条件和内部条件相结合

系统的性能不仅取决于系统的内部结构,还受环境条件的制约。在分析一个系统时,应将系统内部、外部各种有关因素结合起来考虑。

2)当前利益和长远利益相结合

选择一个比较好的方案,不仅要从当前利益出发,而且要考虑到长远利益。只顾当前利益不考虑长远利益的方案是不可取的;对当前不利而对长远有利,也是不理想的;对当前和长远都有利,才是最理想的方案。

3)局部效益和整体效益相结合

局部效益好并不意味着整体效益也很好,整体效益好往往要求某些局部效益作出一定的牺牲。系统分析要求整体效益最优化。局部效益好但整体效益不好甚至有损失的方案是不可取的;局部效益低而全局效益好的方案才是可取的。

4）定量分析与定性分析相结合

定量分析是指数量指标的分析，可用实现模型表示，这是评价方案优劣的依据。但绝不能忽视定性因素，如某些政治、政策、心理因素、社会效果等。这些因素无法用数学模型表示，只能进行定性分析，即根据经验主观判断和统计分析来解决。此外，定量分析必须以定性分析为指导，不对系统作深入了解，就不能建立探讨定量分析的数学模型。定性和定量两者应结合起来综合分析，或者互相交错进行，才能达到优化的目的。

（4）系统分析的方法和工具

系统分析没有一套特定的普遍适用的技术方法，根据分析对象和分析的问题不同，所使用的具体方法也不同。一般来说，系统分析的各种方法可分为定性和定量两大类。

定量方法主要是运用统计学和运筹学中各种模型化和最优化的方法，如线性规划、动态规划、网络技术、排队论、投入产出分析、决策分析等。定量方法适用于系统机理清楚、收集到的信息准确、可建立数学模型等情况。如果要解决的问题涉及的机理不清，收集到的信息不准确、模糊不清，或是伪信息，难以形成常规的数学模型，可以采用定性分析方法。定性分析方法有专家调查法、头脑风暴法、冲突分析法、层次分析法等。

系统分析的工具主要是电子计算机。系统工程的主要研究对象是规模庞大、结构复杂、层次丰富的复杂系统，涉及大量信息的收集、处理、存储、汇总、分析。另外，系统中往往存在着许多不确定的或互相矛盾的因素，为弄清这些因素和系统功能之间的关系，需要建立相应的模型，进行复杂的科学计算、仿真试验。这些都只有借助计算机才能完成。

（5）系统分析的应用范围

系统分析工作的重点应放在系统发展规划方面，系统的发展规划对系统开发的前途、命运起着主导作用。从管理系统来说，主要应用于以下几个方面。

①在制订系统规划方案时，应将各种资源资料条件、统计资料以及生产目标要求等，运用规划论的分析方法寻求最优化方案，然后综合其他因素，在保证系统协调一致的前提下，对系统的输入、转变到输出进行均衡，从中选择一个比较满意的规划方案。

②对重大工程项目的组织管理，要运用网络分析方法进行全面的计划协调和安排，以保证工程项目中各个环节相互密切配合，按期完成。

③在选择厂址和工厂规模时，应考虑原材料的来源、能源、运输以及市场等客观条件与环境因素，运用系统分析进行技术论证，集思广益，制订出适合我国国情、技术上先进、生产上可行、经济上合理的最优方案。

④在设计一个新产品时，应对新产品的使用目的、结构、用料以及价格进行价值分析，再根据分析的结果来确定新产品最适宜的设计性能、结构、用料选择和市场接受的价格水平等。

⑤在资金成本管理中，要做到预算控制，对生产活动的技术改造和技术革新措施，都要进行成本盈亏分析，然后再决定哪一种方案更为经济合理。

⑥厂内的生产布局和工艺路线组织方面，要对人员、物价和设备等各种设施所需要的空间作出最恰当的分配和安排，并使相互间能有效地组合和安全运行，从而使工厂获得较高的经济效益。

⑦在编制生产作业计划时，可以运用投入产出分析方法，使零部件投入产出与生产能力平衡，确定合理的生产周期、批量标准和在制品的储备周期，并运用调度管理，安排好加工顺

序和装配线平衡，实现准时生产和均衡生产。

⑧对工厂企业安全管理体系进行安全分析时，要了解安全管理现状，分析安全管理目标，实现企业的安全生产目标。

(6) 系统分析的要素

系统分析的要素有目标、方案、费用效果、模型和评价基准。

1) 目标

目标是为了达到一定的目的而提出的系统对象设计所期望达到的结果和方向，是目的的具体化，是系统分析的出发点。经过分析确定的目标应是具体的、有根据的、可行的。

2) 方案

在一般情况下，为达到一定的目的和所期望的目标，可采用多种手段，这些手段为可行性方案。系统分析要求尽量列举各种替代方案，并且估计它们可能产生的结果，以利于分析研究和选择。可行性方案是选优的前提，没有足够数量的可行性方案就没有优化。在列举各种方案时要考虑两点：一是所运用的方法是否可行；二是所采用的方案是否可靠。

3) 费用效果

为实现系统目标就必须投入，其实际支出就是费用。费用有可用货币表示的费用和非货币支出的费用两种。后者如失去的机会、所做的牺牲等。为了某种目的而选择的特定手段，使得一些资源或时间不能用于其他目标，所以会产生牺牲。

效果就是达到目的所取得的成果。它有“效益”和“有效性”两种指标。效益可以用货币表示，而有效性是通过货币以外的指标来衡量的。效益又有直接效益和间接效益之分。

为达到一定的目标，不同的替代方案消耗的资源不同，产生的效果也不同。费用与效果的分析与比较是决定方案取舍的重要标志。在分析和对比时，除考虑货币支出费用和效益外，还必须注意非货币支出的费用和有效性。

4) 模型

模型是对研究对象的某一方面本质属性的简化、模拟和抽象，是分析研究对象的有关因素之间关系和规律的有力工具。因为人和现实系统本身总是十分复杂，特别是在各种替代方案实施之前，尚不能对系统本身进行比较，分析各种方案的优劣，借助模型可进行这种分析比较。通过模型可以预测出各种替代方案的目标、性能、费用与效益、时间等指标情况，以利于方案的分析和比较，模型的优化和评价是方案论证的判断依据。

5) 评价基准

评价基准是衡量可行性方案优劣的指标。由于系统是多目标的，用单个指标来评价不充分，必须用一组互相联系的可以比较的指标来衡量，这就是系统的指标体系。不同的系统有不同的指标体系，可根据有关要求具体地去确定。有了指标体系，就可以分析各种可行性方案对各项指标的实现程度，并进行综合评价，权衡利弊，确定出各种方案的优劣顺序。

(7) 系统分析的步骤

任何问题的研究与分析，均有其一定逻辑推理步骤，根据系统分析各要素相互之间的制约关系，系统分析的步骤可概括如下：

1) 问题构成与目标确定

当一个研究分析的问题确定以后，首先要将问题做系统与合乎逻辑的陈述，其目的在于确定目标，说明问题的重点与范围，以便进行分析研究。

2）搜集资料与探索可行方案

在问题构成之后，就要拟订大纲和决定分析方法，然后依据搜集的有关资料找出其中的相互关系，寻求解决问题的各种可行方案。

3）建立模型（模型化）

为便于分析，应建立各种模型，利用模型预测每一方案可能产生的结果，并根据其结果定量说明各方案的优劣与价值。模型的功能在于组织人们的思维及获得处理实际问题所需的指示或线索。但模型充其量只是实现过程的近似描述，如果它说明了所研究系统的主要特征，就算是一个满意的模型。

4）综合评价

利用模型和其他资料所获得的结果，对各种方案进行定量和定性的综合分析，显示出每一项方案的利弊得失和成本效益，同时考虑到各种有关的无形因素，如政治、经济、军事、理论等，所有因素加以合并考虑并研究，获得综合结论，以指示行动方针。

5）检验与核实

以试验、抽样、试行等方法鉴定所得结论，提出应采取的最佳方案。

在分析过程中可利用不同的模型在不同的假定下对各种可行方案进行比较，获得结论，提出建议，但是否实行，则是决策者的责任。

任何问题，仅进行一次分析往往是不够的，一项成功的分析，是一个连续循环的过程，如图 2.2 所示。

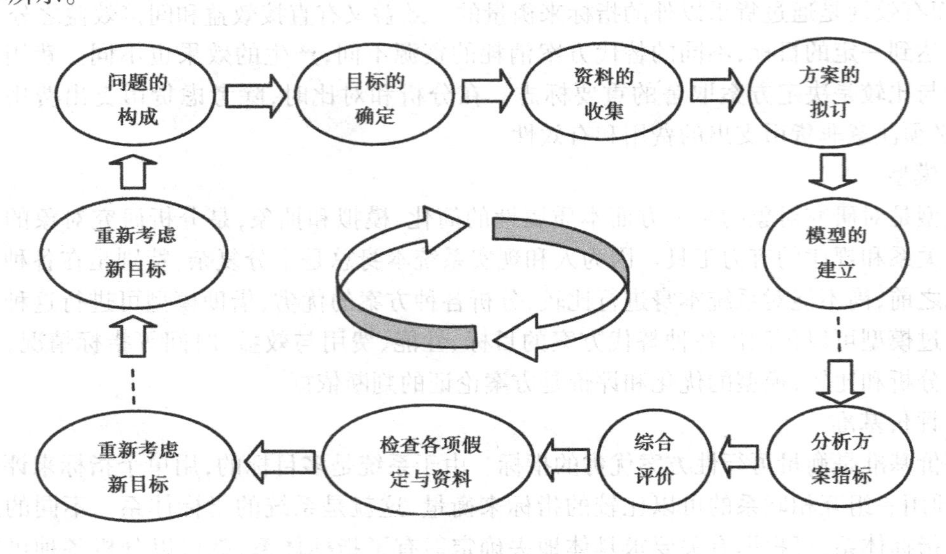

图 2.2　系统分析的步骤

（8）系统方法的地位和作用

系统方法是哲学方法和其他科学研究方法之间的中间环节，是唯物辩证法的具体化和实际运用，也是科学理论与实践相结合的工具。它广泛适用于科学研究的各个阶段和各个环节，贯穿于科学研究和人类社会实践的全过程。如今许多传统的研究方法，正在受到和将要受到系统方法的冲击和洗礼。

1）系统方法是哲学方法和其他科学研究方法之间的桥梁

随着现代科学技术的发展和方法论研究的深入，各种科学的研究方法按照其概括程度和适用范围的不同，分别处于不同的层次。目前，科学方法论按水平方向描述，一般可分为3个层次。

①哲学方法。探讨一切科学普遍适用的方法原理，它既指导自然科学的研究，也指导社会科学的研究。

②一般科学方法。探讨自然科学和社会科学共同适用或分别适用的一些原则和方法。它具有跨学科性质，能够从一门学科转移到另一门学科。一般科学方法包括数学方法、控制论方法、信息方法、系统方法、实验方法和基本的逻辑方法，它们是自然学科和社会科学都适用的；观察方法和实验方法等适用于自然科学，社会调查和典型试验等适用于社会科学，这两类方法也列入一般科学方法的范围。

③专门科学方法。探讨各门科学专门的具体方法和技术。例如在安全管理系统中，运用安全系统工程的事故树方法来预测发展的规律性等。

系统方法在方法论体系中的地位属于第二层次，发挥一般科学方法的功能。它是在辩证法的指导下形成自己的方法论，在各门学科运用系统方法的基础上概括出一套专门的概念工具。系统方法包含的哲学内容十分丰富，需要认真探讨，这也会促进哲学的发展。

系统方法为科学知识数学化提供中间过渡模式，加快了各门科学数量化的进程。以控制论为理论指导的功能模拟方法，是以事物、机器以及社会现象中所普遍存在的某些功能和行为的功能模拟方法为基础，模拟原型的功能和行为的方法。以信息论为基础的信息方法，就是把有目的的运动，看成一个信息的获取、传递、加工和处理的过程，把系统内外各种因素的相互关系，看作信息的交换过程而加以研究的方法。功能模拟方法和信息方法，作为系统方法的研究范围，从其概念可知它们之间的关系是十分密切的。

系统方法在研究社会现象时，比其他任何方法更能将分析和综合、归纳和演绎等方法有机地结合起来，因而为应用数理逻辑方法和现代电子计算机开辟了广阔的道路。

由此可见，系统方法一方面与哲学方法——唯物辩证法直接衔接，另一方面又与其他科学方法紧密结合，它在促进科学方法论知识的整体化，加强哲学与自然科学、技术科学、社会科学的联系方面，发挥着越来越重要的作用。

2）系统方法既是确定目标的方法，又是显示目标的方法

各种科学研究方法，按照它们在认识过程中的过程功能一般可分为确定目标的方法和实现目标的方法。因为确定目标的方法主要依靠经验判断和逻辑分析，所以在系统方法中以实现目标的方法为主，而确定目标的方法就相对比较薄弱。

实现目标的方法又分为接受信息的方法和加工信息的方法。前者包括观察方法、试验方法以及抽查方法；后者包括分析法和综合法、归纳法和演绎法、科学抽象法等。

这样，科学方法论体系就形成一种垂直方向的结构。系统方法则横贯并作用于各种科学研究方法，在确定目标和实现目标两个方面，都形成了一些新的专门的方法和技术。

系统方法在确定目标方面发挥的重要功能是加强了传统的科学方法论，研究中主要关心和侧重实现目标的方法，而较忽视确定目标方法的研究这个比较薄弱的环节。确定目标的过程也是一个认识过程，其包括接受信息，获得感性材料以及加工信息，整理感性材料，上升到理性认识两个阶段。随着科学技术的进步和社会的发展，人们在现代的科学研究活动中，创

造和发展了一系列先进方法，如系统分析，使确定目标的方法程序化、精确化，从而使这种方法的效果达到最佳化。

系统分析要求对特定的问题进行周到和必要的调查，掌握大量数据资料，运用数学方法和电子计算机进行精确运算，针对目标制订各种可行和适用的方案，提出可行的建议，帮助决策者进行最佳决策。它全面贯彻了系统方法的基本原则。实践证明，这是确定目标和制订计划的现代化的科学方法。

2.3.2 霍尔方法论

在操作层次上的系统工程方法论中出现较早、影响最大的是 1968 年美国贝尔电话公司工程师霍尔（A. D. Hall, 1924—）提出的系统工程三维结构模型，简称为霍尔方法论，其三维是时间维、逻辑维和专业维。人们在运用它的时候，做了许多演绎，内容很丰富，尤其是它的逻辑维。

（1）时间维（粗结构）

对一个具体的工程项目，从规划工作开始一直到系统更新，它的全过程可分为如下 7 个阶段：

①规划阶段，制订系统工程活动的规划和战略。

②设计阶段，提出具体的计划方案。

③研制阶段（系统开发），提出系统的研制方案，并制订生产计划。

④生产阶段，生产出系统的构件和整个系统，提出安装计划。

⑤安装阶段，对系统进行安装和调试，提出系统的运行计划。

⑥运行阶段，系统按照预期目标运作和服务。

⑦更新阶段，以新系统取代旧系统，或对原系统进行改进使之更有效地工作。

上述 7 个阶段是按时间先后顺序排列的，故有"时间维"之称。这种划分，又称为系统工程方法论的粗结构。

（2）逻辑维（细结构）

将时间维的每一个阶段展开，都可以划分为若干个逻辑步骤，展示出系统工程的细结构，这就是逻辑维。霍尔把每一个阶段分为 7 个工作步骤，即摆明问题、确定目标、系统综合、系统分析、系统评价、决策和实施。

1）摆明问题

收集各种有关资料和数据，把问题的历史、现状、发展趋势以及环境因素弄清楚，把握住问题的实质和要害，使有关人员做到心中有数。为了弄清问题的实质、要害，就要进行调查研究。调查研究工作主要从以下两方面进行。

①环境方面的调查研究。新系统产生于特定的环境；新系统的约束条件决定于环境：领导决策的依据来自于环境；新系统试制所需的资源来自环境；最后，系统的品质也只能放在环境中进行评价，环境因素可分为 3 类。

a.物理和技术的环境。主要包括：已有的系统；用于已有系统的方法；已执行的技术标准；内部技术情况；自然环境；过渡因素；目前和将来的试制条件；外部技术情况。

b.经济和事务的环境。主要包括：组织结构和人员；政策法令；领导的气质和偏好；价格结构;新系统的经济条件;事务的运作情况(包括从编制资金平衡表和收入报告到准备用户账单或报表的各种会计职能工作等)。

c.社会环境。主要包括:大规模的社会因素;个别的因素;可能的偶然因素。

②需求方面的调查研究。从广义来说,需求研究属于环境研究的一个方面,但是,由于需求研究具有特别的重要性,故有必要着重进行分析研究。

需求研究有下列6项要点:

a.需求的一般指标。

b.可配置的资源和约束。

c.计划情况和市场特性。

d.竞争状况。

e.用户的购买力及其动机、爱好和习惯。

f.来自需求研究的设计要求。

2)确定目标(系统指标设计)

目标问题关系整个任务的方向、规模、投资、工作周期、人员配备等,因而是十分重要的环节。细分的目标又称为“指标”。系统问题往往具有多目标(多指标),在摆明问题的前提下,应该建立明确的目标体系(又称为指标体系),作为衡量各个备选方案的评价标准。

在第二次世界大战中有一个著名的例子:商船是否要安装高射炮的问题,曾引起争论。有人用击落敌机的概率作为指标。据统计,商船上安装的高射炮击落来犯敌机的概率只有4%,似乎不合算,应该把这些高射炮转移到地面的高射炮阵地上去。但是,有人指出商船装高射炮的目的不在于击落敌机,而在于威胁敌机,使之不敢低飞投弹从而保护自己,因此,应以商船被击沉率作为评价指标。统计表明:不装高射炮的商船被击沉的比例是25%,安装高射炮的商船被击沉的比例是10%。所以问题的结论很明确:商船应该安装高射炮。

今天的系统问题往往要复杂得多。在确定目标和指标时应注意以下8条原则。

①要有长远观点:选择对于系统的未来有重大意义的目标和指标。

②要有总体观点:着眼于系统的全局利益,必要时可以在某些局部作出让步。

③注意明确性:目标务必具体明确,力求用数量表示。

④多目标时应注意区分主次、轻重、缓急,以便加权计算综合评价值。

⑤权衡先进性和可行性:目标应该是先进且经过努力可以实现的,要注意实现目标的约束条件。

⑥注意标准化,以便同国际国内的同类系统进行比较,争取实现先进水平。

⑦指标数不宜过多,不要互相重叠与包含。

⑧指标计算宜简不宜繁,尽量采用现有统计口径的指标或者利用简单换算可以得到的指标。

我国一般工程项目在制订目标时考虑下述4个方面。

①运行目标,包括战术技术指标。

②经济目标,包括直接的与间接的经济效益。

③社会目标,包括项目与国家方针政策符合的程度和社会效益。

④环境目标,包括环境保护与可持续发展。

目标的制订应由领导部门、设计部门、生产部门、用户、投资者、舆论界等方面共同参与,以求目标体系全面、准确。目标一经制订,不得单方面更改。

目标体系中往往会有相互矛盾的目标出现。处理矛盾的方法有两种:一种是剔除次要目标,建立无矛盾的目标体系;另一种是让矛盾的目标共存,折中兼顾。

3)系统综合(形成系统方案)

系统综合要反复进行多次。第一次的系统综合是指按照问题的性质、目标、环境、条件拟定若干可能的粗略的备选方案。没有分析便没有综合,系统综合是建立在前面的两个分析步骤(摆明问题,确定目标)上的。没有综合便没有分析,系统综合又为后面的分析步骤打下基础。

4)系统分析

系统分析是指演绎各种备选方案。对于每一种方案建立各种模型,进行计算分析,得到可靠的数据、资料和结论。系统分析主要依靠模型(有实物模型与非实物模型,尤其是数学模型)来代替真实系统,利用演算和模拟代替系统的实际运行,选择参数,实现优化。在系统分析的过程中,可能形成新的方案。系统工程的大量工作是系统分析,所以有人宁愿把系统工程称作系统分析。

5)系统评价

在一定的约束条件下,总希望选择最优方案。系统评价就是根据方案对于系统目标满足的程度,对多个备选方案作出综合评价,从中区分出最优方案、次优方案和满意方案送交决策者。这是又一次系统综合。注意:送交决策者的方案至少要有两个(不含下面说的零方案)。

6)决策

由决策者选择某个方案来实施。出于各方面的考虑,领导选择的方案不一定是最优方案。应该注意:什么也不干,维持现状,也是一种方案,称为零方案。在确认有别的方案比它优越之前,不要轻易否定它。

根据系统工程的咨询性,决策步骤并非系统工程人员的工作,但是对于决策技术的研究,则是系统工程的课题之一。

7)实施

将决策选定的方案付诸实施,转入下一个阶段。

应当注意,在决策或实施中,有时会遇到送交决策的各个方案都不满意的情况。这时就有必要回到前面所述逻辑步骤中认为需要修改的某一步开始重新做起,然后再提交决策。这种反复有时会出现多次,直到满意为止。

综上所述,逻辑维中的逻辑步骤及其相互关系可用图2.3表示。在此过程中,不但从实施或决策步骤可以返回到前面步骤,从中间步骤也可以返回到前面步骤,有的步骤要经过多次反复才能完成。

以上逻辑步骤的进行,其时间先后要求并不是很严格。步骤的划分也不是绝对的,有的把一个步骤分成几个步骤来做;有的则反之,这要根据需要而定。

【小贴士】

当面临一个具体的研究对象(需要解决的问题)时,如何具体开展分析过程?就是利用所谓方法论提出的解决问题的既定步骤和思考逻辑去分析问题,也就是按方法论规定的套路去分析和解决问题。霍尔三维模型的活动矩阵就给出了一个开展系统活动的工作步骤,如图2.3所示。

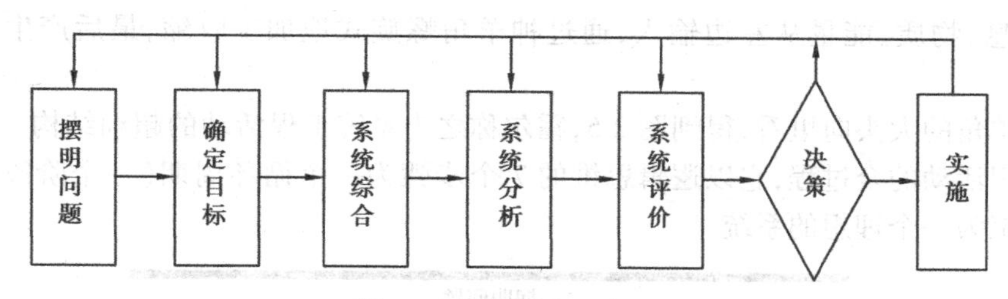

图 2.3　逻辑步骤示意图

(3)活动矩阵

把时间维与逻辑维结合起来形成一个二维结构 $A=\{a_{ij}\}_{7\times7}$，称为系统工程的活动矩阵，见表 2.1。

表 2.1　系统工程的活动矩阵

时间阶段＼逻辑步骤	1.摆明问题	2.确定目标	3.系统综合	4.系统分析	5.系统评价	6.决策	7.实施
规划阶段	a_{11}	a_{12}					a_{17}
设计阶段	a_{21}						
研制阶段	a_{31}					a_{36}	
生产阶段							
安装阶段							
运行阶段							
更新阶段	a_{71}						a_{77}

活动矩阵的元素 a_{ij} 可以清楚地显示人们在哪一个阶段做哪一步工作。例如 a_{12} 表示在规划阶段确定目标；a_{21} 表示在设计阶段摆明问题；a_{36} 表示在研制阶段作出决策等。这样，就可以明确各项具体工作在全局中的地位和作用，做到心明眼亮，总揽全局。

系统方案的产生过程具有迭代性与收敛性两大特点。表 2.1 所述的系统工程展开过程借用希腊神话中的丰收女神(Almathea)之神羊角来比喻是十分形象的，如图 2.4 所示。丰收女神的神羊角原来的意义是：羊角号一吹，各种财富就源源不断地涌现出来。现在是

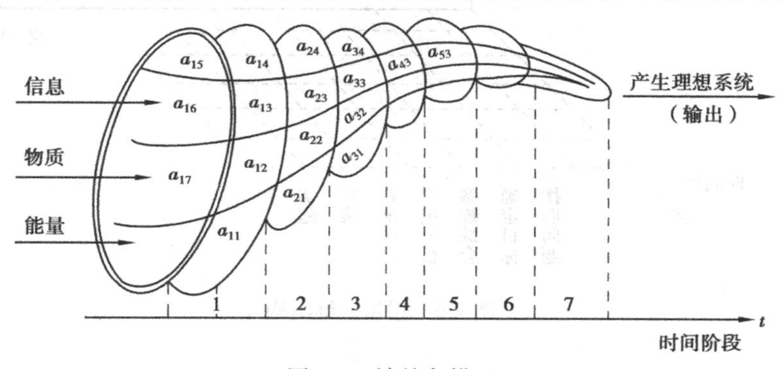

图 2.4　神羊角模型

以各种信息、物质、能量从左边输入,通过神羊角螺旋式地加工收缩,最后产生出一个理想的系统。

从神羊角的大头向里看,得到图2.5,霍尔称之为系统工程活动的超细结构。它显示出开展系统工程活动的全过程,它以逻辑思维的7个步骤为一个循环周期(一个阶段),经过多次循环而汇聚为一个理想的系统。

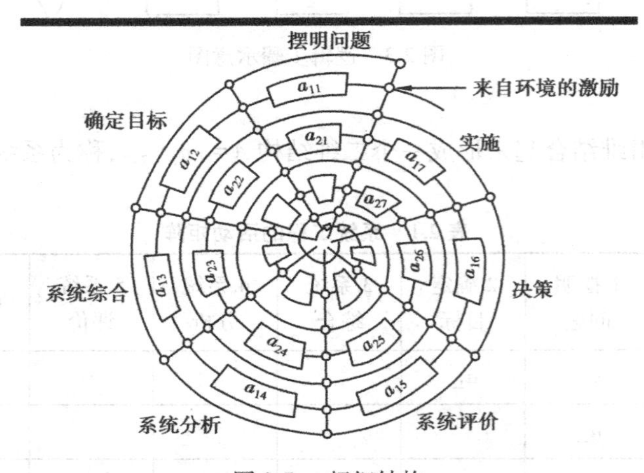

图2.5　超细结构

(4)专业维与三维结构

系统工程可分为许多专业。以二维结构为基础,增加第三维——专业维,即形成系统工程的三维结构,如图2.6所示为霍尔三维结构。应该指出:霍尔对他的第三维所用的名称是Professions,Disciplines,Technology,而不是Knowledge。如图2.6所示为第三维坐标刻度是按照他的原文译出的。这样,第三维译为专业维比较妥当,而不是知识维。

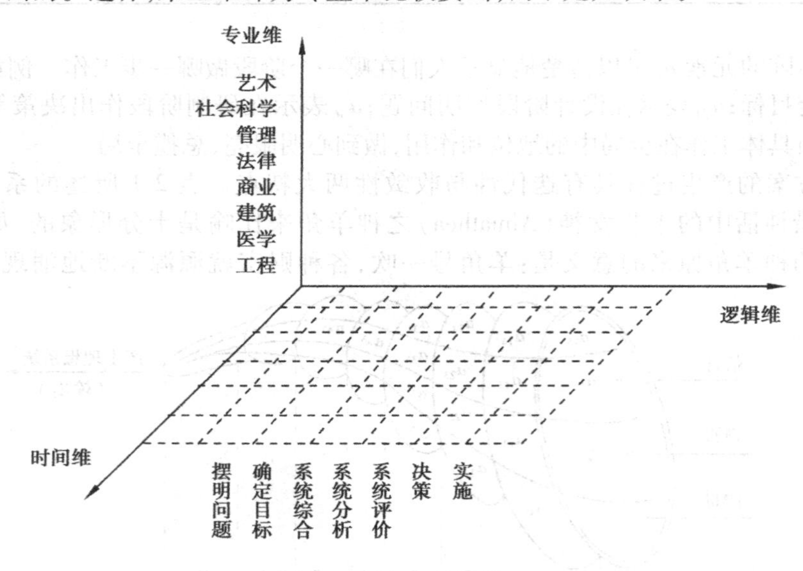

图2.6　霍尔三维结构

2.3.3 软系统方法论

(1)对问题的认识

英国学者切克兰德(P .B. Checkland)把霍尔的系统工程方法论称为硬系统思想或硬系统方法论(Hard System Thinking/Hard System Nethodology, HST/HSM),他自己则提出一种软系统思想或称软系统方法论(Soft System Thinking/Soft System Methodology,SST/SSM)。

他首先对问题作了区分。问题是任何理论和方法研究的起点与归宿。什么是问题呢?从问题的形成过程和认识问题的主观与客观关系来看,问题是一种待消除的状态差异,一种令人担心的事物。从心理学观点来看,问题是为达到预定目标所要排除的障碍。所有问题都包含起始状态(给定)、理想状态(目标)和环境状态(障碍),它们通常都是既定的,而且环境是多变的,目标是可能调整的。问题起始状态的模糊化和不确定性以及理想状态因价值观念的多元化,造成事物环境条件复杂化即问题复杂化。考虑到人的价值观和需求的层次递增规律,人类几乎永不休止地追求更好的东西,但是,由于资源有限,从而必定产生出问题,问题的大小和复杂程度取决于人们需求的强烈程度和需求得到满足的程度。

问题具有时间性、空间性、层次性。认识问题进而解决问题应在确定的时间和空间范围内考察和分析问题的构成、特点与属性。从问题的结构与特点来看,问题有良结构(well-structured)与劣结构(ill-structured)之分,有硬问题与软问题之别。一般便于观察、便于建模、边界清晰、目标明确、好定义的(well-defined)问题称为具有良结构的硬问题;而把难以观测、不便建模、边界模糊、目标不定、不良定义的(ill-defined)问题称为具有劣结构的软问题。

切克兰德将工程系统工程要解决的问题称为"问题"(problem),而将社会系统工程要解决的问题称为"议题"(issue),即有争议的问题,认为前者是用数学模型寻求最优解,后者是寻求满意解。他还将工程系统工程研究的对象称为硬系统或结构化问题(hard system/structured problem)。

(2)硬系统方法论的局限性

20世纪五六十年代,由于硬系统方法论在各种工程领域的成功应用(如著名的阿波罗计划等),不可避免地使人们把这种方法论扩大用于求解社会系统的问题,期望取得同样的成功。事实证明,这是一种奢望。由于社会系统的复杂性,当用硬系统方法论解决社会系统问题时,其局限性便暴露出来。

美国加利福尼亚州应用硬系统方法论解决公共政策方面的问题就是一个非常典型的例子。20世纪60年代初,该州州长决定建立一个有关审判、信息处理、垃圾管理和大量运输事务的管理信息系统(MIS),其目的是处理公众和政府机构之间的各种信息。

如前所述,硬系统方法论在处理问题时要求有明确的目标。但"在适当的时候以恰当的方式提供足够精确的各种信息以满足公众的需要"这样的话语用来作为目标就太含糊了。当时的做法是建立了一个处理现有信息流的MIS,而未对现有信息流的作用以及是否需要其他信息等重要问题作分析,没有考虑信息与决策之间的关系。系统建立后,由于无法提供决策所需要的信息,因而对该州的管理帮助甚小。

硬系统方法论的局限性主要集中在3个方面。

①硬系统方法论认为在问题研究开始时定义目标是很容易的,因此没有为目标定义提供有效的方法。但对大多数系统管理问题来说,目标定义本身就是需要解决的首要问题。

②硬系统方法论没有考虑系统中人的主观因素,把系统中的人与其他物质因素等同起来,忽视人对现实的主观认识,认为系统的发展是由系统外的人为控制因素决定的。

③硬系统方法论认为只有建立数学模型才能科学地解决问题,但是对于复杂的社会系统来说,建立精确的数学模型往往是不现实的,即使建立了数学模型,也会因为建模者对问题认识上的不足而不能很好地反映其特性,因此,通过模型求解得到的方案往往并不能解决实际问题。

(3)软系统方法论解决问题的步骤

软系统方法论认为对社会系统的认识离不开人的主观意识,社会系统是人主观构造的产物。软系统方法论旨在提供一套系统方法,使得在系统内各成员间开展自由的、开放的讨论和辩论,从而使各种观念得到表现,在此基础上达成对系统进行改进的方案。切克兰德的软系统方法论的思路和步骤如图 2.7 所示。

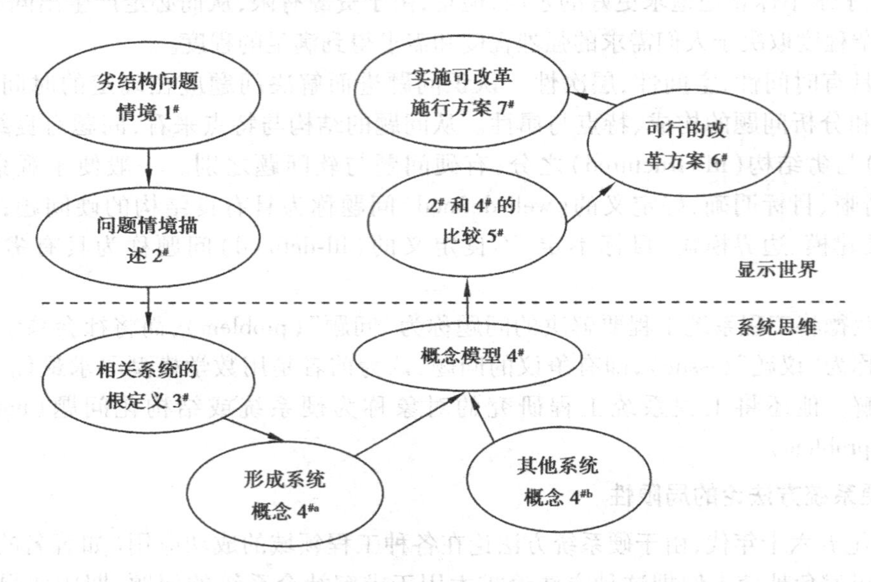

图 2.7　切克兰德的软系统方法论的思路和步骤

1)问题情境描述

首先,在这里有必要区分问题与问题情境。问题指的是已能明确确定下来的某些东西;而问题情境是指人们感觉到其中有问题却不能确切定义的某种环境。

图 2.7 中第 1#阶段和第 2#阶段的目的是要明确问题情境的结构变量、过程变量以及两者之间的关系,而不是定义问题本身。明确问题情境在实践中是非常困难的,人们往往急于行动却不愿花时间了解有关情况。在这里要尽可能地了解与情境有关的情况、不同人的不同观点,形成一个丰富的情境描述以便进一步研究。比如研究一个公共图书馆时,人们可能将它看成这样几种系统:当地政府建立的一个休闲场所;教育系统的一个部分;一个存储并将存储物提供给公众使用的系统等。这些与问题情境密切相关的系统观点可称之为问题情境的相关系统。相关系统越丰富,对问题情境的研究越有帮助。

2）相关系统的根定义

第3#阶段并不回答需要建立什么系统，而是回答相关系统的名字是什么之类的问题，亦即确切定义相关系统是什么，而不是做什么。这个定义是根据分析者的观点形成相关系统的概念，称之为相关系统的根定义。

如对于DISCO音乐会可以给出以下两个根定义：

①它是传统商业活动系统。

②它是用DISCO作为一种亚文化的象征来表达一种特殊生活方式的系统。

对于同一个问题情境，不同的人可能给出不同的根定义。不同根定义的交集将形成该问题情境的“内核”。

根定义规范和确定建模的范围与方向，其组成要素有：

C（customer）——系统的受益者或受害者；

A（actors）——系统执行者（变换T的执行者）；

T（transformation process）——系统由输入到输出的变换过程；

W（weltranschauung）——赋予根定义的维特沙（德文音译，大意是世界观，但还有价值观、伦理道德观之意）；

O（owners）——系统所有者；

E（environmental constraints）——系统的环境约束条件。

这些要素组合起来就称为CATWOE，其含义是：系统所有者（O）在维特沙（W）的规范下，使系统在环境约束条件（E）下，由系统执行者（A）通过变换（T）将其输入变换为输出，系统的受益者或受害者（C）就是受变换影响的人。

3）建立概念模型

第4#阶段的任务是根据根定义建立相关的概念模型。模型由内在联系的动词构成，是描述根定义所定义的系统的最小活动集。4#a是根据系统理论建立的标准系统，用来检验概念模型是否完备，若不完备，则要说明原因。4#b涉及其他一些系统思想，比如系统动力学、社会技术系统等，也许这些思想更适合于描述当前系统，提醒分析者全面分析问题。

概念模型是根据根定义作出的，它不涉及实际系统的构成，它不是实际中正在运行系统的重复和描述。描述中包括的活动应恰好构成定义的系统，通过“做”说明系统“是什么”，但与此无关的活动则不应包括在内。例如，若将大学定义为进行高等教育和科学研究的系统，那么据此建立的概念模型只应包含与高等教育和科研直接相关的活动，初等教育、商业活动等不应包含在内。这样建立的模型有利于摆脱现实的局限性，使人们可以进一步理解问题情境，以便改进系统功能。

4）概念模型与现实系统的比较

第5#阶段的工作是将建立的几个概念模型与当前系统（问题）进行比较，目的是要发现两者之间的不同及其原因，以便改进。

在比较过程中，由于建立的概念模型有几个，所以无法取得一致的认识。因而在比较前，先要找出一个为多数人接受的模型。一般来说，几个概念模型的交集是一个比较理想的模型。

5）系统更新

在以上分析的基础上，依据讨论的结果在阶段6#确定可能的变革。作出的变革应同时满足以下条件：在给定占优势的态度和权力结构，并考虑到所考察情境的历史的前提下，它们应是合乎需要的和可行的。阶段7#的任务是把阶段6#的决定付诸行动以改善问题的情境。事实上,这相当于定义一个“新问题”并且也能用同样的方法论来处理。

简言之,软系统方法论是处理非结构化问题的程序化方法,与硬系统方法论有明显的不同。软系统方法论强调反复对话、学习,因此整个过程是一个学习过程。

(4)软系统方法论的应用情况及评价

由于软系统方法论在处理问题时的灵活性,它对下列领域的研究和应用很有作用。

①有助于系统理论方面的研究与应用工程系统工程仅适用于解决硬系统问题,软系统方法论包含了工程系统工程的内涵,因而不仅可用于解决硬系统问题,也可用于解决软系统问题。

②有助于决策理论的研究与应用实践证明,无论是在宏观战略决策或是在企业经营决策中,绝大多数决策要靠人的判断来决策,特别是高层的、战略性的和非程序化的决策,往往是非结构化问题,更需要依靠人的智慧、知识和经验。软系统方法论可以为决策者提供充分发挥其知识、智慧和经验的途径,可望使决策更为有效和切合实际。

③有助于推动其他软系统问题的研究工作现实世界上存在大量的非结构化问题,因而软系统方法论可望得到更广泛的应用。

软系统方法论的特点是:

①它与目标不明、非结构化的“麻烦”有关。

②它强调过程,即与学习和决策有关。

③它与感性认识、世界观及人类把组织现实的内涵与环境相联系的方式有关。

④用模型的术语来说,它是非数量型的。

⑤它依靠加深对问题情境的理解来改进它。

⑥它依赖于解释社会理论。

⑦它与对统治人类社会的社会规则的理解有关。

软系统方法论也有其不足之处,概括如下:

①它不大适合处理突发事件,不能寄希望它立竿见影。

②它在解释问题情境中的权利与冲突时缺乏可信度,因此在考虑社会变革时往往是保守的。

③它缺乏明确的组织变革理论,只能通过有关参与者相互之间的沟通来激发变革。

④它没有提及行为措施的合理性与合法性的关系;人们往往忽视问题的合理解决方法与当权者利益之间的冲突。

最后,将软系统方法论与硬系统方法论进行比较,见表2.2。

表2.2 软系统方法论与硬系统方法论的比较

硬系统方法论	软系统方法论	硬系统方法论	软系统方法论
硬问题	软问题	二元论	多元论
良结构	劣结构	最优化	准优化
知物之善	知理之善	问题解决	状态改善
还原论思维	系统论思维	最优方案	改革方案
目标确定	目标模糊	客观评价	主观评价
状态辨识	共识、沟通		

2.3.4　综合集成法

(1)综合集成的含义

综合(synthesis)与集成(integration)是系统工程中出现频次很高的术语,而且,在霍尔方法论中还有系统综合(system synthesis)也常用。集成一词在其他学科出现也很频繁,例如集成电路(integrated circuit)。此外,integration/integrate 还常常译为整合。

综合高于集成,综合集成(meta-synthesis)的重点是综合。集成比较注重物理意义上的集中和小型化、微型化,主要反映量变(这在集装箱和集成电路两个术语上看得很清楚);综合的含义更广、更深,反映质变。

钱学森院士提出的综合集成对应的英文术语是 meta-synthesis (而不是 meta-integration),其前缀 meta-的含义是"在……之上""在……之外",这里当取"在……之上"之意,那么,meta-synthesis 的字面意义就是"在综合之上"。这就说明:综合集成的重点在综合,目的是创造、创新("综合即创造",这是系统工程领域的一句名言)。

综合集成是在各种集成(观念的集成、人员的集成、技术的集成、管理方法的集成等)之上的高度综合(super-synthesis),又是在各种综合(复合、覆盖、组合、联合、合成、合并、兼并、包容、结合、融合等)之上的高度集成(super-integration)。

综合集成考虑问题的视野是系统之上的系统(the system of systems):包含本系统而比本系统更大的系统(the bigger system)、更大更大的系统。

综合集成的反义是单打一、拆散、零乱等。在方法论上,综合集成是与还原论相对应、相对立,又相补充的,即所谓相反相成、对立统一。还原论仍然有它的用处,它会继续存在、长期存在,但是,光有还原论是不够用的。综合集成也需要还原论的研究成果,两者应该结合起来,相互取长补短。离开了还原论的系统论,就可能退化为古代的整体论。

钱学森院士认为:meta-synthesis 高于西方学者提出的统计研究中的 meta-analysis。"集大成,出智慧",综合集成法是"大成智慧工程"的方法论。

如图 2.8 所示为综合集成的丰富含义。

(2)综合集成法和综合集成研讨厅体系

1)综合集成法的提出

综合集成法是区别于还原论的科学研究方法论,是以钱学森院士为代表的中国学者的创造与贡献。综合集成研讨厅体系是综合集成法的具体运用。

钱学森院士在 20 世纪 80 年代初提出,将科学理论、经验知识、专家判断力相结合,用半理论半经验的方法来处理具有复杂行为的系统。20 世纪 80 年代中期,在钱学森院士的指导下,系统学讨论班进行了方法论的探讨,考察了各类复杂巨系统研究的新进展,特别是社会系统、地理系统、人体系统和军事系统 4 大类。

①在社会系统中,为解决宏观决策问题,运用由几百个变量和上千个参数描述的模型、定性与定量相结合的一系列方法来开展研究。

②在地理系统中,用生态系统、环境保护以及区域规划等方法开展综合研究。

③在人体系统中,把生理学、心理学、西医学、中医学和其他传统医学综合起来开展研究。

④在军事系统中,运用军事对阵方法和现代作战模型综合开展研究。

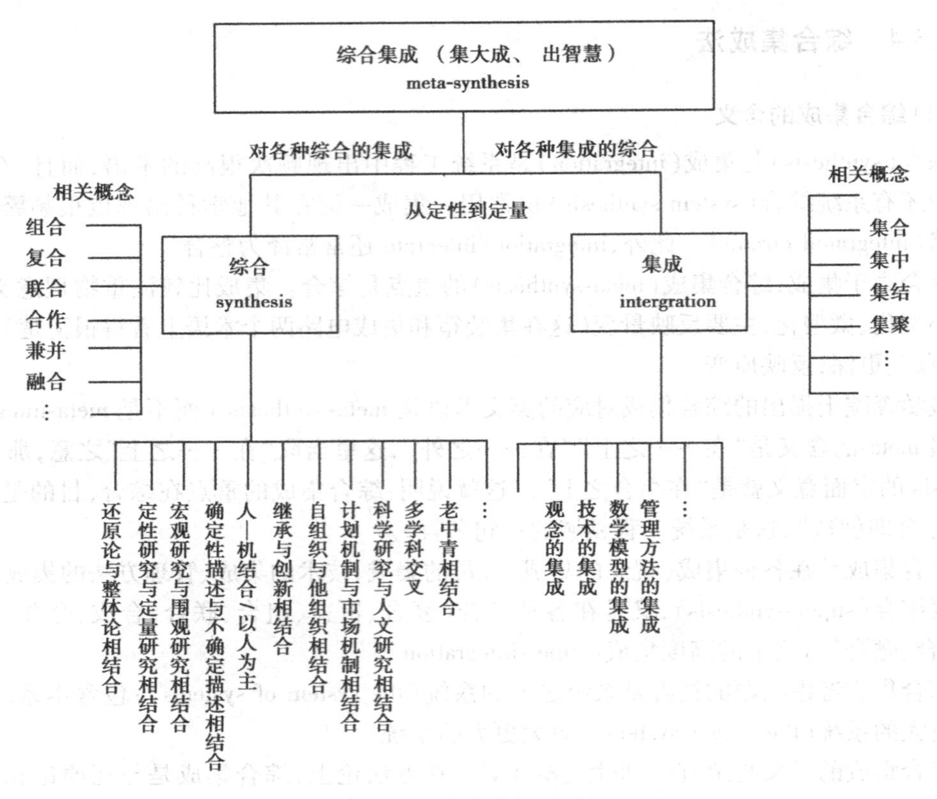

图 2.8　综合集成概念图解

在对这些研究进展进行提炼、概括和抽象的基础上，1990 年钱学森院士明确提出，处理开放的复杂巨系统的方法论是从定性到定量的综合集成；作为一门技术，又称为综合集成技术；作为一门工程，亦可称综合集成工程。1992 年又发展为从定性到定量综合集成研讨厅体系的实践形式（以下简称综合集成研讨厅体系，Hall for Work Shop of Meta-synthetic Engineering，HWSME）。这套方法和方法论是从整体上研究和解决问题，采取人机结合、以人为主的思维方法和研究方式，对不同层次、不同领域的信息和知识进行综合集成，达到对整体的定量认识。

综合集成作为一种科学方法论，有其自身的特点，它是在现代科学技术发展这个大背景下提出来的。现代科学技术不是单独研究一个个具体事物、一个个具体现象，而是研究这些事物、现象发展变化的过程，研究这些事物和现象相互之间的关系。今天，现代科学技术已经发展成为一个很严密的综合体系，这是现代科学技术的一个很重要的特点。

以计算机、网络、通信技术为核心的现代信息技术的发展，是一场技术革命，引起社会经济形态飞跃，导致一场新的产业革命，钱学森院士称之为第五次产业革命。这场产业革命所涌现出来的各种高新技术，为综合集成法的应用提供了强有力的手段。综合集成研讨厅体系是把下列系统工程成功的实践经验汇总和升华了。

①几十年来世界上开展学术讨论的 Seminar 经验。

②从定性到定量综合集成方法。

③(communication，control，command，information)作战模拟。

④情报信息技术。

⑤人工智能。

⑥灵境技术（virtual reality）。

⑦人机结合的智能系统。

⑧系统学。

⑨第五次产业革命中的其他技术。

2）综合集成法的特点

综合集成法的实质是把专家体系、数据和信息体系以及计算机体系结合起来，构成一个高度智能化的人机结合系统，这个方法的成功应用，就在于发挥了这个系统的综合优势、整体优势和智能优势。它能把人的思维、思维的成果、人的经验、知识、智慧以及各种情报、资料和信息等集成起来，从多方面的定性认识上升到定量认识。

综合集成法体现了精密科学从定性判断到精密论证的特点，也体现了以形象思维为主的经验判断到以逻辑思维为主的精密定量论证过程。所以，这个方法是走精密科学之路的方法论。它的理论基础是思维科学，方法基础是系统科学与数学，技术基础是以计算机为主的信息技术，哲学基础是实践论和认识论。

需要指出的是，应用这个方法论研究问题时，也可以进行系统分解，在系统总体指导下进行分解，在分解后研究的基础上，再综合集成到整体，实现 1+1>2 的涌现，达到从整体上严密解决问题的目的。从这个意义上说，综合集成法吸收了还原论（reductionism）和整体论的长处，同时也弥补了各自的局限性，它是还原论和整体论的结合。

综合集成法指出了解决复杂巨系统和复杂性问题的过程性以及过程的方向性和反复性。这个过程是从提出问题和形成经验性假设开始的。这一步是专家体系所具有的有关科学理论、经验知识和专家判断力、智慧相结合并通过讨论班的研讨方式而形成的，通常是定性的。这样的经验性假设（如猜想、判断、方案、思路等）之所以是经验性的，是因为还没有经过精密的严格论证，并不是科学结论。从思维科学角度来看，这一步是以形象思维和社会思维为主。在研讨过程中，要充分发扬学术民主，畅所欲言，相互启发，大胆争论，把专家的创造性充分激发出来。精密的严格论证是通过人机结合、人机交互、反复对比、逐次逼近，对经验性假设作出明确结论，如果肯定了经验性假设是对的，这样的结论就是现阶段对客观事物认识的科学结论。如果经验性假设被否定，就需要对经验性假设进行修正，提出新的经验性假设，再重复上述过程。从思维科学角度来说，这一过程是以逻辑思维和辩证思维为主。在这个过程中，要充分应用数学科学、系统科学、控制科学、人工智能、以计算机为主的各种信息技术所提供的各种有效方法和手段，如系统建模、仿真、分析、优化等。10 余年来，这方面有许多新的发展。以系统建模为例，过去用得较多的是数学建模，现在计算机建模越来越受到重视。以规则为基础的计算机建模，能描述的系统更加广泛，如圣菲研究所发展的 SWARM 就是这样的软件平台。

综合集成法及其研讨厅体系既可用来研究理论问题，也可用来解决实际问题。

研讨厅体系可以看作由 3 部分组成：以计算机为核心的现代高新技术的集成与融合所构成的机器体系、专家体系、知识体系，其中专家体系和机器体系是知识体系的载体。这 3 个体系构成高度智能化的人机结合体系，不仅具有知识与信息采集、存储、传递、调用、分析与综合的功能，更重要的是具有产生新知识和智慧的功能，如图 2.9 所示为研讨厅体系的简单示意图。

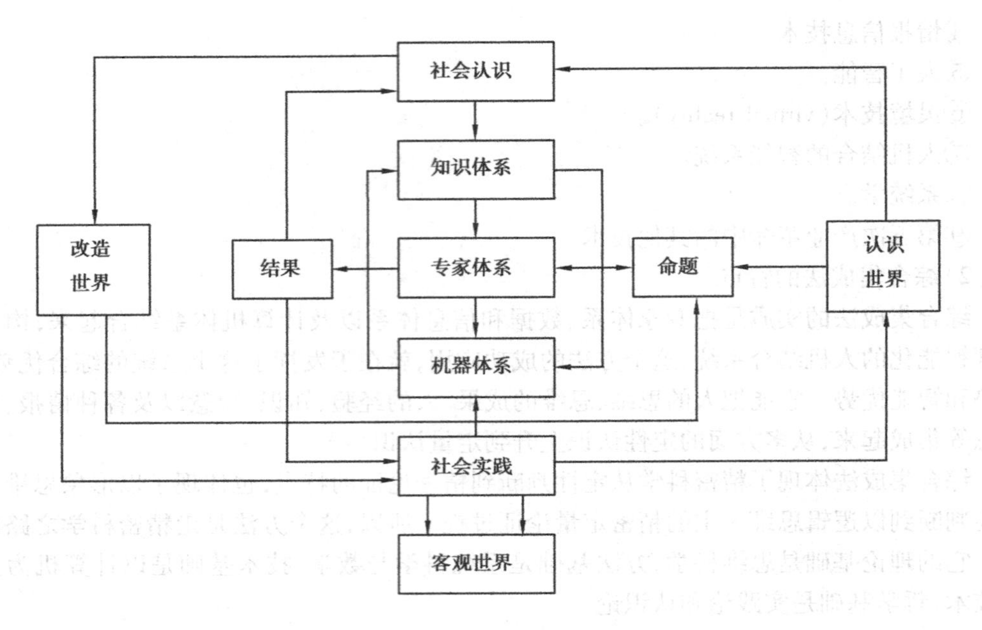

图 2.9 研讨厅体系框图

研讨厅按照分布式交互网络和层次结构组织起来，就成为一种具有纵深层次、横向分布、交互作用的矩阵体系，为解决开放的复杂巨系统问题提供了规范化、结构化的形式。作为一个简单例子，图 2.10 给出了用于作战模拟训练的包含两个层次的研讨厅体系。

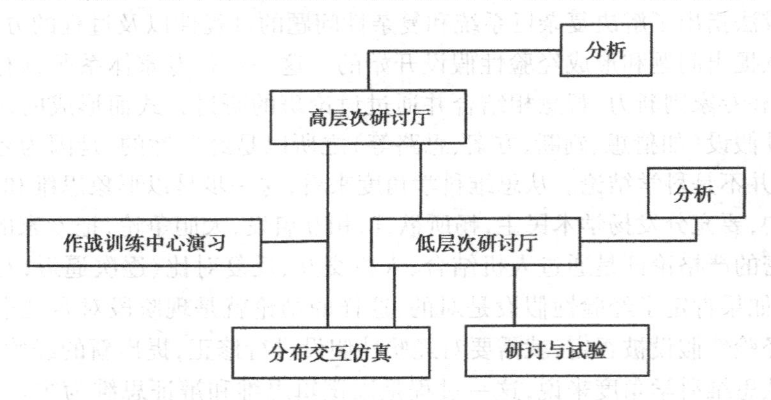

图 2.10 两个层次的研讨厅体系

开放的复杂巨系统具有科学与经验的本质，综合集成法和研讨厅体系遵循科学和经验相结合、智慧与知识相结合的途径，去研究和解决开放的复杂巨系统的问题。从这个角度来看，综合集成研讨厅体系本身就是一个开放的、动态的体系，也是个不断发展和进化的体系。

钱学森院士指出：关于开放的复杂巨系统，由于其开放性和复杂性，不能用还原论的办法来处理它，不能像经典统计物理以及由此派生的处理开放的简单巨系统的方法那样来处理，人们必须用依靠宏观观察，只求解决一定时期的发展变化的方法。所以任何一次解答都不可能是一劳永逸的，它只能管一定的时期。过一段时间，宏观情况变了，巨系统成员本身也会随之变化，具体的计算参数及其相互关系都会有变化。因此对开放的复杂巨系统，只能作比较短期的预测计算，过一定时期，要根据新的宏观观察，对方法作新的调整。

这个思想对综合集成法的应用,对综合集成研讨厅体系的建设和应用,都有着重要的指导意义。

3)总体设计部

钱学森院士把处理开放的复杂巨系统的方法命名为从定性到定量综合集成法,把应用这个方法的集体称为总体设计部。应用综合集成法(包括综合集成研讨厅体系)必须有总体设计部这样的实体机构。综合集成法是研究开放的复杂巨系统的方法论,总体设计部是实现这个方法论所必需的体制和机制,两者是紧密结合在一起的,不同于传统科学研究中的个体研究方式。

从应用角度来看,总体设计部由熟悉所研究系统的各个方面的专家组成,并由知识面较宽的专家负责领导,应用综合集成法(包括综合集成研讨厅体系)对系统进行总体研究。总体设计部设计的是系统的总体方案和实现途径。它把系统作为它所属的更大系统的组成部分来进行研究,对它们所有要求都首先从实现这个更大系统相协调的观点来考虑。总体设计部把系统作为若干分系统有机结合的整体来设计,对每个分系统的要求都首先从实现整个系统相协调的观点来考虑,对分系统之间、分系统与系统之间的关系,都首先从系统总体协调的需要来考虑,进行总体分析、总体论证、总体设计、总体协调、总体规划,提出具有科学性、可行性和可操作性的总体方案。

综合集成法及其研讨厅体系是系统工程方法论的前沿成果,它还要继续丰富和完善。总体设计部目前基本上是空缺,某些政府部门或者研究机构只是初具总体设计部的雏形。

2.3.5　物理—事理—人理系统方法论

(1)物理—事理—人理系统方法论的基本设备

物理这个名词大家很熟悉。自然科学是关于物理的科学,即广义的物理学。事理这个名词最早见诸钱学森院士和许国志院士等在20世纪70年代末发表的文章,例如许国志院士的《论事理》。国内还出现"事理学"和"事理系统工程"的提法。

1995年,中国系统工程学会理事长、中国科学院系统科学研究所顾基发研究员和英国Hull大学的华裔学者朱志昌博士提出了物理—事理—人理系统方法论,简称为WSR系统方法论。

1986年全国软科学会议上提到了"斡件"(orgware),这是随着软科学研究的进展而出现的一个术语。它泛指除了硬件、软件之外,为沟通思想、协调关系、建立信任感而进行的各种工作。斡件属于公共关系学研究的对象,有人认为:在软科学的课题研究中,斡件占50%,软件占30%,硬件只占20%,必须把斡件与不正之风、庸俗关系学区分开来。上海交通大学吴健中教授在20世纪80年代中期指出:不论在任何层次上的研究,系统工程都要用四维坐标系来考虑问题——空间的全局性、时间的长远性、事间的协调性和人间的群体性(处理好人际关系)。开展系统工程项目少了斡件是不行的。

这里说的硬件、软件、斡件,与物理、事理、人理有异曲同工之妙,尽管两组术语之间并不是严格的一一对应关系。

作为科学研究对象的客观世界是由物和事两方面组成的。物是指独立于人的意志而存在的物质客体;事是指人们变革自然和社会的各种有目的的活动,包括自然物采集、加工、改造，人与人的交往、合作、竞争，对人的活动所做的组织、管理等。通俗地讲，事就是人们做事情、做工作、处理事务。

运筹学促使科学认识从物理进到事理，事理学的研究又促使科学认识从事理进到人理。没有人的系统（自然系统）的运动总可以用物理加以说明，而有人的系统（社会系统）则要加上事理、人理去说明。

物理主要涉及物质运动的规律，通常要用到自然科学知识，回答有关的物是什么，能够做什么，它需要的是真实性。事理是做事的道理，主要解决如何安排、运用这些物，通常用到管理科学方面的知识，回答可以怎样去做。人理是做人的道理，主要回答应当如何做。处理任何事和物都离不开人去做，以及由人来判断这些事和物是否得当，并且协调各种各样的人际关系。通常要运用人文和社会学科的知识去处理各种社会问题，人理常常是主要内容。

WRS系统方法论认为，在处理复杂问题时，既要考虑对象系统的物的方面（物理），又要考虑如何更好地使用这些物的方面，即事的方面（事理），还要考虑由于认识问题、处理问题、实施管理与决策都离不开的人的方面（人理）。将这三方面结合起来，利用人的理性思维的逻辑性和形象思维的综合性与创造性，去组织实践活动，以产生最大的效益和效率。

一个好的领导者或管理者应该懂物理，明事理，通人理；或者说，应该善于协调使用硬件、软件、斡件，才能把领导工作和管理工作做好。也只有这样，系统工程工作者才能将系统工程项目搞好。

WSR系统方法论是具有东方传统的系统方法论，得到了国际上的认同。下面给出基本术语的中英文对照：

物（Wu）——objective existence

事（Shi）——subjective modeling

人（Ren）——inter-subjective human relations

物理（Wuli）——regularities in objective phenomena

事理（Shili）——ways of seeing and doing

人理（Renli）——principles underlying human inter relations

表 2.3　WSR 系统方法论的内容

要　素	物　理	事　理	人　理
道理	物质世界、法则、规则的理论	管理和做事的理论	人、纪律、规范的理论
对象	客观物质世界	组织、系统	人、群体、人间关系、智慧
着重点	是什么？功能分析	怎样做？逻辑分析	应当怎么做？人文分析
原则	诚实，真理，尽可能正确	协调，有效率，尽可能平滑	人性，有效果，尽可能灵活
需要的知识	自然科学	管理科学，系统科学	人文知识，行为科学

应该看到，任何社会系统不但是由物、事、人所构成，而且它们三者之间是动态交互的过程（dynamic interactions）。因此，物理、事理、人理三要素之间不可分割，它们共同构成了关于世界的知识，包括是什么、为什么、怎么做、谁去做，所有的要素都是不可或缺的，如果缺少了、忽略了某个要素，对系统的研究将是不完整的。

(2)WSR 系统方法论的主要步骤

WSR 系统方法论有一套工作步骤,用以指导一个项目的开展。这套步骤大致是以下 6 步,这些步骤有时需要反复进行,也可以将有些步骤提前进行。

①理解领导意图(understanding desires)。这一步骤体现了东方管理的特色,强调与领导的沟通,而不是一开始就强调个性和民主等。这里的领导是广义的,可以是管理人员,也可以是技术决策人员,也可以是一般的用户。在大多数情况下,总是由领导提出一项任务,他(他们)的愿望可能是清晰的,也可能是相当模糊的。愿望一般是一个项目的起始点,由此推动项目。因此,传递、理解愿望非常重要。在这一阶段,可能开展的工作是愿望的接受、明确、深化、修改、完善等。

②调查分析(investigating conditions)。这是一个物理分析过程,任何结论只有在仔细地调查情况之后,而不应在之前。这一阶段开展的工作是分析可能的资源、约束和相关的愿望等。一般总是深入实际,在专家和广大群众的配合下,开展调查分析,有可能出具“情况调查报告”一类的书面工作文件。

③形成目标(formulating objectives)。作为一个复杂的问题,往往一开始问题拟解决到什么程度,领导和系统工程工作者都不是很清楚。在领会和理解领导的意图以及调查分析,取得相关信息之后,这一阶段可能开展的工作是形成目标。这些目标会有与当初领导意图不完全一致的地方,同时在以后大量分析和进一步考虑后,可能还会有所改变。

④建立模型(creating models)。这里的模型是比较广义的,除数学模型外,还可以是物理模型、概念模型,运作步骤、规则等。一般通过与相关领域的主体讨论、协商,在思考的基础上形成。在形成目标之后,在这一阶段,可能开展的工作是设计、选择相应的方法、模型、步骤和规则来对目标进行分析处理,称为建立模型。这个过程主要是运用物理和事理。

⑤协调关系(coordinating relations)。在处理问题时,由于不同的人所拥有的知识不同、立场不同、利益不同、价值观不同、认知不同,对同一个问题、同一个目标、同一个方案往往会有不同的看法和感受,因此往往需要协调。当然协调相关主体(inter-subjectives)的关系在整个项目过程中都是十分重要的,但是在这一阶段,显得更重要。相关主体在协调关系层面都应有平等的权利,在表达各自的态度方面也有平等的发言权,包括做什么、怎么做、谁去做、什么标准、什么秩序、为何目的等议题。在这一阶段,一般会出现一些新的关注点和议题,可能开展的工作就是相关主体的认知、利益协调。这个步骤体现了东方方法论的特色,属于人理的范围。

⑥提出建议(implementing proposals)。在综合了物理、事理、人理之后,应该提出解决问题的建议,提出的建议一要可行,二要尽可能使相关主体满意,最后还要让领导从更高层次去综合和权衡,以决定是否采用。这里,建议一词是模糊的,有时还包含实施的内容,这主要看项目的性质和目标设定的程度。

必须注意到,有时甚至实施结束了也不能算项目完成了,还要进行实施后的反馈和检查等。当然,这样也可以说是进入一个新的 WSR 步骤循环了。

在运用 WSR 系统方法论的过程中,需要遵循下列原则:

①参与。在整个项目过程中,除了系统工程人员外,领导和有关的实际工作者都要经常参与,只有这样,才能使系统中的工作人员了解意图,吸取经验,改正错误想法。

②综合集成。由于问题涉及各种知识、信息,因此经常需要将它们与讨论的专家意见进

行综合,集各种意见、方案之所长,相互弥补。

③人机结合。以人为主把人员、信息、计算机、通信手段有机结合起来,充分利用 各种现代化工具,提高工作能力和绩效。

④迭代和学习。不强调一步到位,而是时时考虑新信息,对极其复杂的问题,还要摸着石头过河。

⑤区别对待。尽管物理、事理、人理三要素彼此不可分割,但是不同的理必须区分对待。

⑥开放性。项目工作的各方面、各环节必须开放。

(3) WSR 系统方法论中常用的方法

在 WSR 系统方法论的指导下,要有选择地使用一些具体的方法,甚至其他的方法论,表 2.4 给出常用的若干方法。

表 2.4 WSR 系统方法论常用的方法

要素	物理	事理	人理	方法
理解意图	了解顾客最初意图,通过谈话来收集有关领导讲话	了解顾客对目标的偏好,喜欢什么模型和评价标准	了解有哪些领导会参加决策,谁来使用这个结果	头脑风暴法,讨论会,CATWOE 分析,认知图
调查分析	主要调查现在已有资源和约束条件,主要通过现场调查和文件检索	了解用户的经验和知识背景	了解谁是真正的决策者,哪些知识是必须用的,弄清用户上下各种关系是必要的	Delphi,各种调查表,文献调查,历史对比,交叉影响法,NG 法,KJ 法
形成目标	将所有可行的和实用的目标准则,以及约束都列举出来	要在目标中弄清它们的优先次序和权重	最好弄清各种目标涉及的人物	头脑风暴法,目标树等
建立模型	将各种有关目标和约束数据化和规范化	要选择适合的模型、程序和知识	尽量把领导的意图放入模型中	各种建模方法和工具
协调关系	要使所有模型、软件、硬件、算法和数据之间加以协调,或称之为技术协调	要对模型和知识的合理性加以协调,或称之为知识协调	在工作过程中,各方面的利益、观点、关系都会由于不同而引起冲突,这就需要进行利益协调	SAST, CSH, IP, 和谐理论、亚对策、超对策
提出建议	要对各种物理设备和程序加以安装、调试、验证	要将各种专门术语改为用户能懂和喜欢的语言	要尽量让各方面易于接受、易于执行,并考虑到今后能否合法运用该建议	各种统计图表,统筹图

(4) 系统工程项目研究的一般过程

在系统工程应用研究的项目中,委托方作为甲方,是项目的提出者、决策者;系统工程项目组作为乙方承担项目,乙方负有向甲方提交研究成果的义务,他们要为此而开展一系列的研究工作,双方的基本关系如图 2.11 所示。

为了将研究工作做好,要强调信息反馈,要开展双方对话,用图 2.12 表达更确切。

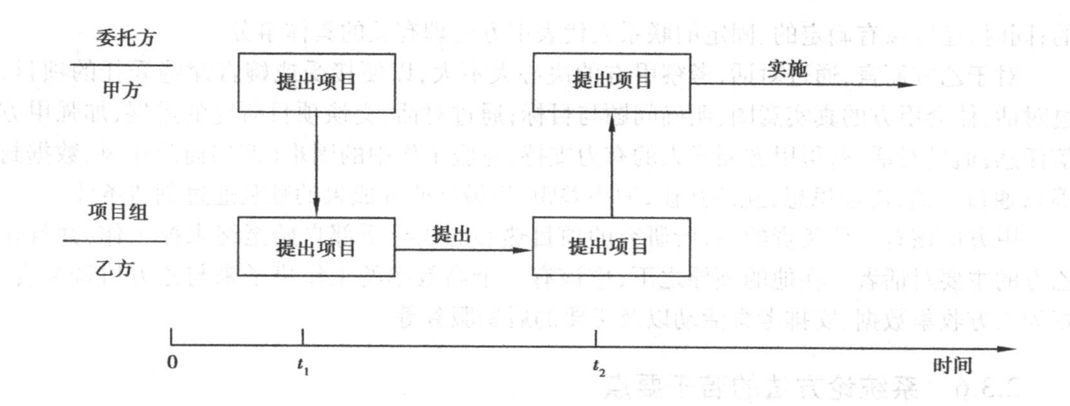

图 2.11　项目研究过程描述(1)

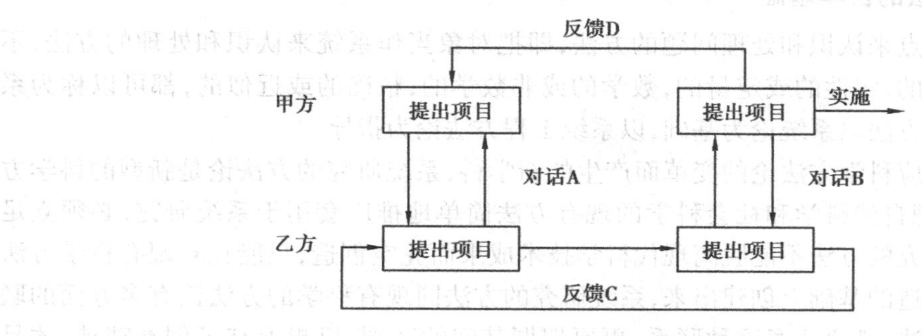

图 2.12　项目研究过程描述(2)

其中,对话 A 是在立项阶段和项目研究初期,双方多次对话,明确问题与目标。问题与目标通常应由甲方提出。但是有时甲方提出的问题很笼统,目标不明确,甲方负责人也说不清问题的关键所在。例如,甲方只是说要发展经济,增加产值和利润,至于产值达到多少,利润实现多少,并不明确,目前影响产值与利润的主要因素是什么,也不清楚。乙方要通过考察与研究,才能明确问题与目标——当然,必须经甲方认可。有时,甲方的目标(指标)似乎很明确,例如经济指标要翻 3 番、4 番,实际上可能达不到。这时,乙方并不能盲目接受为之拼凑方案与论据,而是根据考察与初步研究后的结果,提出合理的建议。系统工程项目研究必须坚持科学性,而不是充当长官意志的奴仆,否则就成了伪科学,这是在整个项目研究工作中都必须坚持的。

对话 B 是在项目研究的后期,将研究结果与甲方讨论。甲方如果满意,表示接受,项目研究可以结束。研究结果通常是多种备选方案,甲方选择某种方案(决策),付诸实施。

但是,一般没有这样顺利。通过对话 B,甲方提出疑问和不满,乙方要重新开展若干研究,在图 2.12 中以反馈 C 表示。也可能是通过对话 B,甲方感到自己的目标要修改(意味着项目的要求要修改),在图 2.12 中以反馈 D 表示。

项目研究结果(成果)通常要组织专家评审、验收,一般是由甲方组织。乙方在提交甲方之前,常常自己也会组织专家评审(或者研讨)。在甲方接受研究结果,项目结束之后乙方常常要将此项目作为研究成果报奖,进入另外的程序。

在立项和项目研究过程中,为了使对话能够有效开展,乙方应该提出对话机制:定期或者不定期,对话人是谁等。甲方的对话人应该是甲方有关的领导人员,而且应该是确定的、固定的;同时,还应该有确定的、固定的联系人代表甲方处理有关的具体事务。

对于乙方而言,通过对话,考察甲方的决心大不大,以便接受或婉言谢绝委托的项目;通过对话,体会甲方的真实意图,明确问题与目标;通过对话,交谈项目研究的进展,加强甲方的信任感;通过对话,获得甲方领导人的有力支持,克服工作中的困难(例如衙门作风、数据封锁等);通过对话,沟通思想,互谅互让,缩小差距,为最终研究成果的顺利通过创造条件。

甲方应该有一位负责的、对所研究的项目热心的领导干部自始至终来抓工作,并且作为乙方的主要对话者。在他的领导之下,应该有一个高效率的工作班子来与乙方协调配合,负责为乙方收集数据、安排考察活动以及必要的后勤服务等。

2.3.6 系统论方法的若干要点

(1)系统论方法的哲学基础

凡是用系统观点来认识和处理问题的方法,即把对象当作系统来认识和处理的方法,不论是理论的或经验的,定性的或定量的,数学的或非数学的,精确的或近似的,都可以称为系统论方法。系统论方法以系统论为基础,以系统工程方法论为指导。

系统科学是适应科学方法论的变革而产生的新学科,系统研究的方法论是新型的科学方法论,不应是仅仅把自然科学和社会科学的现有方法简单地推广套用于系统研究,必须立足于创新。但系统研究的方法不能脱离现代科学技术成果而凭空创造,只能在对现有科学方法加以吸收、提炼、改造的基础上创建出来,系统研究的方法同现有科学的方法论有多方面的联系。学习系统论方法,既要注意这种联系,更要把握其间的区别,思想上有了创新精神,才易于掌握系统科学方法。

任何方法论都有它的哲学基础。学习系统科学,从事系统研究,需要有哲学思考的自系统研究的方法论的哲学依据,归根到底是唯物辩证法。某些西方系统科学家不愿公开承认这一点,但他们的工作成就实质上都得益于辩证法。多数系统科学大师都明确承认辩证法对系统研究的指导作用。贝塔朗菲承认马克思的辩证法对今天被称为一般系统论的理论观念的发展所作出的贡献。运筹学的创立者之一丘奇曼(C. W. Churchman)预言未来的系统分析必定会提出一种新的哲学,其主旨概念将是辩证的学习过程。普利高津主张“我们需要一种更加辩证的自然观”。哈肯在谈到协同学的哲学方面时,明确应用了对立统一、量变质变等辩证法规律。钱学森更是不遗余力地宣传系统科学必须以马克思主义哲学为指导,自觉地应用辩证法来开展系统研究。

辩证法的核心是对立统一,用于系统研究,就是强调还原论方法和整体论方法的结合、分析方法与综合方法的结合、定性描述与定量描述的结合、局部描述与整体描述的结合、确定性描述与不确定性描述的结合、静力学描述与动力学描述的结合、理论方法与经验方法的结合、精确方法与近似方法的结合、科学理性与艺术直觉的结合等。这些结合是系统论方法之精髓所在。

(2)还原论与整体论相结合

古代科学的方法论本质上是整体论,强调整体地把握对象。但是那时的科学知识很有限,对自然界观察的科学和思辨的哲学浑然一体,对许多自然现象不能合理解释。古代的整体论是朴素的、直观的,没有把对整体的把握建立在对部分的精细了解之上。随着以还原论作为方法论基础的现代科学兴起,这种整体论不可避免地被淘汰了。近400年来科学遵循的方法论是还原论,主张把整体分解为部分去研究。

还原论并非完全不考虑对象的整体性。还原论方法的奠基者之一法国哲学家、科学家笛卡儿(René Descartes,1596—1650)主要是从如何研究整体才算是科学方法的角度论证还原论方法的必要性的。他认为:凡是在理性看来清楚明白的就是真的,复杂的事情看不明白,应当尽可能把它分成简单的部分,直到理性可以看清其真伪的程度。还原论的一个基本信念是:相信客观世界是既定的,存在一个由所谓"宇宙之砖"构成的基本层次,只要把研究对象还原到那个层次,弄清楚最小组分即"宇宙之砖"的性质,一切高层次的问题就迎刃而解了。由此强调,为了认识整体必须认识部分,只有把部分弄清楚才可能真正把握整体;认识了部分的特性,就可以据之把握整体的特性。还原论主张分析—重构方法。在还原论方法中居主导地位的是分析、分解、还原:首先把系统从环境中分离出来、孤立起来进行研究;然后把系统分解为部分,把高层次还原到低层次;最后用低层次说明高层次,用部分说明整体。在这种方法论指导下,400年来自然科学创造了一整套可操作的方法,取得了巨大成功。可以说,没有还原论就没有现在的自然科学。还原论还会继续长期存在并且发挥积极作用。系统科学并不简单否定还原论接纳还原论,但是必须指出:仅仅持有还原论是远远不够的。

系统科学的早期发展在很大程度上使用的仍然是分析—重构方法,不同的是强调为了把握整体而还原和分析,在整体性观点指导下进行还原和分析。通过整合有关部分的认识以获得整体的认识。对于比较简单的系统,这样处理一般还是有效的。但是,当现代科学把简单系统问题基本研究清楚,逐步向复杂系统问题进军时,仅仅靠分析—重构方法日益显得不够用了。把对部分的认识累加起来的方法,本质上不适宜描述整体涌现性。越是复杂的系统,这种方法对于把握整体涌现性越加无效。

系统科学是通过揭露和克服还原论的片面性和局限性而发展起来的。古代的朴素整体论没有也不可能产生现代科学方法,但是它包含着还原论所缺乏的从整体上认识和处理问题的方法论思想。理论研究表明,随着科学越来越深入更小尺度的微观层次,对物质系统的认识越来越精细,但对整体的认识反而越来越模糊,越来越渺茫。现代科学表明,许多宇宙奥秘来源于整体的涌现性。还原论无法揭示这类宇宙奥秘,因为整体涌现性在整体被分解为部分时已不复存在。而社会实践越来越大型化、复杂化,特别是一系列全球问题的形成,也突出强调要从整体上认识和处理问题。

不妨将西医与中医作一对比,西医是典型的还原论产物。西医强调分科研究,越分越细,这只需到大医院去看一看就知道了。每一分科的医生都是本科的专家,业务可能很精通,但是隔行如隔山,消化科医生不懂心脏科,心脏科医生不懂神经科,医生治病往往是"头痛医头,脚痛医脚",用药时产生副作用、增添新毛病。中医是朴素的系统论,强调辨证施治,综合调养。但是,中医毕竟缺乏西医的解剖学、病理学、药理学基础,缺乏化验、X光透视、心电图、超声波检查等技术。中医的经络学说和针灸技术至今还缺乏科学的验证,尽管它比较有效。医学界早就呼吁将西医和中医结合起来,发展成为一门新的医学。

世界是演化的,一切系统都不是永恒的。宇宙的许多奥秘只有用生成的演化的观点,才能作出科学的说明。基于还原论的科学是存在的科学,无法研究演化现象。还原论是既成论,还原方法主要是分析方法。涌现论将世界看作是生成的,从生成论的观点看,整体涌现性可以表述为多源于少,复杂生于简单,生成论是涌现论表现形式之一。

研究系统不要还原论不行，只要还原论也不行；不要整体论不行，只要整体论也不行。不还原到要素层次，不了解局部的精细结构，我们对系统整体的认识只能是直观的、猜测性的、笼统的，缺乏科学性。没有整体观点，我们对事物的认识只能是零碎的，只见树木，不见森林，不能从整体上把握事物、解决问题。科学的态度是把还原论和整体论结合起来。钱学森院士说系统论是还原论和整体论的辩证统一，凡是不能用还原论方法处理的或不宜用还原论方法处理的问题，而要用新的科学方法处理的问题，都是复杂性问题。复杂巨系统就是这类问题。

(3)定性描述与定量描述相结合

任何系统都有定性特性和定量特性两方面，定性特性决定定量特性，定量特性表现定性特性。只有定性描述，对系统行为特性的把握难以深入准确。但定性描述是定量描述的基础和指导，定性认识不正确，不论定量描述多么精确漂亮，都没有用，甚至会把认识引向歧途。定量描述是为定性描述服务的，借助定量描述能使定性描述深刻化、精确化。定性描述与定量描述相结合，是系统研究方法论的基本原则之一。

那些成功应用定量化方法的系统理论告诉人们，首先要对系统的定性特性有个基本的认识，然后才能正确地确定怎样用定量特性把它们表示出来。即使被公认为最定量化的学科，至少它的基本假设是定性思考的结果。要建立定量描述体系，关键之一是在获得正确的定性认识基础上如何选择基本变量。例如，普利高津经过长期观察思考非平衡态的物理系统，首先定性地理解了自然界的各种“活的”结构或形态只能在系统远离平衡的条件下自发产生出来，而后进一步理解了大自然的“必须以某种方式与距平衡态的距离联系起来”的创造性，把这种距离看作描述自然的一个新的基本参量，最终找到定量地描述耗散结构形成演化的科学方法。

自牛顿(Isaac Newton，1643—1727)成功地用数学公式描述物体运动规律以来，定量化方法越来越受到重视，获得了极大发展；定性方法被当作科学性较差的、在未找到定量方法之前的一种权宜方法。随着系统研究的对象越来越复杂，定量化描述的困难越来越严重了。系统科学要求重新评价定性方法，反对在系统研究中片面地追求精确化、数量化的呼声越来越强烈。就是说，那种不能反映对象真实特性的定量描述不是科学的描述，必须抛弃。

定量描述必须使用数学工具，定性描述也可以使用数学工具。由法国数学家庞加莱(Jules Henri Poincaré，1854—1912)开创的定性数学是描述系统定性性质的强有力工具。特别是研究系统演化问题，我们关心的是系统未来的可能走向，而不是具体的数值。动力学方程的定性理论、几何方法、拓扑方法等都是描述系统定性性质的适当工具。

20世纪80年代初，结合现代作战模型的研究，钱学森院士提出的处理复杂系统的定量方法学是半经验半理论的，是科学理论、经验和专家判断力的结合。因为复杂巨系统特别是社会系统无法用现有的数学工具描述出来。当人们寻求用定量方法学处理复杂行为系统时，容易注重于数学模型的逻辑处理，而忽视数学模型微妙的经验含义或解释。要知道，这样的数学模型，看起来理论性很强，其实不免牵强附会，从而脱离真实。与其如此，反不如从建模的一开始就老老实实承认理论不足，而求援于经验判断，让定性的方法与定量的方法结合起来，最后定量。这样的系统建模方法是建模者判断力的增强与扩充，是很重要的。

这里的人机结合与融合，实际是人脑的信息加工与计算机信息加工的结合与融合。思维科学研究表明，人脑和计算机都能有效处理信息，但两者有很大差别，各有各的优势。人脑思维的一种方式是逻辑思维，它是定量、微观的信息处理方式；另一种方式是形象思维，它是定性、宏观的信息处理方式。人的创造性主要来自创造性思维,它是逻辑思维和形象思维的结合,也就是定性与定量、宏观与微观相结合的信息处理方式。今天的计算机技术在逻辑思维方面确实能做很多事情,甚至比人脑做得还好,已有很多科学成就证明了这一点,如数学家吴文俊的定理机器证明。但在形象思维方面,目前的计算机还不能给我们以任何帮助,至于创造性思维只能依靠人脑了。以人为主的人机结合是把人脑的优势和机器的优势都充分发挥出来,优势互补,相辅相成,人帮机,机帮人,协调地工作在一起。这个人机结合的系统在思维能力和创造性方面,比单纯依靠人(专家)要强,比单纯靠机器更强,因而具有较强的处理复杂性问题的能力。从这个角度来看,希望靠机器(计算机)来解决复杂性问题,至少目前是行不通的。

(4)局部描述与整体描述相结合

整体是由局部构成的,整体统摄局部,局部支撑整体,局部行为受整体的约束、支配描述系统包括描述整体和描述局部两方面,需要把两者很好地结合起来。在系统的整体观对照下建立对局部的描述,综合所有局部描述以建立关于系统整体的描述,是系统研究的基本方法。

突变论的创立者勒内·托姆(René Thom)认为,用动力学方法研究系统,既要从局部走向整体,又要从整体走向局部。对于从局部走向整体,数学中的解析性概念是有用的工具;对于从整体走向局部,数学中的奇点概念是有用的工具。一个奇点可以被看作是由空间中的一个整体图形摧毁成的一点,系统在这个点附近的行为是了解系统整体行为的关键。所以,托姆认为在突变论中交替地使用上述两种方法,就有希望对复杂的整体情况作出动态的综合分析。原则上说,一切动态系统理论都需要交替地使用从局部到整体和从整体到局部两种描述方法。

一种特殊而意义重大的局部描述与整体描述,是所谓微观描述和宏观描述。简单系统的元素同系统整体在尺度上的差别还不足以显著地构成微观与宏观的差别,但是对巨系统则出现了微观同宏观的显著区别,元素或基本子系统属于微观层次,系统整体属于宏观层次。系统的最小局部是它的微观组分,最基本的局部描述就是对系统微观组分的描述。对于简单系统,它的元素的基本特性可以从自然科学的基础理论中找到描述方法,对元素特性的描述进行直接综合,即可得到关于系统整体的描述。对于简单巨系统,也具备从微观描述过渡到宏观描述的基本方法,即统计描述方法。复杂巨系统至今尚无有效的统计描述,也许并不存在这种描述方法,但局部描述与整体描述相结合的原则依然适用。

(5)确实性描述与不确定性描述相结合

自牛顿以来,科学逐步发展了两种并行的描述框架。一种是以牛顿力学为代表的确定论描述;另一种是由统计力学和量子力学发展起来的概率论描述。概率论描述是不确定性描述之;而不是全部,这里的叙述仅以概率论描述作代表。在系统理论的早期发展中两种方法都有大量应用,但总体看是要么只使用确定性描述,要么只使用概率论描述,没有把两者沟通起来。采取确定性描述的有一般系统论、突变论和非线性动力学、微分动力体系等。香农信息论是完全建立在概率论描述框架上的。在控制论、运筹学等学科中,两种描述都使用,但通过划分不同分支来分别使用它们,仍然没有实现沟通。自组织理论试图沟通两种描述体系,取得了一定进展,但步伐迈得还不够大。现代科学的总体发展越来越要求把两种描述框架沟通起来,形成统一的新框架。系统科学的发展尤其需要把确定性框架同概率论框架沟通起来。

混沌学等新学科的发展使人们初步看到希望。

(6)系统分析与系统综合相结合

要了解一个系统,首先要进行系统分析。一要弄清系统由哪些组分构成;二要确定系统中的元素或组分是按照什么样的方式相互关联起来形成一个统一整体的;三要进行环境分析,明确系统所处的环境和功能对象、系统和环境如何互相影响以及环境的特点和变化趋势。

如何由局部认识获得整体认识,是系统综合所要解决的问题。分析—重构方法用于系统研究,重点应该放在由部分重构整体。重构是综合的方法之一,还原论也是用这种方法,但是它有局限性。系统综合的任务是把握系统的整体涌现性。首先是信息的综合,即如何综合对部分的认识以求得对整体的认识,或综合低层次的认识以求得对高层次的认识。从整体出发进行分析,根据对部分的数学描述直接建立关于整体的数学描述,是直接综合。一般的简单系统就是可以进行直接综合的系统。简单巨系统由于规模太大,微观层次的随机性具有本质意义,直接综合方法无效,可行的办法是统计综合。复杂巨系统连统综合也无能为力,需要新的综合方法。

系统分析与系统综合相结合还意味着两者是多次反复交错地进行的,两者是互为前提、互为基础的。通过交替进行,对系统的局部认识、微观认识越来越深化,对系统的整体认识、宏观认识越来越提高。

【小贴士】

所谓方法论其实质就是讲如何按照既定的思维逻辑和步骤,选用恰当的方法去分析和解决问题。

2.4 系统调查分析方法论

从绪论可知,在进行安全系统辨识、分析、评价和控制前必须掌握以下三大基础:

①掌握正确的方法论基础。

②掌握必备的专业理论基础。

③熟悉研究的对象系统和子系统。

在本章上述小节中,已对①作了论述,对于第②点将在第3章中进行论述,本节将对③进行介绍。

2.4.1 熟悉系统

所谓熟悉系统就是如何根据分析的目标,利用恰当的方法,收集必备的资料,整理出相应的成果,熟悉研究对象的功能、组成、结构、状态、条件和环境等基本内容,从而为系统安全分析、评价和控制打好基础、提供条件。所以概括起来说,熟悉系统就是用什么调查方法,收集哪些资料,获得哪些成果,达到熟悉系统的目的,从而为危险源辨识、评价与控制打好基础。

2.4.2 调查研究的基本程序

调查研究作为一种科学研究的方法,对自然科学和社会科学的研究都是普遍适用的。对调查研究方法的研究已发展成为一门单独的学科,受到了科学工作者的普遍重视。尤其是从事社会学研究的专家,更把调查研究作为一门必修的课程,作为研究的不可缺少的方法和技能。调查研究包括几个相互衔接的阶段,其顺序为:

(1)准备阶段

其任务是根据初步确定的调查目的进行选题和选点,选择相应的调查类型和方式,并做好各种技术、事务和组织准备,拟定调查计划和提纲。

(2)调查阶段

其任务是运用各种调查方式,了解情况,收集材料,并不断地修正提纲。

(3)分析阶段

其任务是对大量材料进行整理分析,最后得出结论。

(4)总结阶段

其任务是写出调查报告,对所研究的问题作出解释,提出解决问题的意见和建议,作为采取措施和制定政策的基础。

2.4.3　调查研究方法

调查研究方法是一种在科学研究中收集科学事实、获取感性材料的经验性方法。调查研究分为调查和研究两个过程。调查就是用科学的手段和方法搜集客观资料,研究就是对收集得来的资料进行整理和理论分析。

(1)调查方法

1)调查的类型

①典型调查。所谓典型,是指有代表性的个别事物或个别总体。典型调查即是一种通过对具有代表性的个别例子进行调查研究,从中得出一般性结论的方法。典型调查的特点是范围小、易组织,所得材料生动具体。典型调查的普遍意义如何,主要取决于典型的选择。典型调查的局限性是范围狭窄、材料量少。因此,不宜把典型调查的结果盲目地推论到总体中去。

②普遍调查。即普查,是一种在特定范围内进行的全面调查。普查是分层次的、相对的。只要是在特定范围的全面调查都可以叫普查。普查的优点是材料收集全面,作出的结论可靠性高。但是普查是有条件的,包括时间和空间的众多条件,不具备必要条件,无法进行普查。

③抽样调查。抽样调查是从被调查的整体中选取样本进行调查的一种方法,其精确度主要依赖于恰当地选取样本。抽样方法可以分为两大类:非随机抽样法和随机抽样法。每类又可细分为若干种具体抽样法。当然,“随机”不是“任意”,必须按照随机原则,在挑选样本时,要让全体中的每一个对象都有成为样本的可能。在各种调查方法中,抽样调查是一种可靠而行之有效的调查方法,在一定程度上可以实现普查的要求。因此,是一种常用的方法。

④个案调查。个案调查是在同类社会现象(个人、群体、社区、制度、事件等)中选择具有代表性的个别事例进行调查的一种方法。个案调查与典型调查不同,其研究对象不必一定要具有典型意义。

⑤专家调查。也称德尔菲法(见德尔菲法)。

2)调查的方式

①参与法。一种由调查者参与到被调查者的日常工作和生活中,以直接获得关于对象活动的全面资料的方法。调查者可以公开亮出自己的身份,也可以不亮身份而设法参与其中。

②观察法。一种由调查者选择一定的环境,借助自己的感官和观察仪器去直接观察对象,并根据调查目的获取必要的感性材料的方法。观察可以在事物的自然状态中进行,也可以在实验中进行。

③访谈法。一种由调查者与被调查者通过有目的的谈话收集研究资料的方法。从被调查者在场的人数来看,访谈法可以分为个别访问、小组谈话及座谈会。从调查者的角度来看,访谈法可以分为结构性访问和非结构性访问。前者是指严格按照预先拟订的调查表向被访者发问,后者只就调查主题提出有关问题,并无调查表之类的东西。从调查者和被调查者的接触方式来看,可分为当面谈话和间接谈话(如电话访问)。

④问卷法。一种由调查者经过科学地设计制成一套问卷,要求被调查者进行回答的方法。问卷有两种基本形式,即开放式和封闭式。前者是指问题对每一个被访者是同一的,答案可以自由作出。后者是指不仅问题同一,而且答案事先确定若干个,由被访者选择。问卷法是现在社会调查最常用的一种方式。

⑤文献法。一种由调查者根据调查目的,通过查阅文献而获得资料的常用方法,是在调查开始之前首先采用的方法。

调查的各种具体方法各有利弊、各有特定的作用。在实际调查过程中,常常需要综合运用。

(2)分析方法

整理资料是依据调查的目的运用科学的方法,对调查的原始材料进行初步加工,使之系统化和条理化的过程。运用各种调查方法所取得的资料一般都是零碎的、不集中的、不系统的。通过这些资料,很难发现其中包含的规律性的东西,也难以对总体对象进行推断。因此,对资料进行整理使之明确化、条理化是十分必要的。

1)文字资料的整理

文字资料包括各种文献资料:历史资料、汇报材料、总结报告、访谈记录、观察记录、问卷答案等。整理文字资料的一般程序是:审核、分类和汇编。

①文字资料的审核。文字资料审核的重点是核实资料的真实性和合格性。真实性审核也称信度审核,就是看调查资料是不是真实可靠。进行真实性审查,一般可采用3种方法:经验法,即根据以往的实践经验来判断资料的真实性;逻辑法,即根据调查资料的内在逻辑来检验资料的真实性;来源法,即根据资料来源渠道来判断资料的真实性。

合格性审核是审查调查资料是否符合原设计的要求。常用的方法是:对调查项目和调查目标进行评判,以检查内容效度;选择可靠的信度高的效标评估效标关联效度。内容效度是指调查内容能够代表它所要调查目的的程度,调查项目与要调查的特征相关。效标关联效度指如果调查存在其他客观标准,称此标准为效标。以效度调查结果与效标作相关分析来确定效标关联效度。

②文字资料的分类。文字资料的分类是根据资料的性质、内容或特征,将相异的资料区别开来,将相同或相近的资料合为一类的过程。分类是否正确,取决于分类标准是否科学。分类标准的确定必须以科学理论为指导,以客观事实为依据。

常用的分类方法有前分类法和后分类法两种。前分类法，就是在设计调查提纲、调查表格时，就按照事物的性质不同设计调查指标，然后再按分类指标搜集资料。这样分类工作在调查前就完成了（和事故树的与或门展开时的资料调查整理相关联）。后分类法，是指在调查资料整理收集起来之后，再根据资料的性质、内容或特征，将它们分类。对于一些文献资料、访谈调查、问卷调查中的开放型问题因无法事先知道分类标准，就只能采用后分类法。

分类必须遵循两条基本原则：穷举原则和相斥原则。穷举没有遗漏，即把所有的资料都包括进去，使每一条资料都要有所归属；相斥即不重复，就是同一条资料只能归于一类，而不能既属于这一类，又属于那一类，以至在不同类中重复出现。

③文字资料的汇编。汇编是指按调查目的和要求对分类后的资料进行汇总和编辑，使之成为能反映调查对象客观情况的系统、完整、集中和简明的材料。

汇编的方法：根据调查目的、要求和调查对象的客观情况，确定合理的逻辑结构；对分类资料进行初步加工。如给各种资料加上标题、符号，编上序号等。

汇编的要求：完整和系统，即所有可用的资料经汇编后要分类编在一起，应秩序分明，有条有理，能系统地反映被调查对象的全貌；简明和集中，即尽可能使文字简单明了，清晰集中。如有必要，还要注明资料的来源和出处。

2）数据资料的整理和检验

①数据资料的整理。数据资料是调查研究中定量分析的依据，因此数据资料的整理也称为定量资料的整理。在资料的整理阶段，为了便于得出正确的调查结论，需要对数据资料作进一步的处理，其一般程序包括数字资料检验、分组、汇总和制作统计表或统计图几个阶段。检验，主要是对数字资料的完整性和正确性进行检验，以确保更加准确的研究结果。分组就是把调查的数据按照一定的标志划分为不同的组成部分。汇总就是根据调查研究目的把分组后的数据汇集到有关表格中，并进行计算和加总，集中、系统地反映调查对象总体的数量特征。数据的汇总可分为手工汇总和机械汇总。经过了汇总的数字资料，一般要通过表格或图形表现出来，最常见的方式就是统计表和统计图。

为保证调查研究的质量，在将整理过的资料实际用于分析研究之前，仍有必要对它们进行最后的检验。

数据资料的整理大体可分为以下几步：

a.对原始资料进行认真、细致的检查。从逻辑上检查资料的准确性和完整性；从内容上检查是否有遗漏、笔误或逻辑错误，若发现问题应及时采取必要的补救措施。

b.选择合适的分组标志，对原始资料科学地进行分类分组。这一工作很重要，分类分组不合理、不科学，将不能正确反映被研究现象的本质特征。标志可分为数量标志和属性标志。凡用数量界限将总体各部分区别开来的标志称为数量标志，如按年龄大小分为若干组。凡按属性类别不同，将总体各部分区别开来的标志称为属性标志，如按性别不同分为男、女两类。选择分组标志的原则是：从研究目的出发；从反映现象本质的需要出发；根据研究对象的特点而定。分组标志还应满足穷尽性和互斥性的要求。

c.统计汇总。把数据资料按一定的格式分门别类地汇集起来。汇总的方法主要有：手工汇总和计算机汇总。手工汇总可采用：

- 划记法。按已确定的标志绘制汇总表，将同类型的标志值用点线符号记入表中再进行统计。

• 卡片登录法。用特制的登录卡片进行分组汇总。这种方法的准确程度较高,但工作量较大。手工汇总一般要自己编制统计图表。统计图有圆形图、直方图、曲线图等多种形式。统计表可分为简单表、分组表和复合表。统计图表能以直观、清晰、简化的形式将汇总的数据资料表现出来。

计算机汇总的步骤是:编码、登录、输入和程序编制。编码的主要任务是用不同的数字符号标记调查内容的不同类别,编码可在调查前或调查后进行。登录是将编好码的调查资料过录到资料卡片或登录表上,以便输入计算机中储存起来。输入的主要方式有打孔卡输入和键盘输入,前者现已很少采用。被输入的所有数据资料称为数据库。以后只要编制(或调用)一定的统计程序给计算机发出指令,计算机就可以用统计表的格式输出所需要的汇总资料。

②数据资料的检验。数据资料的检验,就是检查、验证各种数据资料是否完整和正确。

数据资料检验的内容是:检查应该填报的表格是否齐全,有无漏掉单位或表格的现象;检查调查表格的答案是否完整。数据资料的检验方法有:

a.经验检验。即根据已有的经验或已知的情况判断资料的真实性。如已知某企业经营状况很差,而调查指标的数字却明显超过经营状况很好的企业,那么,对于这些数字就应设法进一步审查核实。

b.逻辑检验。即从数字资料的逻辑关系中来检验资料的真实性。如调查时,某人的年龄是 20 岁,而工龄是 10 年,很明显这两个数字必定有一个是虚假的。

c.计算检验。即通过各种数字运算来检验资料的真实性。比如,各分组数字之和是否等于总数,各部分的百分比相加是否等于 1。各种平均数、发展速度、增长速度、指数的计算是否正确等,都可通过数学运算来进行检验。

3) 调查资料的理论分析

①理论分析的特点。理论分析,是运用概念、判断和推理等思维形式,对客观事物的本质和内在联系进行系统的分析。理论分析具有如下的特点:

a.是对客观事物的本质和内在联系的认识,而不是对客观事物的现象和外在联系的认识。

b.借助概念、判断和推理的形式作出判断,而不是运用感觉、知觉和表象作出判断。

c.是对客观事物的系统化的认识,而不是支离破碎的杂乱无章的认识。

d.分析的结果具有普遍性,可以拿它进行演绎推理。

调查中的理论分析,是对调查资料进行系统化的理性分析。它具有自己的一些特点:它所分析的材料一般为感性材料——来自调查者的直接感觉和经验,它分析的目的是证明研究假设是否正确。

②理论分析的一般程序

a.从总体上把握调查资料。理论分析是建立在对全部调查资料全面掌握了解基础之上的,这是理论分析工作的第一步,就是要对所有资料进行审查和阅读。审查就是看资料是否真实客观、是否全面、是否准确,该修正的修正,该补充的补充,该剔除的剔除。阅读就是以较快速度通读有关资料,以了解调查资料的全貌。

b.确定分析目的。确定分析目的,是指在审读资料后通过总体性思考,查原分析方案,重新审定理论分析的目标。在总体上把握了资料之后,分析者形成了总印象,经过反复酝酿,会使这种印象升华,形成对资料的总的判断,根据现有资料能分析什么,能得出什么结论,分析结论有何意义等。

c.选择适当的分析方法。调查资料不同,可采用不同的理论分析的方法。这些方法包括:比较法、因果法、归纳演绎法、结构功能法等。

d.分析资料。按照由浅入深,由个别到一般、由部分到整体、由简单到复杂的顺序和特点,对资料的理论分析可分为:个体资料与典型事例的理论分析,分类资料和具体假设的理论分析,研究结论及其意义的理论分析。

4)理论分析的方法

①比较分析法。是确定认识对象之间相异点和相同点的逻辑思维方法。在调查资料的理论分析中,当需要通过比较两个或两个以上事物或者对象的异同来达到对某个事物的认识时,就需要采用比较分析的方法。

a.比较分析法的种类。

• 横向比较法。就是根据同一标准对不同认识对象进行比较的方法。它可以是同类事物之间的比较;也可以是不同类的事物之间的比较;可以是同一事物不同方面的比较等。

• 纵向比较法。就是对同一认识对象在不同时期的特点进行比较的方法。它可以是同一事物不同时期之间的比较。

• 理论与事实比较法。就是把某种理论观点与客观事实进行比较的方法。理论与事实的比较过程,实质上就是用客观事实检验理论的过程。

b.比较分析法应注意的问题。要有统一的科学的比较标准。标准不统一就无法进行比较,没有科学的正确的标准,就不可能作出合乎客观事实的比较。不仅要注意现象上的比较,而且要重视本质上的比较。要异中求同,同中求异。要特别注意表面差异极大的事物,它们之间可能有着共同的本质;也要注意那些表面极为相似的事物,它们之间可能有着极大的差异。

②因果分析法。是探求事物或现象之间因果联系的方法。分析的内容有3点:找出构成因果关系的事物;确定因果关系的性质;对因果关系的程度作出解释。

因果分析法的种类。

• 求同法。求同法的规则是:如果在所研究的现象出现的两个或两个以上的场合中,只有一个是共同的,那么这个共同的情况可能是所研究现象的原因。

• 求异法。求异法的原则是:如果所研究的现象出现的场合与它不出现的场合之间只有一点不同,即在一个场合中有某个情况出现,而在另一个场合中这个情况不出现,那么这个情况可能是被研究现象的原因。

• 同异并求法。同异并求的原则是:如果在出现所研究的现象的几个场合中,都存在着一个共同的情况,在所研究的现象不出现的几个场合中,都没出现这个情况,那么这个情况可能是所研究的现象的原因。

• 共变法。共变法的原则是:如果每当某一现象发生一定程度的变化时,另一现象也随之发生一定程度的变化,那么前一个现象可能是另一个现象的原因。

• 剩余法。剩余法的原则是:如果已知某一复合现象是另一复合现象的原因,同时又知前一现象中的某一部分是后一现象中的某一部分的原因,那么前一现象的其余部分可能是后一现象的其余部分的原因。

③归纳与演绎分析法。

A.归纳法。归纳法是从个别的、特殊的到一般的思维方法。根据归纳对象的不同特点，归纳法可分为:完全归纳法和不完全归纳法。

a.完全归纳法。即根据某类事物中每一个对象都具有或不具有某种属性，从而概括出该类事物的全部对象都具有或不具有某种属性的方法。运用完全归纳法必须具备两个条件:必须确知某类事物全部对象的具体数量;必须确知每一个对象有或不具有被研究的那种属性。

b.不完全归纳法。即根据某类事物的部分对象具有或不具有某种属性，从而推论出该类事物的全部对象都具有或不具某种属性的归纳方法，不完全归纳法有两种形式:简单枚举法和科学归纳法。

• 简单枚举法。即根据某类事物中部分对象具有或不具有某种属性、而又没有发现相反的事例，从而推论出该类事物都具有或不具有某种属性的归纳方法。

• 科学归纳法。即根据某类事物中部分对象与某种属性之间的必然联系，推论出该类事物的所有对象都具有某种属性的归纳方法。

B.演绎法。演绎法是从一般性前提推出个别性结论的逻辑思维方式。演绎推理的类型有许多种，演绎推理可分为:性质推理和关系推理。性质推理又可分为:直接和间接推理。关系推理又可分为:简单关系推理和复杂关系推理。

调查研究的理论分析在两种情况下运用演绎法。一种是在设计调查方案时，根据研究的问题提出研究假设，将概念予以操作性定义，操作为变量;对变量进行具体测量。这是收集资料前的演绎过程，这个过程是使抽象的东西具体化、概念的东西经验化，因此也把这个过程称为操作化。另一种情况是收集资料后，完成了调查资料的归纳推理，需要阐明研究结论及其普遍指导意义时使用。这是陈述研究结论时的演绎推理。演绎推理的作用在于说明归纳推理研究结论的普遍指导意义，在于用经过证明的研究结论去解释或预见事实。

总之，在理论分析过程中，归纳和演绎是两种既互相对立、又互相联系的思维方法。归纳是认识的基础，它在经验的范围内，在从个别调查材料概括出一般性结论的过程中，起着特殊的重要作用。但是，归纳不是万能的。如果片面强调归纳而否认演绎的重要性，就会陷入狭隘的经验论。因为，在理论思维阶段，特别是在建立理论体系的过程中，归纳不是推理的主要方法，演绎却起着越来越重要的作用。归纳和演绎在认识过程中的对立统一，是客观现实中个性和共性的对立统一的反映。

④结构功能法。结构是构成事物的各个要素之间所固有的相对稳定的组织方式或联结方式。功能是指构成事物的各个要素之间所发生的相互作用和影响。结构功能法就是通过考察事物的结构和功能来认识事物和分析事物的方法。

任何事物都有一定的结构。结构体现为要素的组合，各要素借助于结构而形成系统。结构有两个特征:一是稳定性;二是有序性。稳定性是指事物系统各要素之间具有确定的稳固的联系、从而使事物系统具有相对不变性。正是由于事物系统结构的稳定性，才可以通过分析事物系统的结构来认识事物。有序性是指系统内部各要素有规则的相互作用或相互替换性。当人们说事物系统中的每个要素都有由作用于它因果律所控制时，指的就是结构的有序性。正是由于事物系统的有序性，才可以通过分析事物系统的结构来发现事物的内在本质和规律。

任何事物都有一定的功能。它有两个重要特征:一是协调性;二是价值性。协调性是指事物系统各要素之间的相互依存和制约,从而使事物系统各要素得以相互补充。价值性是指事物系统对于外部环境的各种利害关系。

A.结构功能法的作用。结构功能法有如下的几个作用:

- 从形式上分析事物的内部关系,即事物的内部结构。
- 从内容上分析事物内部各要素之间的相互作用和影响,即事物的内部功能。
- 从事物的总体上分析事物系统对社会的影响和作用,即事物的外部功能。

B.结构功能法的实施步骤。结构功能法可按如下步骤进行:

- 事物系统分析,即明确结构和功能的承担者。

a.内部结构分析。考察各组成要素之间在形式上的排列和分布。

b.内部功能分析。考察各组成要素之间的相互影响和作用。包括3项内容:

- 确定功能关系的性质,即分析有无相互影响和作用。
- 挖掘功能存在和建立的必要条件,即分析在何种条件下各要素间的相互影响和作用才可能存在和建立起来。
- 找出满足功能的机制,即分析促使各要素之间发生相互影响和作用的手段和方法。

C.外部功能分析。考察事物整体对社会的影响和作用。亦即把研究对象和现象放在社会系统之中,考察它对社会各个方面的影响和作用。包括两项基本内容:

- 分析对社会哪些方面发生作用和影响。
- 分析功能的性质,即对社会的作用和影响哪些是积极的,哪些是消极的;哪些是明显的,哪些是潜在的;哪些是长期的,哪些是短暂的等。

以上介绍了理论分析的4种常用方法,除此之外还有抽象具体法、辩证分析法、现象本质法、动态静态法等。

(3)系统调查成果

系统调查的主要成果是系统调查报告,系统调查报告是系统分析和设计的基础资料。因此,调查人员应采用规范的格式、统一的符号体系,边调查边整理资料,及时编制调查报告。系统调查报告完成后,应由调查者签字,被调查者签章,项目负责人审核签字,以示对其各负其责。

系统调查报告的主要内容包括:

①企业的发展目标。

②组织机构层次(组织结构图),业务功能。

③主要业务流程(业务流程图)及对信息的需求,包括各种计划、单据和报表样品。

④现行系统的管理方式、具体业务的管理方法、管理人员决策的方式和决策过程。

⑤现行系统计算机的配置、使用效率和存在问题。

⑥现行系统存在的主要问题和薄弱环节。

2.4.4　系统结构分析

面对一个庞大而又复杂的系统,无法直接把系统所有元素之间的关系描述清楚,故在对系统进行安全评价时,往往不能从调查收集的资料中整理出有用的信息,这时就要将系统按一定的原则分解成若干个子系统,以便更为准确地进行资料的整理分析。分解后的每个子系统,相对于总系统而言,其功能和结构的复杂程度都大大降低。对于特别复杂的子系统,还可以对其进一步分解,直至达到要求为止。

(1)系统结构分解

系统是由两个或两个以上相互区别的要素(元件或子系统)组成的整体,换言之,系统也可分解成若干子系统和更小的系统,故在实际安全问题的调查分析过程中,可以利用系统的"分解综合原理",对系统进行要素的分解和逻辑的重构。

一般来说,可按如下几个方面对系统进行分解:

①按系统的结构要素分解,如以锅炉为例,可将其分为主体子系统和附件子系统。

②按系统的功能要求分解,如以某高校火灾隐患排查为例,可将对象系统分割为宿舍楼子系统、教学楼子系统、办公楼子系统和其他区域等。

③按系统的时间序列分解,如按系统的生命周期分类,可分为设计、制造、使用等。

④按系统的空间状态分解,如以某高校火灾隐患排查为例,可将对象系统分割为老校区子系统和新校区子系统。

(2)系统功能框图和可靠性框图

在进行系统安全分析时,除了需将较为复杂的大中型系统分解为若干简单的子系统外,更为重要的是需弄清各子系统之间,子系统与系统之间的相互影响、相互依赖的逻辑功能关系。其中较为简便和有效的方法是绘制系统的功能框图和可靠性框图。

1)系统功能框图

系统功能框图就是用于表示各子系统及其所包含功能件的功能以及相互关系的框图。通过绘制系统功能框图,能够明确地体现系统的内部组成及其相互关系,使之一目了然且条理化。

绘制系统功能框图时需要将系统按照功能进行分解,并表示出子系统及各功能单元之间的输入、输出关系。其绘制步骤如下:

①调查分析资料,明确系统的边界条件和组成单元。

②分清系统及组成单元的输入、输出关系。

③根据输入、输出关系,按信息流动的方向将各组成单元用元件方框和连线进行连接,形成系统功能框图。

以一个液位控制系统为例,其系统功能框图绘制过程如下:

首先,通过调查分析得知其原理图如图 2.13(a)所示,根据原理图可知,该系统由放大元件、气动阀门、水箱和浮子 4 个功能单元组成。

然后,分析 4 个功能元件的输入、输出关系可知,放大元件接受希望水位和浮子监测的实际液位的输入,并输出比较结果给控制气动阀门;控制气动阀门根据比较结果,通过阀门调节水箱水量的输入;水箱接受水量的输入,并将水位变化传递给浮子;浮子再将监测的实际液位反馈给放大元件,如此循环。

最后，按信息流动的方向将液位控制系统各组成单元用元件方框和连线进行连接，形成系统功能框图，如图 2.13(b)所示。

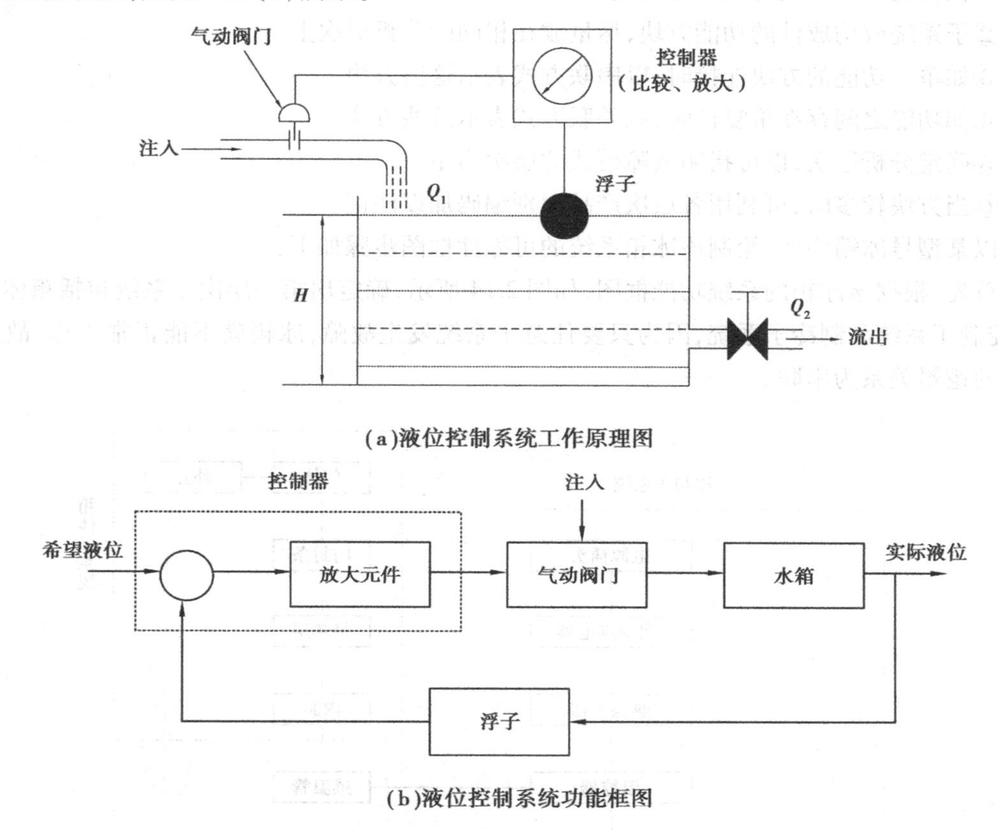

(a)液位控制系统工作原理图

(b)液位控制系统功能框图

图 2.13　系统功能框图示例

2)系统可靠性框图

系统功能框图反映了系统的流程，物质从一个部件按顺序流经各个部件，可靠性框图则以功能框图为基础，从可靠性的角度反映各个部件之间的关系。

可靠性框图是从可靠性角度出发研究系统与部件之间的逻辑图，是系统单元及其可靠性意义下连接关系的图形表达，表示单元的正常或失效状态对系统状态的影响。它依靠方框和连线的布置，绘制出系统的各个部分发生故障时对系统功能特性的影响。可靠性框图只反映各个部件之间的串并联关系，与部件之间的顺序无关。通过绘制可靠性框图，可以显示系统中每个元件是如何工作的，以及每个元件是如何影响整体系统运行的，并查明哪些元素处于正常状态或易发生事故状态。其绘制步骤如下：

①根据系统功能框图确定第一层次子系统，弄清其串、并联关系。

②从左到右依次将第一层次子系统画入功能方块中，并用连线表示其逻辑关系。

③根据分析需要，将第一层次构成件逐步展开，形成第二层次，对应连接于各子系统上，根据各构成件之间的逻辑关系用连线连接，依次类推。

④若系统过于复杂，可按前述编码规则对系统进行编码。

绘制可靠性框图的注意事项有以下几点：

①在功能方块中只写入一种功能。

②子系统或构成件的功能方块，尽量放在相同的分析层次上。

③如单一功能的方块连接时，以串联方式表示这些方块。

④如功能之间存在重复性时，以并联方式表示这些方块。

⑤确定分析层次，以可指明故障模式的层次为主。

⑥当方块较多时，可利用各层次产品识别编码加以注记。

以某型号冰箱为例，绘制该冰箱系统的可靠性框图步骤如下：

首先，根据该冰箱的系统功能框图，如图2.14所示，确定出第一层次子系统包括箱体子系统、控制子系统和制冷子系统，因为只要任意子系统发生故障，冰箱就不能正常工作，故它们之间的逻辑关系为串联。

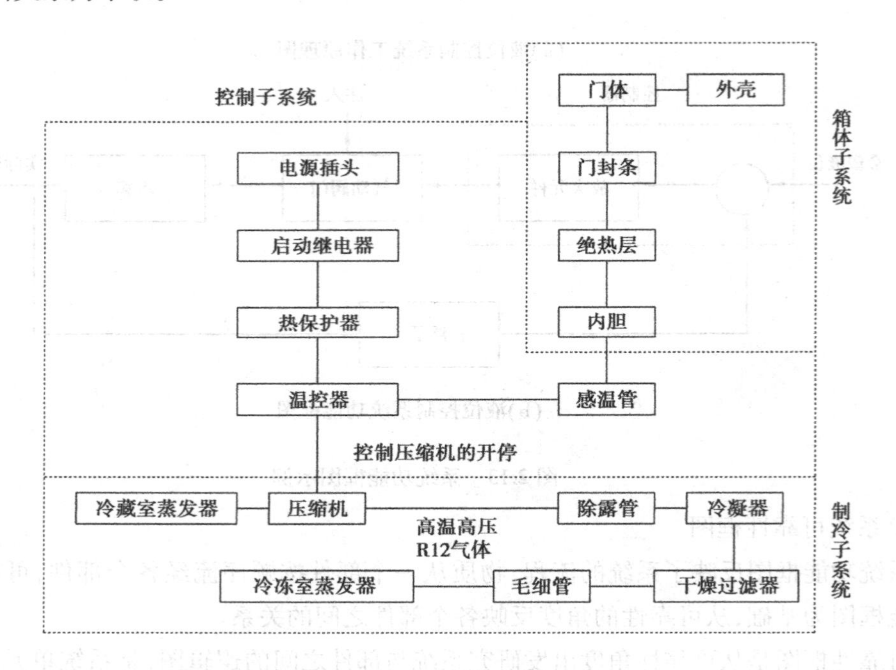

图2.14　某冰箱系统功能框图

然后，从左到右依次将3个子系统画入功能方块中，并用连线表示其逻辑关系，如图2.15所示。

图2.15　冰箱系统的子系统

再次，以第一层子系统中的箱体子系统为例，将其互为串联关系的外壳、门体、门封条等构成件逐步展开，根据各构成件之间的逻辑关系用连线连接，形成第二层次，并连接于箱体子系统上。依次类推，最终得到结果如图2.16所示的冰箱系统可靠性框图。

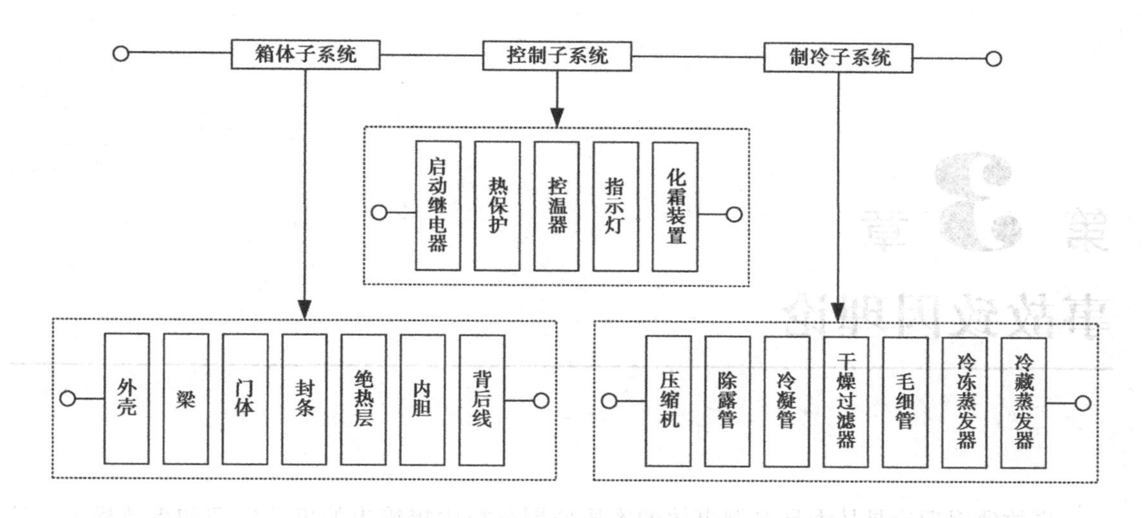

图 2.16　某冰箱的可靠性框图

系统功能框图和系统可靠性框图是正确进行系统逻辑重构的基础，它可以帮助我们厘清各子系统之间、子系统与系统之间的输入、输出以及串、并联关系，以便更为快速有效地进行对象系统危险源的辨识及其影响的分析。

思考题

1.熟悉系统是安全管理的基础，请站在企业就燃气锅炉工岗位安全培训需求的角度，设计一个完整的调查研究工作方案，并根据调查结果整理编制整理出一套完整的调查成果清单。

2.什么是“方法论”？为什么要研究方法论？方法论与方法有什么区别？

3.霍尔方法论的三维结构是什么？逻辑维包含哪些步骤？

4.新建砖厂安全三同时工作的时间维划分，并给出每一个时间阶段的工作任务的逻辑步骤。

5.软系统方法论的特点是什么？它与霍尔方法论有什么异同？

6.什么是物理？什么是事理？什么是人理？

7.请按照方法论的思维模式和步骤回答“大学本科你已学习了哪些课程”？

【提示】

根据方法论的含义可知，霍尔方法论的三维模型和活动矩阵实质上就是给我们设计一套“如何按照既定的思维逻辑和步骤，选用恰当的方法去分析和解决问题”的工作方案。

第3章

事故致因理论

事故致因理论是从大量典型事故的本质原因分析中提炼出的事故机理和事故模型。这些机理和模型反映了事故发生的规律性，能够为事故的定性定量分析和事故的预防提供科学依据。常见的事故致因理论有：能量逸散失控理论，轨迹交叉理论等。

3.1 能量逸散失控理论

生产过程就是人们利用能量加工物料和生产产品的过程。因此，能量逸散失控理论认为：生产过程就是能量传递、转换与做功的过程，事故就是能量逸散失控的结果。

3.1.1 能量和能量逸散失控

(1)生产系统中的能量

每个生产活动都伴随着系统能量的转移、转化和做功过程。随着科技的发展，生产系统中运转的能量也不断地增强。

生产系统中存在多种形式的能量，常见的能量有：电能，机械能，热能，化学能等，生产系统中常见的能量见表3.1。

表3.1 生产系统中的能量形式

能量形式	实 例	可能引发的事故类型及职业伤害
机械能	行驶中的汽车、位于高处的物品等	物体打击、高处坠落、起重伤害、机械伤害、车辆伤害、冒顶片帮、坍塌、锅炉爆炸、压力容器爆炸、神经系统损伤等
热能	工作中的回转窑，预热器，锅炉等	灼烫、火灾、冻伤等
电能	照明、电机运转等	触电、火灾等
化学能	有毒有害物质，强氧化性物质等	中毒、窒息、淹溺、火灾、爆炸等
声能	噪声等	听觉能力下降、耳鸣等

续表

能量形式	实 例	可能引发的事故类型及职业伤害
光能	焊接、切割时产生的强光等	电光眼、电磁辐射伤害等
核能	放射性元素向环境中辐射出的射线等	致癌、致畸、致突变(三致)等

(2)能量逸散失控

正常情况下,在生产过程中能量能够在规定的条件和范围内进行转移、转换和做功,顺利完成生产任务。若因某些意外因素致使能量突破界限范围,违背人们意志的进行转移、转换和做功,则会使生产活动暂时或永久性中止,并造成一定程度的伤害和损失。能量的这种违反人们意志的转移、转换和做功的现象称为能量逸散失控。

在生产系统中,人们为能量划定了运行轨道和运行模式,在这种模式下,能量就会通过转移、转化和做功进入产品中。众所周知,能量不能完全转移、转化进入产品中,会向环境中逸散部分能量,但这部分能量是可接受的,生产系统中的能量总体上仍然在控制中。如完好的电路,可以提供用电器所需电能,同时也会有一部分电能因电路发热而散失掉,这属于正常现象。若因某些原因致使能量局部脱离原有的运行轨道,或者运行模式遭到改变,就会在此逸散到环境中,并可能会带来事故,这一部分能量是生产系统中不可接受的,也就是能量逸散失控。如电路因某些原因使绝缘层破坏,那么,电能就可以从此突破口逸散到环境中,形成不可控的能量逸散。若这一部分能量作用于人体,则可能会发生伤亡事故;若作用于物,则有可能造成财产损失和设备破坏。

生产活动的规模越大,其中运转的能量也越多,一旦发生能量逸散失控,所造成的后果也越严重。如在生产过程中,使用的电压越高,触电致死的概率越大,时间越短。气瓶的容量越大,在相同压力下,发生爆炸产生的威力越大。

科学技术的进步推动了生产力的发展和社会的不断进步,但也因此带来了更多的安全技术问题,在生产过程中发生了不少出乎意料的安全事故。在原始社会,人类在大自然中进行简单的生产活动,所有的事故几乎都仅来自于自然界;随着火的使用,人类社会进步速度得到了较大的提升,但也因此带来了火灾、爆炸等事故。18世纪出现了蒸汽机,为轮船、火车、纺织机器等提供了动力,推动了工业革命,使科技发展速度进一步加快,但也不断出现锅炉爆炸等事故;电的出现带来了新动力,同时也带来触电、电器火灾等事故。

从以上事例可以看出,人们在不断地改进生产技术,向生产系统中注入更多的能量;同时,每次注入能量都会带来更加严重的生产事故。由于注入的能量增加,则发生意外逸散的能量就会更多,这部分不可控能量作用于环境中则会产生更大的危害。

3.1.2 能量逸散失控引发事故

(1)能量逸散失控引发事故的类型

能量逸散失控导致的伤害现象有卷入、夹入、碰撞、滑倒、摩擦、接触、辐射等。其产生的能量逸散失控与伤害事故类型见表3.2。

表 3.2　能量逸散失控与伤害事故类型

能　量	序号	现　象	事故类型
机械能	1	卷入(如:车床卷长发)	机械伤害等
	2	夹入(如:受到机械挤压)	机械伤害等
	3	相互碰撞(如:两车对撞)	车辆伤害,机械伤害等
	4	碰撞(如:无意识撞到头部)	其他伤害
	5	被碰撞(如:高空坠物,打击伤人)	物体打击,机械伤害,车辆伤害,起重伤害,冒顶片帮等
	6	摩擦(如:被汽车擦剐)	机械伤害,车辆伤害等
	7	冲击(如:锅炉爆炸产生的冲击波)	锅炉爆炸,压力容器爆炸等
电能,热能	8	接触(如:触电)	触电伤害,烫伤,冻伤等
	9	辐射(如:电磁辐射,热辐射)	其他伤害
化学能	10	被氧化(如:中毒)	中毒
	11	窒息(如:CO 浓度过高,使人死亡)	窒息,淹溺
	12	冲击(如:火药爆炸)	火药爆炸,瓦斯爆炸,放炮
核能	13	辐射,爆炸	其他爆炸伤害

有些事故是由于各种能量相互转化及共同作用而引起。如在检修作业中,机器突然启动造成伤害,这是由于电能驱使机械运转,产生机械能,进而由机械能对人造成伤害。高处坠落则是由人的势能转化为动能与地面相撞而造成的。这种情况就是能量逸散失控后经转化而造成的事故。在实际中,有时事故是由各种能量失控共同作用同时存在而造成。如爆破飞石伤人,由化学能转化为热能和机械能引起岩石产生动能,又因为人的认知和判断失误,进入飞石落点范围而发生。以上事例就是由化学能转化的热能和机械能与人的行为失控三者共同作用而造成的。

(2)能量逸散失控产生伤害程度的影响因素

能量逸散失控导致事故后果严重程度和损失程度取决于以下几个因素:

①接触能量的大小。如电压的高低、高处作业的高度、气瓶的压力大小等。

②接触能量的时间和频率。如处于噪声、粉尘、振动和有害气体环境的时间长度和频率大小等。

③能量的集中程度。如有毒气体、粉尘的浓度,噪声的强度等。

④接触能量的部位。如相同的能量作用于头部和作用于手脚所产生的伤害是不同的。

因此,人与物体接触能量越大,能量越集中,时间越长,频率越高,接触到越易受到伤害的部位,则受到的伤害越严重。

(3)能量逸散失控与危险源

根据以上分析可知,事故是发生在生产活动中,而生产活动又是能量转移、转化和做功的过程。能量在转移、转化和做功过程中会产生能量逸散,或者转化为多种能量共同作用而造成事故。而事故后果的严重程度是由能量的大小、集中程度、接触时间长短和频率而决定。

所以,能量是生产活动中造成事故的本质原因。可以将那些由触发因素作用而导致事故的具有能量的物质和行为称为危险源。其中具有能量的物质称为固有危险源,具有能量的行为称为人为危险源。

3.1.3　能量逸散失控产生事故的原因与作用机制

能量在人们限定的范围内转移、转化、做功和逸散是可接受、可控的。能量逸散失控则是能量突破了规定的限制范围,演变成不可控状态,而这些不可控的能量在触发因素的作用下很可能演变成事故。

(1)能量逸散失控的原因

根据能量与生产系统之间的关系,可以做出如下比喻:生产系统可以简化为一条管道,而能量则是管道中流动的水,生产的产品为水中溶解的溶质。生产系统进行生产活动正如水带着溶质从管道的一端流到另一端。正常情况下,水从入口进入,到出口流出。但在非正常情况下,也可能从其他地方流出,如:管道损坏(也就是能量逸散失控)。以霍尔三维模型的活动矩阵为指导,从生命周期和人—机—环—管两个角度分析,造成管道损坏的原因可归纳为以下几个方面:

①管道的质量缺陷,材料强度不够。

②使用时间太长,管道疲劳,老化。

③若破损位置在转角或接头处,则说明是设计和安装问题。

④无备用路线设计。

⑤能量突然加大。

⑥环境变化。如霜冻,风化。

⑦人为破坏(有意或无意破坏)。

⑧其他原因。

以霍尔三维模型的活动矩阵为指导,导致能量逸散失控的主要原因的分析如下:

首先,将该管道输送系统从时间维上可分为设计阶段、制造阶段和使用阶段3个阶段。

其次,参照《生产过程危险和有害因素分类与代码》(GB 13861—2009)对各个阶段分别从人、机、环、管4个角度进行调查分析,其结果可见表3.3。

表3.3　能量逸散原因分析成果表

序号	生命阶段	人	机(物)	环	管理
1	设计阶段	违背相关材料的性质使用	1.用材不当 2.结构缺陷 3.无安全附件、备用装置设计	后期使用条件估计错误	设计规范、行业标准不明确
2	制造阶段	不按照设计要求进行加工,偷工减料等	制造机械误差,不能生产出符合要求的产品	制造环境达不到规范、标准的要求	加工标准、要求不明确

续表

序号	生命阶段	人	机(物)	环	管理
3	使用阶段	1.人为破坏(有意或无意) 2.不按要求安装 3.人为增加运行负荷	1.运行至生命周期的末端 2.故障	运行环境不正确,如酸碱腐蚀,温差大等	1.无使用管理规范 2.未制定或未执行维护规范 3.未对员工进行教育

(2)能量逸散失控转换为事故的机制

能量在转化过程中,由于某些因素造成逸散失控,能量逸散后成为危险状态,危险状态又经过某些触发因素的触发进而导致事故。例如,煤气在输送过程中,由于管道连接密封不好,使区域或室内充满煤气,而室内通风设备处于失效状态,加之有人在充满煤气的房间内吸烟,进而引发煤气爆炸事故,煤气爆炸事故发生过程及原因分析见表3.4。

表3.4　煤气爆炸事故过程及原因分析

能量	触发因素	能量逸散	触发因素	能量聚集	触发因素	事故
→						
煤气	管道接头密封不好	室内充满煤气(危险状态)	通风不良	煤气浓度达到爆炸极限	吸烟产生明火	煤气爆炸
原因分析	1.材料质量较低 2.安装不合格 3.未进行维修检查		1.未安装通风设备 2.未使用通风设备 3.无法进行扩散		1.个人原因 2.管理不到位	

从表3.4可知,煤气爆炸事故的基础条件是存在煤气,经过多重触发因素的触发,进而演变为事故。在煤气爆炸的事故中,煤气是危险源,多重触发因素为事故隐患。能量是事故的物质基础,它使事故发生存在了可能性,它就是危险源。而其中的多重触发因素则被称为事故隐患(第二类危险源)。它作用于危险源,促使能量脱离原有的、正常的转移、转化、做功和逸散的规则,进而推动事故的发生。

【小贴士】

危险源与事故隐患,事故隐患一定是危险源,但危险源不一定是事故隐患。事故隐患是指作业场所、设备及设施的不安全状态、人的不安全行为和管理上的缺陷,是引发安全事故的直接原因,也可以将事故隐患称为第二类危险源。

一般来说,可以将造成能量逸散失控的触发因素(即事故隐患)归纳为人的误差、物的缺陷、环境条件和管理问题等类型。把人、机、环匹配上的缺陷称为直接隐患,将管理缺陷称为事故的间接隐患。

因此,能量逸散失控转化为事故的机制为:逸散失控的能量在环境中聚集,在环境中存在事故隐患(触发因素)的触发作用下进而一步一步地演变为事故。从该触发机制可以看出,控制生产系统中的能量或排除环境中的事故隐患即可减小事故发生的可能性。所以,企业的安全管理工作则可从上述两个方面入手,提高生产系统的安全性。

3.2　轨迹交叉理论

随着人们对事故的认识不断地深入,人们对人和物两种因素在事故致因中地位的认识进一步加深,进而提出了轨迹交叉理论。

3.2.1　轨迹交叉理论的提出

海因里希认为,事故的主要原因是人的不安全行为,或者是由于物的不安全状态,没有一起事故是由于人的不安全行为及物的不安全状态共同引起的。于是,他得出的结论是,几乎所有的工业伤害事故都是由于人的不安全行为造成的。因此,海因里希认为企业预防事故的重点是人的不安全行为或物的不安全状态。

随着生产技术的提高以及事故致因理论的发展完善,人们对人和物两种因素在事故致因中地位的认识发生了很大变化。一方面是由于生产技术进步的同时,生产装置、生产条件中的不安全问题越来越引起了人们的重视;另一方面是人们对人的因素研究的深入,能够正确地区分人的不安全行为和物的不安全状态。

根据日本的统计资料,1969年机械制造业的休工10 d以上的伤害事故中,96%的事故与人的不安全行为有关,91%的事故与物的不安全状态有关;1977年机械制造业的休工4 d以上的104 638件伤害事故中,与人的不安全行为无关的只占5.5%,与物的不安全状态无关的只占16.5%。这些统计数字表明,大多数工业伤害事故的发生,既由于人的不安全行为,也由于物的不安全状态。

约翰逊(W.G.Jonson)认为,不同的人去判断同一件事故到底是由人的不安全行为引起还是物的不安全状态引起,其结论受到判断者的立场和安全素质等多种因素的影响。许多人由于缺乏有关失误方面的知识,把由于人失误造成的不安全状态看作是不安全行为。一起伤亡事故的发生,除了人的不安全行为之外,一定存在着某种不安全状态,并且不安全状态对事故发生作用更大。

斯奇巴(Skiba)提出,生产操作人员与机械设备两种因素都对事故的发生有影响,且机械设备的危险状态对事故的发生作用更大,只有当两种因素同时出现,才能发生事故。

上述理论被称为轨迹交叉理论。该理论的主要观点是,在事故发展进程中,人的因素运动轨迹与物的因素运动轨迹的交点就是事故发生的时间和空间,即人的不安全行为和物的不安全状态发生于同一时间、同一空间或者说人的不安全行为与物的不安全状态相同,则将在此时间、此空间发生事故。

轨迹交叉理论作为一种事故致因理论,强调人的因素和物的因素在事故致因中占有同样重要的地位。按照该理论,可以通过避免人与物两种因素运动轨迹交叉,即避免人的不安全行为和物的不安全状态同时、同地出现,以预防事故的发生。

3.2.2 轨迹交叉理论的模型

轨迹交叉理论将事故的发生发展过程描述为:基本原因→间接原因→直接原因→事故→伤害。从事故发展运动的角度,这样的过程被形容为事故致因因素导致事故的运动轨迹,具体包括人的因素运动轨迹和物的因素运动轨迹,轨迹交叉理论事故模型图如图 3.1 所示。

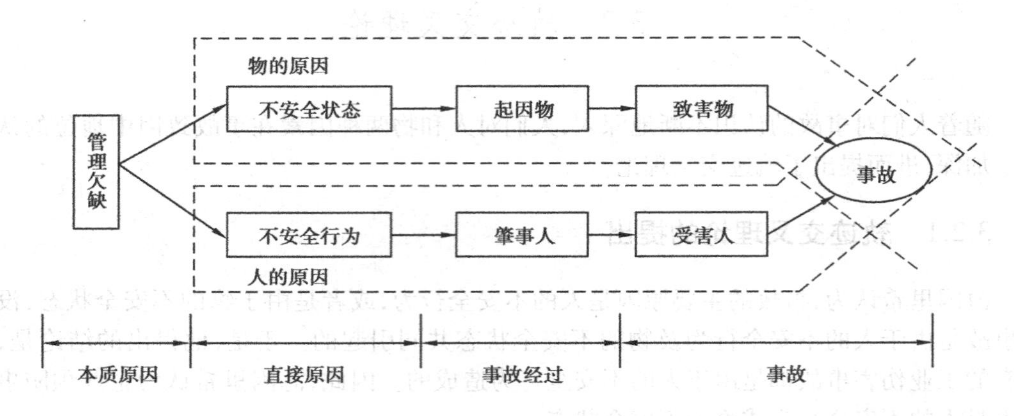

图 3.1 轨迹交叉理论事故模型图

(1)人的因素运动轨迹

人的不安全行为基于生理、心理、行为、环境几个方面而产生:

①生理、先天身心缺陷。

②社会环境、企业管理上的缺陷。

③后天的心理缺陷。

④视、听、嗅、味、触等感官能量分配上的差异。

⑤行为失误。

(2)物的因素运动轨迹

在物的因素运动轨迹中,在生产过程各阶段都可能产生不安全状态:

①设计上的缺陷,如用材不当,强度计算错误、结构完整性差等。

②制造、工艺流程上的缺陷。

③维修保养上的缺陷,降低了可靠性。

④使用上的缺陷。

⑤作业场所环境上的缺陷。

在生产过程中,人的因素运动轨迹按其(1)→(2)→(3)→(4)→(5)的方向顺序进行,物的因素运动轨迹按其(1)→(2)→(3)→(4)→(5)的方向进行。人、物两轨迹相交的时间与地点,就是发生伤亡事故的"时空",也就导致了事故的发生。

值得注意的是,许多情况下人与物又互为因果。例如,有时物的不安全状态诱发了人的不安全行为,而人的不安全行为又促进了物的不安全状态的发展或导致新的不安全状态出现。因而,实际的事故并非简单地按照上述的人、物两条轨迹进行,而是呈现非常复杂的因果关系。

若设法排除机械设备或处理危险物质过程中的隐患或者消除人为失误和不安全行为，使两事件链连锁中断，则两系列运动轨迹不能相交，危险就不能出现，就可避免事故的发生。

对人的因素而言，强调工种考核，加强安全教育和技术培训，进行科学的安全管理，从生理、心理和操作管理上控制人的不安全行为的产生，就等于砍断了事故产生的人的因素轨迹。但是，对自由度很大且身心性格气质差异较大的人是难以控制的，偶然失误很难避免。

在多数情况下，由于企业管理不善，使工人缺乏教育和训练或者机械设备缺乏维护检修以及安全装置不完备，导致了人的不安全行为或物的不安全状态。

轨迹交叉理论突出强调的是砍断物的事件链，提倡采用可靠性高、结构完整性强的系统和设备，大力推广保险系统、防护系统和信号系统及高度自动化和遥控装置。这样，即使人为失误，构成人的因素(1)→(5)系列，也会因安全闭锁等可靠性高的安全系统的作用，控制住物的因素(1)→(5)系列的发展，可完全避免伤亡事故的发生。

一些领导和管理人员总是错误地把一切伤亡事故归咎于操作人员“违章作业”；实际上，人的不安全行为也是由于教育培训不足等管理欠缺造成的。管理的重点应放在控制物的不安全状态上，即消除“起因物”，当然就不会出现“施害物”“砍断”物的因素运动轨迹，使人与物的轨迹不相交叉，事故即可避免。

实践证明，消除生产作业中物的不安全状态，可以大幅度地减少伤亡事故的发生。

思考题

1.调查总结典型行业中的常见能量类型及其约束装置。

2.从能量逸散失控理论的角度分析某企业锅炉爆炸事故的发生机制。

3.根据瑟利模型的原理，设计加气站的安全监测系统，并说明设计理由。

4.简述轨迹交叉理论在道路交通安全中的应用。

第 4 章 危险源辨识

危险源辨识是安全评价和控制的前提,只有全面识别出作业环境和作业活动中存在的危险和有害因素,才能有针对性地采取有效的安全控制措施,消除存在的安全隐患,预防和减少事故的发生。

4.1 基本概念和危险源分类

4.1.1 基本概念理解

要对危险源进行辨识,首先要清楚几个基本概念以及它们之间的相互联系。

(1)危险源

危险源是指可能导致事故从而造成人员伤害或疾病、财产损失或环境破坏的根源或状态。危险源是事故爆发的源头,是能量、危险物质集中的核心。由此可见,危险源是相对于事故而言的,研究危险源的目的是更好地防止事故发生。

根据事故致因理论中的能量逸散失控理论,广义危险源可以分为两类,即第一类危险源和第二类危险源。前者是指系统中存在的、可能发生意外释放的能量或危险物质,它是事故发生的前提,并且决定着事故后果的严重程度。后者是指导致约束、限制能量措施失效或破坏的各种不安全因素,它是第一类危险源导致事故的必要条件,包括人、物、环境和管理 4 个方面,决定着事故发生的可能性条件。

(2)事故隐患

劳动部(现人力资源和社会保障部)1995 年出台的《重大事故隐患管理规定》中将事故隐患定义为"作业场所、设备及设施的不安全状态,人的不安全行为和管理上的缺陷";国家安全生产监督管理总局 2007 年公布的《安全生产事故隐患排查治理暂行规定》中将事故隐患定义为"生产经营单位违反安全生产法律、法规、规章、标准、规程和安全生产管理制度的规定,或者因其他因素在生产经营活动中存在可能导致事故发生的物的危险状态、人的不安全行为和管理上的缺陷"。因此,从安全系统 4 大组成要素来看,事故隐患是指可导致事故发生的人的不安全行为、物的不安全状态、环境的不良条件及管理上的缺陷。

对比危险源与事故隐患的定义可以发现，广义危险源包括事故隐患，事故隐患实质上就是第二类危险源，可以认为是危险源定义中的"状态"；而第一类危险源可以看作是危险源定义中的"根源"，或称为狭义危险源。

例如：家用天然气瓶，由于意外碰撞而发生破裂。在本例中，第一类危险源是天然气（具有能量的物质），第二类危险源有：意外碰撞（人的不安全行为）、气瓶破裂和天然气泄漏（不安全状态）。其中，上面第二类危险源中的"意外碰撞、气瓶破裂和天然气泄漏"为事故隐患，但和第一类危险源中的"天然气"一样，同属于危险源，其关系如图 4.1 所示。

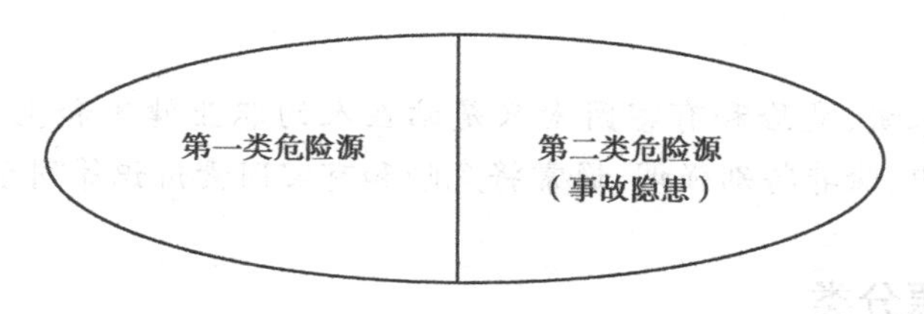

图 4.1　危险源与事故隐患的关系

(3)危险和有害因素

根据《生产过程危险和有害因素分类与代码》(GB/T 13861—2002)，危险和有害因素是指能对人造成伤亡或影响人的身体健康甚至导致疾病的因素。有时，为了区别客体对人体不利作用的特点和效果，又分为危险因素（强调突发性和瞬间作用）和有害因素（强调在一定时间范围内的积累作用）。其中，危险因素是指能对人造成伤亡或对物造成突发性损害的因素；有害因素是指能影响人的身体健康、导致疾病，或对物造成慢性损害的因素。但在实际应用中，通常不对两者加以区别，统称为危险和有害因素。

在《生产过程危险和有害因素分类与代码》(GB/T 13861—2002)中，将危险和有害因素分为 4 大类。

①人的因素：与生产各环节有关的，来自人员自身或人为性质的危险和有害因素。

②物的因素：机械、设备、设施、材料等方面存在的危险和有害因素。

③环境因素：生产作业环境中的危险和有害因素。

④管理因素：管理和管理责任缺失所导致的危险和有害因素。

(4)危险源辨识

危险源辨识是一个利用科学方法对生产活动中的危险和有害因素的性质、构成要素、触发因素、危险程度和导致的后果进行分析和研究，并作出科学判断的过程，可为事故的预防和控制提供必要、可靠的依据。

以前，人们主要根据以往的事故经验进行危险源辨识工作。例如，美国的海因里希建议通过与操作者交谈或到现场检查，查阅以往的事故记录等方式发现危险源。由于危险源通常是"潜在的"不安全因素，比较隐蔽，所以危险源辨识是件非常困难的工作。现在，生产活动各个领域中的系统较以往变得更加复杂，危险源辨识工作更加困难，需要具备丰富的知识和经验，利用专门的方法进行危险源辨识。为了更好地完成危险源辨识工作，应具备以下基本知识和经验。

①关于对象系统的详细知识,诸如系统的构造、系统的性能、系统的运行条件,系统中能量、物质和信息的流动情况等。

②与系统设计、运行、维护等有关的知识、经验和各种标准、规范和规程等。

③关于对象系统中的危险源及其危害方面的知识。

④危险源辨识分析的方法。

通过对认识对象的正确分类,可更准确、清晰地了解事物的变化规律,有助于认识事物的本质。对危险源进行分类,就是为了认识危险源的特点、性质及其危险程度,为危险源辨识提供科学可靠的依据。

【小贴士】

单纯从概念上来讲,危险和有害因素只是站在人的职业健康和生命的角度辨识的危险源。但在实际运用中,除非特别强调,通常将危险和有害因素辨识等同于危险源辨识。

4.1.2 危险源分类

危险源是可能导致事故发生的潜在的不安全因素。实际上,生产过程中的危险源种类繁多、非常复杂,它们在导致事故发生、造成人员伤害和财产损失方面所起的作用都不相同。相应地,危险源的分类原则和方法也不相同。

(1)危险源就其属性而言,可分为本质型危险源和转化型危险源两类

本质型危险源,即就该设备、岗位、作业场所状况而言,其本质是危险的,不因管理、对策而改变其属性。例如:钢铁企业中的冶炼高炉炉前、转炉炉前、煤气系统、矿山井下开采等岗位、场所,都属于本质型危险源。

转化型危险源,是指其本质不是危险型,因为年久失修,管理不善,设备老化等因素影响,导致设备本质安全性下降,产生潜在的危险因素。例如:埋地煤气总管、高压电缆、行车等设施,由于使用年限过久,造成管道腐蚀,电缆绝缘老化,行车大梁变形等。

(2)根据危险源主要危险物质能量类型,将危险源分为物质型危险源、能量型危险源和混合型危险源

1)物质型危险源

物质型危险源通常具有一定量的危险化学品物质,如危险化学品贮罐、危险化学品仓库等,可能发生的事故类型多为危险化学品事故。

2)能量型危险源

能量型危险源具有较高的能量(常见的能量类型有电能、热能、动能、势能、声能、光能等),可能发生的事故或事故类型有:物理性爆炸、机械伤害、触电伤害、物体打击、高处坠落等。典型的能量型危险源有锅炉、机械设备、电器设备、高空作业场所等。

3)混合型危险源

混合型危险源既存在危险物质,也具有危险能量。因此,一般来说,该类危险源具有更大的危险性,发生事故的类型也更多样化。生产过程中的工艺设备、设施很多都属于混合型危险源,如危险物质传输管道、高温高压反应装置、设备、高压贮罐等。

(3)根据危险源主要危险物质能量存活时间长短,将危险源分为永久性危险源和临时性危险源两类

1)永久性危险源

其危险物质或能量存在的时间相对较长,一般与生产系统的生命周期相同,生产系统中正常工艺生产必须的装置、设备、设施等都为永久性危险源。

2)临时性危险源

其危险物质能量存在的时间相对较短,通常多为生产设备和设施的安装、检修、施工时形成的危险源或临时物品搬运存放形成的危险源。

永久性危险源危险因素相对较稳定,且一般危险物质较多,危险能量较大,设计者、管理者、操作者均较为重视,危险因素的认识也较清楚、全面,安全技术措施也比较完善。而临时性危险源由于具有临时性,所以很容易被人忽视,而且在一般情况下,临时性危险源的危险因素比永久性危险源多且易变。因此,临时性危险源的危险因素更不容易认识清楚,当然也就难以采取针对性的对策措施。

(4)根据危险源主要危险物质种类和数量及存在空间位置是否发生变化,将危险源分为静态危险源和动态危险源两类

1)静态危险源

其危险物质或能量的种类、数量或存在位置,正常生产情况下不易发生大的改变,如一般企业的生产装置、设备、设施等。

2)动态危险源

其危险物质或能量种类、数量或存在位置随着生产作业过程的改变而改变。如建筑施工的高空作业场所、矿山井下开采的掘进工作面、地下巷道、回采工作面等。

(5)根据生产系统危险源现场有无人员操作,将危险源分为无人操作危险源和有人操作危险源两类

无人操作危险源是指在自动控制、遥控操作的生产装置、设备、设施中的危险源,这类危险源的分析及控制重点是物质、能量和管理上存在的问题。而有人操作危险源的分析和控制,除了物质、能量和管理上存在的问题外,操作人员的不安全行为更应受到重视。

(6)根据危险源在事故发生、发展中的作用,将危险源划分为两大类,即第一类危险源和第二类危险源

1)第一类危险源分析

一般地,能量被解释为物体做功的本领。做功的本领是无形的,只有在做功时才显现出来。因此,实际工作中往往把产生能量的能量源或拥有能量的能量载体看作第一类危险源来处理,例如,带电的导体、行驶的车辆等。

①常见的第一类危险源类型。

a.产生、供给能量的装置、设备。产生、供给人们生产、生活活动能量的装置、设备是典型的能量源。例如变电所、供热锅炉等,它们运转时供给或产生很高的能量。

b.使人体或物体具有较高势能的装置、设备、场所。使人体或物体具有较高势能的装置、设备、场所相当于能量源。例如起重、提升机械、高差较大的场所等,使人体或物体具有较高的势能。

c.能量载体。拥有能量的人或物。例如运动中的车辆、机械的运动部件、带电的导体等,本身具有较大能量。

d.一旦失控可能产生巨大能量的装置、设备、场所。正常情况下按人们的意图进行能量的转换和做功,在意外情况下可能产生巨大能量的装置、设备、场所。例如强烈放热反应的化工装置,充满爆炸性气体的空间等。

表4.1中列出了常见的可能导致各类伤亡事故的第一类危险源。

表4.1　常见的伤害事故类型与第一类危险源

事故类型	能量源或危险物的产生、储存	能量载体或危险物
物体打击	产生物体抛落、破裂、飞散的设备、场所、操作	落下、抛出、破裂飞散的物体
车辆伤害	车辆,使车辆移动的牵引设备、坡道	运动的车辆
机械伤害	机械的驱动装置	机械的运动部分、人体
起重伤害	起重、提升机械	被吊起的重物
触电	电源装置	带电体、高跨步电压区域
灼烫	热源设备、加热设备、炉、灶、发热体	高温物体、高温物质
火灾	可燃物	火焰、烟气
高处坠落	高度差大的场所、人员借以升降的设备、装置	人体
坍塌	土石方工程的边坡、料堆、料仓、建筑物、构筑物	边坡土(岩)体、物料、建筑物、构筑物、载荷
冒顶片帮	矿山采掘空间的围岩体	顶板、两帮围岩
放炮、火药爆炸	炸药	冲击波,高温气体,爆炸破碎物
瓦斯爆炸	可燃性气体、可燃性粉尘	
锅炉爆炸	锅炉	蒸汽,冲击波
压力容器爆炸	压力容器	内容物
淹溺	江、河、湖、海、池塘、洪水、贮水容器	水
中毒窒息	产生、储存、聚积有毒有害物质的装置、容器、场所	有毒有害物质

e.一旦失控可能发生能量蓄积或突然释放的装置、设备、场所。正常情况下多余的能量被泄放而处于安全状态,一旦失控时发生能量的大量蓄积,其结果可能导致大量能量意外释放的装置、设备、场所。例如各种压力容器、受压设备,容易发生静电蓄积的装置、场所等。

f.危险物品。危险物品,是指易燃易爆物品、危险化学品、放射性物品等能够危及人身安全和财产安全的物品。危险物品,即由于其化学、物理或者毒性特性使其在生产、储存、装卸、运输过程中,容易导致火灾、爆炸或者中毒危险,可能引起人身伤亡、财产损害的物品。显然,这是从物品的性质上所作的界定。通常来说,危险物品主要指易燃易爆及其他危险化学品和放射性物品。前者主要包括爆炸品、压缩气体和液化气体、易燃液体、易燃固体、自燃物品和遇湿易燃物品、氧化剂和有机过氧化物、有毒品和腐蚀品等;后者主要包括:

金属铀、硝石酸钍等。另外，其他能够危及人体安全和财产安全的物品，如枪支、管制刀具等也属于危险物品。

g.生产、加工、储存危险物质的装置、设备、场所。这些装置、设备、场所在意外情况下可能引起其中的危险物质起火、爆炸或泄漏。例如炸药的生产、加工、储存设施，石油化工生产装置等。

h.人体一旦与之接触将导致人体能量意外释放的物体。如物体的棱角、工件的毛刺、锋利的刃等，一旦运动的人体与之接触，人体的动能意外释放将遭受伤害。

②第一类危险源危险性的影响因素。第一类危险源的危险性主要表现在事故后果的严重程度方面，其危险性的大小主要取决于以下几个方面：

a.能量或危险物质的量。第一类危险源导致事故的后果严重程度主要取决于发生事故时意外释放的能量或危险物质的多少。一般来说，第一类危险源拥有的能量或危险物质越多，则发生事故时可能意外释放的量也多。当然，有时也会有例外的情况，有些第一类危险源拥有的能量或危险物质只能部分地意外释放。

b.能量或危险物质意外释放的强度。能量或危险物质意外释放的强度是指事故发生时单位时间内释放的能量。在意外释放的能量或危险物质的总量相同的情况下，释放强度越大，能量或危险物质对人员或物体的作用越强烈，造成的后果越严重。

c.能量的种类和危险物质的危险性质。不同种类的能量造成人员伤害、财物损失的机理不同，其后果也很不相同。危险物质的危险性主要取决于自身的物理、化学性质。燃烧爆炸性物质的物理、化学性质决定其导致火灾、爆炸事故的难易程度及事故后果的严重程度。工业毒物的危险性主要取决于其自身毒性的大小。

d.意外释放的能量或危险物质的影响范围。事故发生时意外释放的能量或危险物质的影响范围越大，可能遭受其作用的人或物越多，事故造成的损失越大。例如，有毒有害气体泄漏时可能影响到下风侧的很大范围。

2)第二类危险源分析

在生产、生活中，为了利用能量，让能量按照人们的意图在生产过程中流动、转换和做功，就必须采取屏蔽措施约束、限制能量。然而，实际生产过程中绝对可靠的屏蔽措施并不存在。在许多因素的复杂作用下，约束、限制能量的屏蔽措施可能失效，甚至可能被破坏而发生事故。导致约束、限制能量屏蔽措施失效或破坏的各种不安全因素即为第二类危险源，根据前面的分析可知，它包括人、物、环境和管理4个方面的问题。

人的因素是指与生产各环节有关的，来自人员自身或人为性质的危险和有害因素。采用的术语有“不安全行为(Unsafe Act)”和“人失误(Human Error)”。不安全行为一般指明显违反安全操作规程的行为，这种行为往往直接导致事故发生。例如，不断开电源就带电修理电气线路而发生触电等。人失误是指人的行为结果偏离了预定的标准。例如，合错了开关使检修中的线路带电，误开阀门使有害气体泄放等。人的不安全行为、人失误可能直接破坏对第一类危险源的控制，造成能量或危险物质的意外释放；也可能造成物的不安全因素问题，进而导致事故。例如，超载起吊重物造成钢丝绳断裂，发生重物坠落伤人事故。

物的因素问题包括机械、设备、设施、材料等方面存在的危险和有害因素。可以概括为物的不安全状态和物的故障(或失效)。物的不安全状态是指机械设备、物质等明显的不符合安全要求的状态，例如没有防护装置的传动齿轮、裸露的带电体等。物的故障(或失效)是指机械设备、零部件等由于性能低下而不能实现预定功能的现象。物的不安全状态和物的故障(或失效)可能直接导致约束、限制能量(或危险物质)的措施失效而发生事故。例如,电线绝缘损坏发生漏电;管路破裂使其中的有毒有害介质泄漏等。有时一种物的故障可能导致另一种物的故障,最终造成能量或危险物质的意外释放。例如,压力容器的泄压装置故障,使容器内部介质压力上升,最终导致容器破裂。物的因素问题有时会诱发人的因素问题,人的因素问题有时也会造成物的因素问题,实际情况比较复杂,需全面考虑。

环境因素主要指生产作业环境中的危险和有害因素。包括温度、湿度、照明、粉尘、通风换气、噪声和振动等物理环境,以及企业和社会的软环境。不良的物理环境会引起物的不安全因素问题或人的因素问题。例如,潮湿的环境会加速金属腐蚀而降低结构或容器的强度;工作场所强烈的噪声影响人的情绪,分散人的注意力而导致人失误。

管理因素主要指管理和管理责任缺失所导致的危险和有害因素。包括安全组织机构的设置和人员的配置,隐患管理、事故调查处理等制度不健全,职业健康体检及其档案管理等,这些管理上的缺陷都有可能造成人的不安全行为、人失误或物的不安全状态,进而导致事故。

总的来说,第二类危险源通常是一些围绕第一类危险源随机发生的现象,它们出现的情况决定事故发生的可能性。第二类危险源出现得越频繁,发生事故的可能性越大。

(7)危险源与事故发生的关联性

根据前面的分析,存在能量和危险有害物质是事故发生的根本原因,能量和危险有害物质失控是事故发生的基础条件,事故发生的原因简图如图4.2所示。

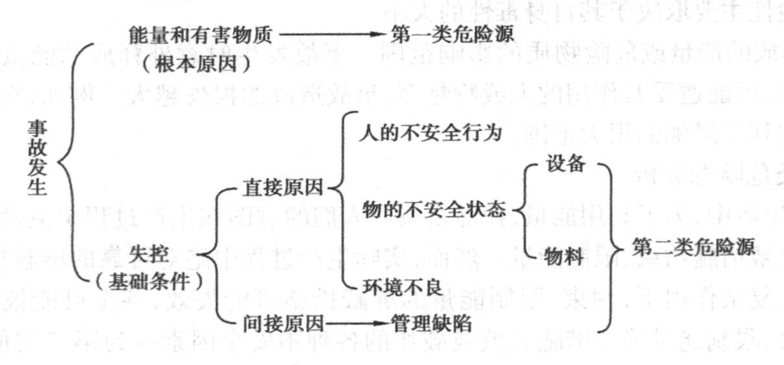

图4.2　危险源与事故发生的关系示意图

一起事故的发生是两类危险源共同作用的结果。第一类危险源的存在是事故发生的前提,没有第一类危险源就谈不上能量或危险物质的意外释放,也就无所谓事故;另一方面,如果不是第二类危险源破坏了对第一类危险源的控制,也不会发生能量或危险物质的意外释放。第二类危险源的出现是第一类危险源导致事故的必要条件。

在事故的发生、发展过程中,两类危险源是相互并存的。第一类危险源在发生事故时释放出的能量是导致人员伤害或财物损坏的能量主体,决定事故后果的严重程度;第二类危险源出现的难易决定事故发生可能性的大小。两类危险源共同决定危险源的危险性。第二类危险源的控制应该在第一类危险源控制的基础上进行,与第一类危险源的控制相比,第二类危险源是一些围绕第一类危险源随机发生的现象,对它们的控制更困难。

4.2　危险源辨识工作程序和内容

危险源辨识的目的就是通过对系统的分析,界定出系统中的哪些部分、区域存在危险源,并确定其危险性质、存在状况、危害程度,通过分析物质转化为事故的转化过程规律、转化的条件、触发因素等作出科学判断,为防止事故发生提供必要的、可靠的依据。

4.2.1　辨识原则

进行危险源辨识要遵循以下几个原则:

①科学性:要有科学的安全理论作指导。

②系统性:危险源存在于生产活动的各个方面,需对系统进行全面、详细地剖析,研究系统自身特点以及系统和子系统之间的相互依存关系。

③全面性:识别危险源时不要发生遗漏,以免留下隐患。

④预测性:分析其触发事件,即危险和有害因素出现的条件或设想的事故模式。

4.2.2　辨识工作程序和内容

危险源辨识工作可按图4.3的程序进行。

危险源辨识的内容可以从以下7个方面考虑:

(1)设备或装置危险和有害因素的辨识

①工艺设备、装置。

②专业设备(化工、机械加工)。

③电气设备。

④特种设备。

⑤锅炉及压力容器。

⑥登高装置。

⑦危险化学品包装物。

(2)作业环境危险和有害因素的辨识

①危险物品(易燃易爆物质、有害物质、刺激性物质、腐蚀性物质、有毒物质、致癌、致突变及致畸物质、造成缺氧的物质、氧化剂、生产性粉尘)。

②工业噪声与振动。

③温度与湿度。

④辐射。

(3)与手工操作有关的危险和有害因素的辨识

①远离身体躯干拿取或操作重物。

②不良的身体运动或工作姿势(尤其是躯干扭转、弯曲、伸展取东西)。

③超负荷的推、拉重物。

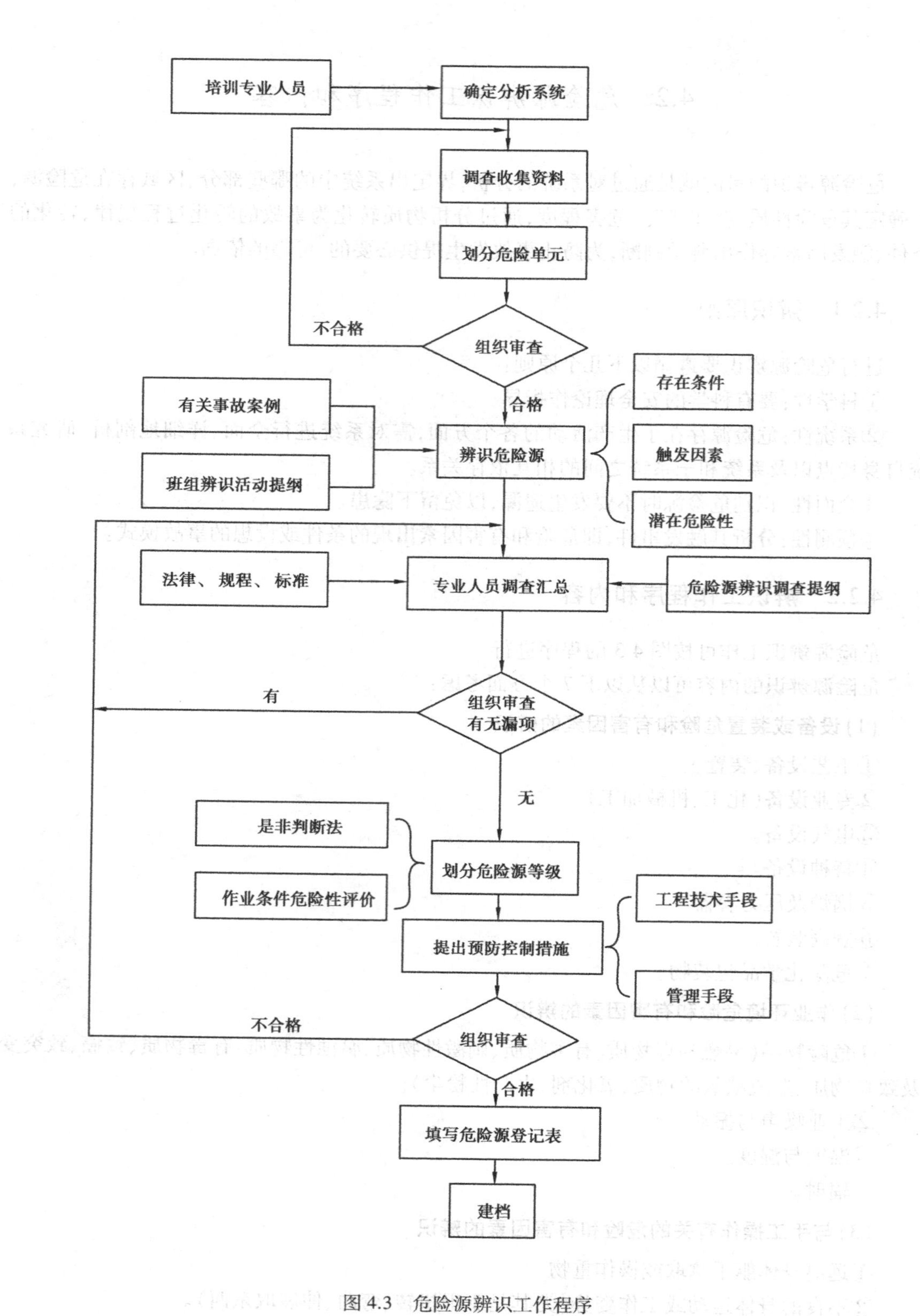

图 4.3　危险源辨识工作程序

④超负荷的负重运动(尤其是举、搬重物)。

⑤负荷有突然运动的风险。

⑥工作时间与频率不合理。

⑦没有足够的休息时间和恢复体力时间。

⑧工作节奏或工作安排不合理。

(4)运输过程的危险和有害因素的辨识

①爆炸品贮运过程。

②易燃液体贮运过程。

③易燃物品贮运过程。

④毒害品贮运过程。

(5)建筑和拆除过程的危险和有害因素的辨识

① 5 大伤害(高处坠落、物体打击、机械伤害、触电伤害、坍塌)。

②职业病伤害(尘肺病、因寒冷、潮湿的工作环境导致的早衰或短寿、因过热气候、长期户外工作导致的皮肤癌等)。

③拆除过程(建构筑物过早倒塌、高处坠落、高空坠物等)。

(6)矿山作业的危险和有害因素的辨识

①材料搬运。

②人员滑跌或坠落。

③机械伤害。

④拖曳伤害。

⑤岩层坍塌。

⑥瓦斯或粉尘爆炸。

⑦矿井火灾。

⑧爆破事故。

⑨透水。

⑩其他。

另外,对生产企业尤其是车间生产流程进行危险源辨识时,还应该注意系统的结构、布局、工具布置等是否能够满足检修、维护、调整等作业对操作空间、通道等作业条件的要求。

危险源辨识应每隔一定时间进行一次,以掌握危险源的动态变化情况。因此,应制订相应的表格,将辨识结果存档,也可将危险源辨识结果存入计算机以供随时调阅参考和及时修订,方便管理。

4.3 危险源辨识方法

4.3.1 危险单元划分

危险单元划分是危险源辨识的基础工作,其目的是在危险和有害因素分析的基础上,将系统或生产过程中的有关设备、设施及作业环境,以系统危险控制为原则,将其划分为若干个危险单元,为系统危险源辨识、分析与控制创造条件。将系统划分为不同类型的危险单元进行辨识,可以简化辨识工作,减少辨识工作量,避免遗漏。

(1)危险单元划分原则和方法

一般情况下,将具有能量或产生能量的物质、操作人员作业区域、产生或聚集危险物质的设备、容器等作为危险单元。具体按以下原则和方法划分危险单元。

①按设备、设施及生产装置划分。设备和装置是生产过程的主体,在划分危险单元时应重点突出,充分考虑工艺上的联系,包括在功能上相互联系机械、建筑物和构筑物等;以工艺上联系紧密的一个(独立作业的单体设备)或几个主体设备、设施为中心,划分危险单元。

②以主要危险模式为依据,将危险发生模式,本质安全状况,设备、设施、工艺及操作条件、作业范围等方面存在明显差异的辨识对象划分为不同的危险单元。

③按完成一定作业过程的危险作业区域划分。应尽量与现有的生产机构相联系,将一个危险源区域按照需要划分成若干个危险源点。

④须满足危险源辨识和收集、分析数据资料的要求。

⑤应充分考虑生产岗位设置情况和场地布置情况。

(2)危险源所在作业区域的划分

①有发生火灾、爆炸危险的区域。

②有提升系统危险的场所。

③有被车辆伤害的场所。

④有触电危险的场所。

⑤有高处坠落危险的场所。

⑥有烧伤、烫伤危险的场所。

⑦有腐蚀、放射性、辐射、中毒和窒息危险的场所。

⑧有落物、飞溅、滑坡、坍塌、掩埋、淹溺危险的场所。

⑨有被物体碾、绞、挫、夹、刺和撞击危险的场所。

⑩其他容易导致人员伤害、建筑物破坏、设备损坏危险的场所。

4.3.2 危险源辨识和分析方法

(1)危险源辨识途径

根据确定的危险单元,对其中存在的危险源进行辨识,可从以下两方面入手。

①参考系统内已发生的某些事故,通过查找其触发因素(事故隐患)进而找出其危险源。

②模拟或预测系统内尚未发生但有可能发生的事故,分析可能引起事故发生的原因,通过这些原因找出触发因素,再通过触发因素辨识出潜在的危险源。

通过分析过去发生的各类事故,查出现实危险源,根据潜在的事故隐患辨识出潜在危险源,将危险源综合汇总归纳后得出各类危险单元内的全部危险源,然后再将各危险单元内的所有危险源归纳综合后,得到所研究系统或生产过程内的所有危险源,危险源辨识的途径如图 4.4 所示。

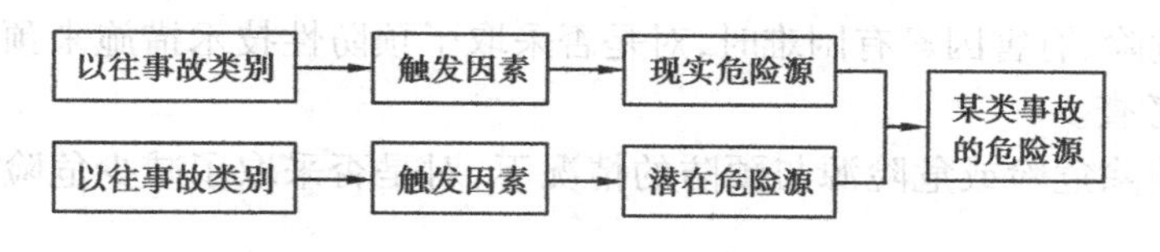

图4.4 危险源辨识的途径

(2)危险源辨识和分析方法

简单地说,对危险源的辨识即是对所研究系统中危险和有害因素的辨识。辨识和分析危险和有害因素是事故预防、安全评价、重大危险源监督管理、建立应急预案体系以及建立职业安全卫生管理体系的基础。所谓的辨识方法是一种分析危险和有害因素的工具,选用哪种方法要根据分析对象的性质、特点、寿命的不同阶段和分析人员的知识、经验和习惯来确定。常用的辨识方法有直观经验分析方法和系统安全分析方法。

1)直观经验分析方法

直观经验分析方法适用于有可供参考先例、有以往经验可以借鉴的系统,不能应用在没有可供参考先例的新系统中。直观经验分析方法又分为经验法、类比法和案例法3种。

①经验法。经验法是对照有关标准、法规、检查表或依靠分析人员的观察分析能力,借助于经验和判断能力直观地评价对象危险性和危害性的方法。经验法是辨识中常用的方法,其优点是简便、易行,缺点是受辨识人员知识、经验和现有资料的限制,可能出现遗漏。为弥补个人判断能力的不足,常采取专家会议的方式来相互启发、交换意见、集思广益,使危险和有害因素的辨识更加细致、具体。

对照事先编制的检查表辨识危险和有害因素,可弥补知识、经验不足的缺陷,具有方便、实用、不易遗漏的优点,但须有事先编制的、适用的检查表。检查表是在大量实践经验基础上编制的,美国职业安全卫生局(OHSA)制定、发行了各种用于辨识危险和有害因素的检查表,我国一些行业的安全检查表、事故隐患检查表也可作为借鉴。

对于一个企业,利用经验法进行危险源辨识,其内容可以概括为8类:厂址、总平面布置,道路运输,建(构)筑物,生产工艺过程,生产设备、装置,作业环境,安全管理。通常,应按照预先编制好的安全检查表逐项进行辨识,辨识的主要内容有:

A.厂址。从厂址所处位置的工程地质、地形地貌、自然灾害、周围环境、气象条件、水文、交通运输、抢险救灾支持条件等方面分析、识别。

B.总平面布置。总图:从功能分区的布置,高温、有害物质、噪声、辐射、易燃、易爆、危险品设施布置,动力设施、储存设施、工艺流程布置,建筑物朝向,风向,安全距离、卫生防护距离等方面进行分析、辨识。

C.道路运输。运输线路及码头:从厂区道路、厂区铁路、危险品装卸区、厂区码头,运输、装卸、消防、疏散、人流、物流、平面交叉和竖向交叉等方面分析、辨识。

D.建(构)筑物。从厂房的生产火灾危险性分类、建筑物的结构、层数、占地面积、防火间距、安全疏散、耐火等级等方面的危害因素进行分析辨识。

E.生产工艺过程。对新建、改建、扩建项目设计阶段危险、有害因素的识别应从以下6个方面进行分析识别:

a.对设计阶段是否通过合理的设计,尽可能从根本上消除危险、有害因素的发生进行考查。

b.当消除危险、有害因素有困难时,对是否采取了预防性技术措施来预防或消除危险、危害的发生进行考查。

c.当无法消除危险或危险源与预防的情况下,对是否采取了减少危险、危害的措施进行考查。

d.当在无法消除、预防、减弱的情况下,对是否将人员与危险、有害因素隔离等进行考查。

e.当操作者失误或设备运行一旦达到危险状态时,对是否能通过连锁装置来终止危险、危害的发生进行考查。

f.在易发生故障和危险性较大的地方,对是否设置了醒目的安全色、安全标志和声、光警示装置等进行考查。

F.生产设备、装置。

a.化工过程:从高温、低温、腐蚀、高压、振动、关键部位的设备控制、操作、检修和故障、失误时、紧急异常情况下的危害因素方面分析识别。

b.机械加工:从运动零部件和工件正常操作、检修作业、误运转和误操作情况下的危害因素方面分析识别。

c.电气:从断电、触电、静电、雷电、火灾、爆炸、正常运转和误操作情况下的危害因素方面分析识别。

从危险性较大设备运行中、高处作业存在的危害因素和特殊单体设备、装置运行:锅炉房、乙炔站、氧气站、危险品库等存在的危害因素方面分析识别。

G.作业环境。应分析粉尘、毒物、噪声、振动、辐射、高温、低温等有害作业部位的危害因素。

H.安全管理。主要从安全管理组织机构,安全生产管理制度,事故应急救援预案,日常安全管理等方面进行分析识别。

②类比法。类比法是利用相同或相似系统、作业条件的经验和安全生产事故的统计资料来类推、分析研究对象的危险和有害因素。多用于有害因素和作业条件危险因素的辨识过程。

③案例法。收集整理国内外相同或相似工程发生事故的原因和后果;根据相类似的工艺条件、设备发生事故的原因和后果对评价对象的危险、有害因素进行分析的方法。

2)系统安全分析方法

系统安全分析方法是危险源辨识的主要系统分析方法,常用于复杂系统、没有事故经验的新系统。常用的系统安全分析方法有安全检查表法(SCL),预先危险性分析法(PHA),危险与可操作性研究(HAZOP),事故树分析法(FTA),事件树分析法(ETA)等。美国拉氏姆逊教授曾在没有先例的情况下,大规模、有效地使用了FTA,ETA方法,分析了核电站的危险和有害因素,并被以后发生的核电站事故所证实。

(3)危险源辨识应注意的问题

在进行系统危险源辨识时,要按照选定的辨识方法全面、有序地进行,同时还要注意以下4个问题。

1)科学、准确、清楚

危险源辨识是分辨、识别、分析、确定系统内存在的危险和有害因素,为后期研究防止事故发生或控制事故扩散的实际措施做基础,它是预测系统安全状况和事故发生途径的一种重要手段。这就要求在进行危险源辨识时必须要有科学的安全理论做指导，使之能真正揭示危险和有害因素存在的部位、存在的方式和事故发生的途径等，对其变化的规律予以准确描述，用严密的合乎逻辑的理论解释清楚。

2）分清主要危险和有害因素及相关危险性

不同系统的主要危险和有害因素不同，同一系统的主要危险和有害因素也不完全相同。所以，在进行危险和有害因素辨识时要根据系统的实际情况，辨识系统的主要危险和有害因素，体现所分析系统的特点，对于其他共性的危险和有害因素可以简单分析。

3）防止遗漏

辨识危险和有害因素时不要发生遗漏，以免留下隐患。辨识时，不仅要分析正常生产运转、操作中存在的危险和有害因素，还要分析、辨识开车、停车、检修以及装置受到破坏和操作失误情况下的危险和有害因素。

4）避免惯性思维

实际上在很多情况下，同一危险和有害因素由于物理量不同，作用的时间和空间不同，导致的后果也不相同。所以，在进行危险和有害因素辨识时应避免惯性思维，坚持实事求是的原则。

4.4 危险源分级

危险源分级实质上是对危险源按照其危险等级进行的评价。危险源分级一般按危险源在触发因素作用下转化为事故的可能性大小与危险源引起事故后果的严重程度来划分。

4.4.1 分级方法

(1)按危险源转化为事故可能性大小划分危险等级

按发生事故的可能性大小，将危险源转化分为6级，见表4.2。

表4.2 按事故发生可能性大小划分危险源等级

级别	事故出现可能性	危险概率
A	非常容易发生	10^{-1}
B	容易发生	10^{-2}
C	较容易发生	10^{-3}
D	不容易发生	10^{-4}
E	难以发生	10^{-5}
F	极难以发生	10^{-6}

(2)按事故危险严重程度划分危险源等级

根据危险源转化为事故的后果严重性，将危险等级划分为4级，见表4.3。

表 4.3　危险性等级划分表

等级	危险程度	危害后果
Ⅰ	安全的	不会造成人员伤害和系统破坏
Ⅱ	临界的	可能造成人员伤害和主要系统破坏,但可排除和控制
Ⅲ	危险的	会造成人员伤害和主要系统破坏,须立即采取控制措施
Ⅳ	灾难性的	造成人员伤害以及系统严重破坏

4.4.2　国家标准或行业标准的相关规定

在一些国家或行业标准中对典型的危险等级作出了规定,使用较多的有以下 4 类。

(1)高处作业危险性等级

国家标准《高处作业分级》(GB/T 3608—2008)规定"凡在坠落高度基准面 2 m 以上(含 2 m)有可能坠落的高处进行的作业,均称为高处作业。"该标准按高处作业的高度把高处作业划分为 4 级。

①一级高处作业:作业高度为 2~5 m,存在着一定的危险性,在这一级高度发生的坠落事故大部分是轻伤和重伤事故。

②二级高处作业:作业高度在 5 m 以上至 15 m,在二级高处作业中发生的坠落事故,大多数为重伤和死亡事故。

③三级高处作业:作业高度在 15 m 以上至 30 m,在三级高处作业中发生的坠落事故基本上是死亡事故。

④特级高处作业:作业高度在 30 m 以上。

(2)矿井瓦斯等级划分

矿井瓦斯等级是以相对瓦斯涌出量的大小来划分的。《煤矿安全规程》规定,在一个矿井中,只要有一个煤(岩)层发现瓦斯,该矿井即定位为瓦斯矿井,并依照矿井瓦斯等级工作制度进行管理。矿井瓦斯等级根据矿井相对瓦斯涌出量、矿井绝对瓦斯涌出量和瓦斯涌出形式划分为以下几类:

①低瓦斯矿井:矿井相对瓦斯涌出量小于或等于 10 m^3/t 且矿井绝对瓦斯涌出量小于或等于 40 m^3/min。

②高瓦斯矿井:矿井相对瓦斯涌出量大于 10 m^3/t 或矿井绝对瓦斯涌出量大于 40 m^3/min。

③煤(岩)与瓦斯(二氧化碳)突出矿井。

(3)压力容器设计压力等级划分

在《固定式压力容器安全技术监察规程》(TSGR 0004—2009)中,将压力容器的设计压力(p)划分为低压、中压、高压和超高压 4 个压力等级:

①低压(代号 L),$0.1\ \text{MPa} \leqslant p < 1.6\ \text{MPa}$;

②中压(代号 M),$1.6\ \text{MPa} \leqslant p < 10.0\ \text{MPa}$;

③高压(代号H),10.0 MPa≤p<100.0 MPa;

④超高压(代号U),p≥100.0 MPa。

设计压力,是指设定的容器顶部的最高压力,与相应的设计温度一起作为设计载荷条件,其值不低于工作压力。

(4)尾矿库等级划分

在《尾矿库安全技术规程》(AQ 2006—2005)中,按尾矿库的全库容和坝高将尾矿库分为5个等级,见表4.4。

表4.4　尾矿库分级

等别	全库容 V/万 m^3	坝高 H/m
一	二等库具备提高等别条件者	—
二	V≥10 000	H≥100
三	1 000≤V<10 000	60≤H<100
四	100≤V<1 000	30≤H<60
五	V<100	H<30

4.5　重大危险源辨识

4.5.1　重大危险源定义和类型

(1)重大危险源定义

《安全生产法》对重大危险源的定义为"重大危险源,是指长期地或者临时地生产、搬运、使用或者储存危险物品,且危险物品的数量等于或者超过临界量的单元(包括场所和设施)"。

《预防重大工业事故公约》将重大事故定义为:在重大危害设施内的一项活动中出现意外的突发性的事故,如严重泄漏、火灾或爆炸,其中涉及一种或多种危险物质,并导致对工人、公众或环境造成即刻的或延期的严重危害。将重大危害设施定义为:不论长期或临时的加工、生产、处理、搬运、使用或储存数量超过临界量的一种或多种危害物质,或多类危害物质的设施(不包括核设施,军事设施以及设施现场以外的非管道的运输)。

总之,绝大多数国家在确定重大危险源的辨识标准时,采用的都是限定某种物质及其数量的方法,但是危险物质的临界量有较大区别,其原因是各国在制定重大危险源标准时,不仅取决于生产水平,又与各个标准的立足点有关。实际上,重大危险源的概念基本等同于国际上定义的重大危害设施,因此,重大危险源也可简单地理解为导致重大事故的危险源。

(2)其他相关定义

根据《危险化学品重大危险源辨识标准》(GB 18218—2018)的规定,危险化学品是指具有易燃、易爆、有毒、有害等特性,会对人员、设施、环境造成伤害或损害的化学品。

单元,指一个(套)生产装置、设施或场所,或同属一个生产经营单位的且边缘距离小于500 m 的几个(套)生产装置、设施或场所。

临界量,指对于某种或某类危险化学品规定的数量,若单元中的危险化学品数量等于或超过该数量,则该单元定为重大危险源。

危险化学品重大危险源,指长期地或临时地生产、加工、使用或储存危险化学品,且危险化学品的数量等于或超过临界量的单元。

(3)重大危险源类型

根据国家安全监督管理总局《关于开展重大危险源监督管理工作的指导意见》(安监管协调字〔2004〕56 号)的规定,将重大危险源分为以下 9 类。

①贮罐区(贮罐)。

②库区(库)。

③生产场所。

④压力管道。

⑤锅炉。

⑥压力容器。

⑦煤矿(井工开采)。

⑧金属非金属地下矿山。

⑨尾矿库。

4.5.2 重大危险源辨识标准和分级方法

(1)重大危险源辨识标准的提出

国际劳工组织认为,各国应根据具体的工业生产情况制定适合国情的重大危险源辨识标准。标准应能反映出当前急需解决的问题以及一个国家的工业模式,还需要有一个特指的或一般类别的或两者兼有的危险物质一览表,在表中列出每种物质的限额或允许的数量范围,设施现场的危险物质超过这个数量,即可定义为重大危险源。任何标准一览表应该都是明确的,以便使用者能迅速地鉴别出其控制下的哪些设备、设施、装置等是在这个标准定义的范围内。但是,如果把所有可能会造成伤亡的工业过程都定为重大危险源,就失去了对重大危险源进行定义、分类和管理的意义了,这也不现实。

我国参考了包括欧共体的标准在内的许多国外重大危险源辨识标准,结合我国现有的法规和实际生产技术水平,以及工业生产的特点和火灾、爆炸、毒物泄漏重大事故的发生规律,由国家安全生产监督管理总局提出,中国安全生产科学研究院负责起草,中石化青岛安全工程研究院参加起草的于 2009 年 3 月 31 日发布,并于 2009 年 12 月 1 日正式实施。

(2)重大危险源辨识指标

单元内存在危险化学品的数量等于或超过《危险化学品重大危险源辨识标准》规定的临界量,即被定为重大危险源。单元内存在的危险化学品的数量根据处理危险化学品种类的多少区分为以下两种情况:

①单元内存在的危险化学品为单一品种，则该危险化学品的数量即为单元内危险化学品的总量，若等于或超过相应的临界量，则定为重大危险源。

②单元内存在的危险化学品为多品种时，则按式(4.1)计算，若满足式(4.1)，则定为重大危险源：

$$\frac{q_1}{Q_1}+\frac{q_2}{Q_2}+\cdots+\frac{q_n}{Q_n}\geqslant 1 \tag{4.1}$$

式中　$q_1,q_2,\cdots,q_n$——每种危险化学品实际存在量，单位为吨(t)；

$Q_1,Q_2,\cdots,Q_n$——与各危险化学品相对应的临界量，单位为吨(t)。

(3)重大危险源分级办法

1)分级指标

采用单元内各种危险化学品实际存在(在线)量与其在《危险化学品重大危险源辨识》(GB 18218—2018)中规定的临界量比值，经校正系数校正后的比值之和 R 作为分级指标。

2)R 的计算方法

$$R=\alpha\left(\beta_1\frac{q_1}{Q_1}+\beta_2\frac{q_2}{Q_2}+\cdots+\beta_n\frac{q_n}{Q_n}\right) \tag{4.2}$$

式中　$q_1,q_2,\cdots,q_n$——每种危险化学品实际存在(在线)量，单位为吨(t)；

$Q_1,Q_2,\cdots,Q_n$——与各危险化学品相对应的临界量，单位为吨(t)；

$\beta_1,\beta_2,\cdots,\beta_n$——与各危险化学品相对应的校正系数；

α——该危险化学品重大危险源厂区外暴露人员的校正系数。

3)校正系数 β 的取值

根据单元内危险化学品的类别不同，设定校正系数 β 值，见表 4.5 和表 4.6。

表 4.5　校正系数 β 取值表

危险化学品类别	毒性气体	爆炸品	易燃气体	其他类危险化学品
β	见表 4.6	2	1.5	1

注：危险化学品类别依据《危险货物品名表》中分类标准确定。

表 4.6　常见毒性气体校正系数 β 值取值表

毒性气体名称	一氧化碳	二氧化硫	氨	环氧乙烷	氯化氢	溴甲烷	氯
β	2	2	2	2	3	3	4
毒性气体名称	硫化氢	氟化氢	二氧化氮	氰化氢	碳酰氯	磷化氢	异氰酸甲酯
β	5	5	10	10	20	20	20

注：未在表中列出的有毒气体可按 $\beta=2$ 取值，剧毒气体可按 $\beta=4$ 取值。

4）校正系数 α 的取值

根据重大危险源的厂区边界向外扩展 500 m 范围内常住人口数量，设定厂外暴露人员校正系数 α 值，见表 4.7。

表 4.7　校正系数 α 取值表

厂外可能暴露人员数量	α
100 人以上	2.0
50~99 人	1.5
30~49 人	1.2
1~29 人	1.0
0 人	0.5

5）分级标准

根据计算出来的 R 值，按表 4.8 确定危险化学品重大危险源的级别。

表 4.8　危险化学品重大危险源级别和 R 值的对应关系

危险化学品重大危险源级别	R 值
一级	$R \geqslant 100$
二级	$100 > R \geqslant 50$
三级	$50 > R \geqslant 10$
四级	$R < 10$

思考题

1.根据卫生部《工作场所有害因素职业接触限值第 1 部分：化学有害因素》（GBZ2.1—2019）和《工作场所有害因素职业接触限值第 2 部分：物理因素》（GBZ2.2—2019）对危险源进行分类并指出不同作业条件的危险和有害因素接触限值。

2.结合《化学品分类和危险性公示　通则》（GB 13690—2009），对物质型危险源进一步分类，并分析其可能导致的后果和影响。

3.结合《企业职工伤亡事故分类》（GB/T 6441—1986），对能量型危险源进一步分类，并分析其可能导致的后果和影响。

4.根据经验法进行危险源辨识时可对照的法规、标准有哪些？

5.在一些国家或行业标准中对典型的危险等级都做出了明确规定，除了本章第 4.4 节中讲述的 4 类等级划分外，还有哪些？

6.总结重大危险源的申报范围，所需要的资料和基本程序。

7.依据《危险化学品重大危险源辨识标准》(GB 18218—2018)对典型化工企业进行重大危险源辨识。

8.结合人机工程学,用其他的分析准则对与手工操作有关的危险和有害因素进行分类。

9.典型地下矿山企业可能存在的危险作业类型有哪些?

10.分析9大类重大危险源的分级标准。

11.结合霍尔三维模型时间维,参考《生产过程危险和有害因素分类与代码标准》(GB/T 13861—2022),试分析某企业燃气锅炉系统在人—机—环—管四个方面可能存在的危险有害因素。(可从霍尔三维模型时间维从20大类、职业危害7大类、第一和第二类危险源的角度思考)

12.分析危险源、事故隐患、第一、第二类危险源之间的关系,并举例说明。

13.以霍尔三维模型的活动矩阵为指导,从生命周期和人—机—环—管两个角度,试分析某企业燃气锅炉系统干烧爆炸的原因。

第5章 系统安全分析

系统安全分析是从安全的角度对系统中的危险因素进行分析，一般把生产过程或作业环境作为一个完整的系统，对构成系统的各个要素进行全面的分析，判断各种状况的危险特点及导致灾害性事故的因果关系，从而对系统的安全性做出预测和评价，为采取各种有效的手段、方法和行动消除危险因素创造条件。因此，系统安全分析是安全系统工程的核心内容，其主要内容就是进行系统的危险源辨识分析，它也是安全评价的基础。第4章中介绍了危险源辨识的经验分析法，本章将对主要的安全系统分析方法进行介绍。

5.1 系统安全分析概述

5.1.1 系统安全分析的内容

系统安全分析主要包括以下几方面内容。

1）熟悉系统

从“人—机—环—管”的角度对系统进行调查分析，包括人员、设备、环境条件、工艺流程及空间分布等。

2）危险源辨识

对系统进行边界确定与剖分，并对系统可能出现的初始的、诱发及直接引起事故的各种因素及相关关系进行调查和分析。

3）特殊安全措施

对能够利用适当的设备、规程、工艺或材料控制或根除某种特殊危险因素的措施进行分析。

4）通用安全措施

对可能出现的危险因素的控制措施及实施这些措施的最好方法进行调查和分析。

5）剩余风险

对不能根除的危险因素失去或减少控制可能出现的后果进行调查和分析。

6)剩余风险控制措施

对危险因素一旦失去控制,为防止伤害或损害的安全防护措施进行调查分析。

5.1.2　常用的系统安全分析方法

随着系统工程学科的发展,出现了许多系统安全分析的方法。在实践中得到广泛应用的系统安全分析方法主要有以下几种:

①安全检查表(Safety Checklist Analysis,SCL)。

②预先危险性分析(Preliminary Hazard Analysis,PHA)。

③事件树分析(Event Tree Analysis,ETA)。

④事故树分析(Fault Tree Analysis,FTA)。

⑤故障类型及影响分析(Failure Modes and Effects Analysis,FMEA)。

⑥危险与可操作性分析(Hazard and Operability Analysis,HAZOP)。

⑦安全检查表(Cause-Consequence Analysis,CCA)。

⑧系统可靠性分析(System Reliability Analysis,SRA)。

这些分析方法既有区别又有联系,在实际应用中通常从定性和定量分析两个角度进行划分。定性分析是指对引起系统事故的影响因素进行非量化分析,即只进行可能性的分析或作出事故能否发生的感性判断。定量分析是在定性分析的基础上,运用数学方法分析系统事故及影响因素之间的数量关系,对事故危险性做出数量化的描述。定性分析主要包括安全检查表、预先危险性分析、故障类型及影响分析、危险与可操作性分析、原因—后果分析。定量分析主要包括事件树分析、事故树分析、系统可靠性分析等。在上述分析方法中,事件树分析和事故树分析既可用于定性分析,也可用于定量分析。

5.1.3　系统安全分析方法的选择

(1)系统安全分析方法选择的基本步骤

第一步:确定研究系统所处的寿命阶段,按表5.1确定可供选择的系统分析方法集合。

在危险源辨识时,系统所处的寿命阶段不同,其可用的系统安全分析方法也不完全相同。例如,在系统的开发、设计初期,可以应用预先危险性分析方法;在系统运行阶段,可以应用危险与可操作性研究、故障类型及影响分析等进行详细分析,或者应用事件树分析、事故树分析或原因—后果分析等对特定的事故或系统故障进行详细分析。系统寿命期间内各阶段适用的系统安全分析方法选择见表5.1。

表5.1　系统寿命周期内不同阶段的系统安全分析方法

分析方法	开发研制	方案设计	样机	详细设计	建造投产	日常运行	改建扩建	事故调查	拆除
安全检查表		√	√	√	√	√	√		√
预先危险性分析	√	√	√	√			√		
事件树分析			√			√	√	√	
事故树分析		√	√	√		√	√	√	

续表

分析方法	开发研制	方案设计	样机	详细设计	建造投产	日常运行	改建扩建	事故调查	拆除
故障类型及影响分析			√	√		√	√	√	
危险与可操作性分析			√	√		√	√	√	
原因—后果分析			√	√			√	√	
系统可靠性分析			√	√			√	√	√

第二步:根据系统特点和分析需求,按表 5.2 确定系统分析方法组合方案。

第一步得到了可供选择的方法集合,这一步主要是为了解决方法之间如何搭配,形成满足分析需求的组合方案。通过研究各方法特点和互补性,构造如下系统安全分析方法"组合使用矩阵"。

表 5.2　系统安全分析方法组合使用矩阵

项目		SCL	PHA	ETA	FTA	FMEA	HAZOP	CCA	SRA
		1	2	3	4	5	6	7	8
SCL	1		×	√	√	√	√	√	√
PHA	2	×		√	√	√	√	√	√
ETA	3	√	×		√	×	×	√	√
FTA	4	√	×	×		×	×	×	√
FMEA	5	√	×	√	√		×	√	√
HAZOP	6	×	×	√	√	×		√	√
CCA	7	√	×	×	×	×	×		√
SRA	8	×	×	×	×	×	×	×	

该表格使用说明如下:

该表格采用行优先的编制方式,反映了各方法之间的使用组合性。假设将上述矩阵表命名为"$A=\begin{bmatrix} a_{11} & \cdots & a_{18} \\ \vdots & \ddots & \vdots \\ a_{81} & \cdots & a_{88} \end{bmatrix}$",如果表中 a_{ij} 标记为"√"则表示第 i 行的方法分析完成后,还可根据需要选择第 j 列的方法进行进一步的分析;若表中 a_{ij} 标记为"×"则表示第 j 列的方法不能与第 i 行方法组合,用于进行进一步的分析,现举例说明该表的使用方法。

①首先根据分析对象特征,按照"系统分析方法适用性选择原则"(见下页),选定第一个适用的分析方法,在此假设选 SCL 进行分析。

②针对 SCL 的分析结果,当需要对某环节进行进一步分析时,则可从组合使用矩阵 A 的 SCL 所在的第一行中看出,可与 SCL 配合使用的有"a_{13}-a_{18}"6 种方法,这时可根据分析目的和研究对象特征从中选择一个,作为第二个分析方法,在此假设选 ETA,进行该环节的进一步详细分析。

③针对ETA的分析结果,当需要对ETA分析结果中风险较大的结果事件进行进一步分析时,可从ETA所在的第3行中“a_{31}、a_{34}、a_{37}、a_{38}”4种对应的方法中继续选择,在此假设选FTA,将需进一步分析的事件作为FTA顶事件进行分析。

④以此类推,直到达到需要的分析深度为止。从该组合矩阵可以看出,第一,安全检查表SCL之后可以搭配使用除PHA的任何一种分析方法,即在使用SCL对系统作初步定性分析的基础上,可选择其他方法对关键问题进行进一步详细分析;第二,预先危险性分析PHA与安全检查表SCL类似;第三,所有分析方法定性分析完之后均可根据SRA确定典型环节的可靠性数据,实现定量分析。

在实际安全管理过程中,系统分析方法使用情形不仅可以按“系统”生命周期分割,还可以直接按“安全系统”的生命周期进行分割,这时可构造如下系统分析方法使用推荐指数表5.3。

表5.3　安全系统不同寿命阶段的系统分析方法使用推荐指数表

分析方法	安全条件论证	安全专篇	预评价	验收评价	专项评价	现状评价	改建扩建	事故调查	拆除
安全检查表	5	3	3	5	5	5	5	1	3
预先危险性分析	5	5	5	1	1	1	5	1	5
事件树分析	1	4	4	2	4	5	4	4	3
事故树分析	1	1	1	4	5	5	1	5	1
故障类型及影响分析	1	3	3	5	5	5	3	4	4
危险与可操作性分析	1	5	5	5	5	5	5	3	2
原因—后果分析	1	4	4	2	4	4	4	5	2
系统可靠性分析	1	2	2	3	4	4	2	2	1

注:表中数据代表推荐度,其中5表示推荐度最高,1表示推荐度最低。

(2)系统分析方法适用性选择原则

前面已经给出了方法选择的基本步骤,下面将介绍系统安全分析方法的选择原则。在进行系统安全分析方法选择时应根据实际情况,并考虑如下几个问题:

1)分析的目的

系统安全分析方法的选择应该能够满足分析的要求。系统安全分析的最终目的之一是辨识危险源,为此应当做到:

①查明系统中所有危险源并列出清单。

②掌握危险源可能导致的事故,列出潜在事故隐患清单。

③列出降低危险性的措施和需要深入研究部位的清单。

④将所有危险源按危险大小排序。

⑤为定量的危险性评价提供数据。

2)资料的影响

关于资料收集的多少、详细程度、内容的新旧等,都会对选择系统安全分析方法有着至关重要的影响。

一般来说,选取什么分析方法获取资料与被分析的系统所处的阶段有直接关系。例如,在方案设计阶段,采用危险与可操作性分析或故障类型及影响分析的方法就难以获取详细的资料。随着系统的发展,可获得的资料越来越多、越详细。为了能够正确分析,应该收集最新、高质量的资料。

3)系统的特点

针对被分析系统的复杂程度和规模,工艺类型,工艺过程中的操作类型等影响来选择系统安全分析方法。

对于复杂和规模大的系统,由于需要的工作量和时间较多,应先用较简捷的方法进行筛选,然后根据分析的详细程度选择相应的分析方法。

对于某些特殊工艺过程或系统,应选择恰当的系统安全分析方法。例如,对于分析化工工艺过程可采用危险与可操作性分析;对于分析机械、电气系统可采用故障类型及影响分析。因此,应该根据分析对象的类型,选择相应的分析方法。

对于不同类型的操作过程,若事故的发生是由单一故障(或失误)引起的,则可以选择危险与可操作性分析;若事故的发生是由许多危险因素共同引起的,则可以选择事件树分析、事故树分析等方法。

4)系统的危险性

当系统的危险性较高时,通常采用预测性的方法,如危险与可操作性分析、故障类型及影响分析、事件树分析、事故树分析等方法。当危险性较低时,一般采用经验的、不太详细的分析方法,如安全检查表法等。

对危险性的认识,与系统无事故运行时间和严重事故发生次数,以及系统变化情况等有关。此外,还与分析者所掌握的知识和经验、完成期限、经费状况,以及分析者和管理者的喜好等有关。

5.2 安全检查表

在安全系统工程中,安全检查表是最基础、最初步的一种系统安全分析方法。它不仅是实施安全检查和诊断的一种工具,也是发现潜在危险因素的一个有效手段和分析事故的一种方法。使用安全检查表进行安全检查和危险源分析,就是安全检查表分析方法(Safety Checklist Analysis,SCL)。那么,什么是安全检查表,安全检查表有什么内容,应该如何编制和使用,这是本节的学习重点。

5.2.1 安全检查表

(1)安全检查

安全检查是依据法律、法规、标准、规范、规章制度、操作规程的相关要求,对企业生产过程中所涉及的,可能导致系统出现故障或造成人员财产损失的安全隐患进行排查,建立预防机制,规范生产作业行为,使各生产环节符合有关安全生产法律法规和标准规范的要求,人、机、环、管处于良好的生产状态。安全检查是消除事故隐患、防止伤亡事故发生的重要手段。

(2)安全检查表的概念

安全检查表是系统地对一个生产系统或设备进行科学的分析,列出各层次的不安全因素,确定检查项目,然后,依据检查项目,把找出的不安全因素以问题清单的形式列制成表,以便进行检查和避免漏检,这种表就称为安全检查表。

(3)安全检查表的形式

1)提问式

检查项目内容采用提问方式进行。"提问式"安全检查表一般格式见表5.4。

2)对照式

检查项目内容后面附上合格标准,检查时对比合格标准进行作答。"对照式"安全检查表一般格式见表5.5和表5.6。

表5.4 ×××安全检查表(提问式)

序号	检查项目	检查内容 (要点)		是"√" 否"×"	备 注
检查人		时间		直接负责人	

表5.5 ×××安全检查表(对照式)

类 别	序 号	检查项目	合格标准	检查结果	备注
(大类分项)	(编号)	(检查内容)		"合格"打"√" "不合格"打"×"	

表5.6 总体布局及常规防护措施安全检查表(对照式)

序号	检查项目	合格标准	检查结果	备 注
1	总平面布局			
1.1	门站总平面布置应符合下列要求:总平面应分区布置,即分为生产区(包括储罐区、调压计量区、加压区等)和辅助区	《城镇燃气设计规范(2020版)》(GB 50028—2006)第6.5.5(1)	合格	门站总平面布置分区布置,分为生产区和生产辅助区
1.2	行政办公及生活服务设施的布置,应位于厂区全年最小频率风向的下风侧,并宜布置在便于生产管理、环境洁净、靠近主要人流出入口、与城镇和居住区联系方便的地点	《工业企业总平面设计规范》(GB 50187—2012)第5.7.1	合格	办公楼及控制室位于厂区全年最小频率风向的下风侧,靠近主要人流出入口
1.3	消防站应布置在责任区的适中位置,并应使消防车能方便、迅速到达火灾现场	《工业企业总平面设计规范》(GB 50187—2012)第5.7.3	合格	符合要求

(4)安全检查表的类型

安全检查表依据不同目的和不同对象,可编制多种类型的安全检查表。

1)根据检查周期不同

可分为定期安全检查表和不定期安全检查表。

2)根据检查的作用不同

可分为提示(提醒)安全检查表和规范型安全检查表。

3)根据检查的使用对象不同

可分为项目设计审查、施工验收、专业检查、厂级安全检查、车间安全检查、工段或岗位安全等安全检查表。

①设计审查、施工验收安全检查表。设计审查、施工验收使用的安全检查表是从安全的角度,对某项工程设计、工程验收进行安全分析评价的一种表格,其主要内容是厂区规划、厂址选择(风向、水流、交通排放物出路)等工艺装置、工艺流程、安全设施与装置、材料运输与贮存、运输道路、消防急救措施等。它可供设计人员和工程验收人员设计和验收时参考,也是"三同时"(同时设计、同时施工、同时投产使用)设计审查、施工验收、安全评价的依据。

②专业性安全检查表。此类表格是由专业机构或职能部门所编制和使用的,主要用来进行定期的或季节性的安全检查,如对电气设备、锅炉压力容器、防火防爆、起重设备、特殊装置与设施等的专业性检查。检查表的内容要符合有关专业安全技术要求。

③厂级安全检查表。主要用于全厂性安全检查,也可用于安全技术、防火等部门进行日常检查。其主要内容包括厂区内各个产品的工艺和装置的安全可靠性、要害部位、主要安全装置与设施、危险物品的贮存与使用、消防通道与设施、操作管理及遵章守纪等方面的情况。检查要突出要害部位,注意力要集中在整体的检查上。

④车间用安全检查表。用于车间进行定期检查和预防性检查的检查表,重点放在人身、设备、运输、机械加工等不安全行为和不安全状态方面。其内容包括工艺安全、设备布置、安全通道、制品和物件存放、通风照明、噪声与振动、安全标志、人机工程、尘毒及有害气体浓度、消防设施及操作管理等。

⑤工段及岗位用安全检查表。用于工段和岗位进行日常安全检查、工人自检、互检或安全教育的检查表,重点放在因违规操作而引起的多发性事故上。其内容应根据工序或岗位的主体设备、工艺过程、危险部位、防灾控制点及整个系统的安全性来制定。要求检查内容具体,简明易行。

(5)安全检查表的作用

安全检查表在企业的日常安全管理中主要具有以下几方面作用:

①根据不同的单位、对象和具体要求编制相应的安全检查表,可以实现安全检查的系统化、标准化和规范化。

②使检查人员能够根据预定的目的去实施检查,避免遗漏和疏忽,以便发现和查明各种问题和隐患。

③安全检查表是检查各项安全规章制度是否健全,安全教育、安全技术措施是否实施的有效方法。

④安全检查表是安全教育的一种手段。

⑤安全检查表是主管安全部门和检查人员履行安检职责的凭证,有利于落实安全生产责任制。

⑥安全检查表能够带动广大干部职工认真遵守安全纪律,提高安全意识,掌握安全知识,杜绝"三违作业"。推进企业"全员、全过程、全方位"的安全管理。

5.2.2　安全检查表的编制与实施

(1)安全检查表的编制依据

①国家和行业的安全规章制度、规程、规范和规定等。通过标准、规程和实际状况,使检查表在内容上和实施中符合法规要求。

②本行业、本单位事故经验、教训,企业的实际工作经验以及日常的安全运行记录、检修记录等的系统安全分析结论(确定的危险部位及防范措施)。

③国内外、本企业事故案例。编制时,应认真收集以往发生的事故教训及使用中出现的问题,包括同行业及同类产品生产中事故案例和资料,把那些能导致发生工伤或损失的各种不安全状态都逐一列举出来,此外还应参照对事故和安全操作规程等的研究分析结果,把有关基本事件列入检查表中。

(2)编制内容

一般来说,安全检查表主要包括以下内容:

1)防止人受到伤害的安全检查的内容

①厂址选择。厂区附近火灾、噪声、爆炸、大气污染和水质污染危险;铁路、公路交叉口和急转弯的防护措施;各种标志。

②建筑物。楼梯、地坪、装卸地点按标准进行设计;安全出入口和紧急撤离出口合理,安全通道有防护措施;照明装置适当;门和窗户不影响出入;钢结构的棱角应磨圆。

③操作地点。气、水、电等的管线不妨碍职工操作;有害气体、蒸汽、粉尘等的通风换气良好;新鲜空气的进口远离排气口;原材料与产品的放置地点应合理;有火灾爆炸等潜在危险的车间或厂房应为独立建筑物;厂房应有安全通道;主要设备应有防爆装置;应有必要的装置检修的地坪面积和空间;要有利于进行清扫和维修;加热表面的防护;操作地点的位置和空间;动力装置的防护;人工操作的阀门和开关以及控制设备有安全的操作地点;有毒有害液体的排放要符合防止污染的标准,不会对职工、附近居民和财物造成危险;起重机械的行程限位器和其他安全装置;电梯的自动联锁和其他安全装置;尽量以机械作业代替人工作业;可燃(易燃)的危险化学品的储存场所与生产设备和建筑物的安全距离;消除噪声的设施和措施;停车时要能顺利切断电源。

④厂区。厂内道路应适合运输急救物品的车辆行驶;卷扬机的钢丝绳和制动安全可靠;可燃物品的装卸地点应有接地装置、安全的装卸位置、空间操作地点、场所的安全空间和安全标志;厂区照明要足够。

2)防止装置和设备发生事故的安全检查内容

①原料。明确工厂有哪些原料是危险和有毒的,其危险性的敏感度和毒性如何,发生异常反应的后果如何;工艺过程的危险性如何,应有各种控制措施和设施;操作过程中的注意事项及紧急救援事项;储存设备或设施的防护措施;对原料进行妥善管理的措施;生产过程中原料的短缺会发生什么严重后果;工厂的消防设施,发生火灾时的紧急措施。

②反应。对潜在性的危险反应,采取适当的隔离措施;工艺参数是否接近危险的界限值;会产生的危险反应、不良的介质流动和环境污染的防护措施;明确正常状态与异常状态的反应速度及其发生的后果;正常生产过程中的换热措施;了解工艺过程的化学反应;装置发生异常或剧烈反应及制止剧烈反应的措施;装置发生故障时,应有紧急停车措施和防止造成事故的防护装置。

③装置。与大气相通的系统是否有潜在的危险及其位置是否合理,不应影响生产装置;化工生产的水封;设备外发生事故,对设备内的影响;主要设备的安全阀、防爆板及其位置;储存区的安全管理措施;易燃易爆场所的灭火装置和灭火器材及灭火器材的位置;液面计、液位计的防护措施;紧急开关和阀门在事故状态下应易于接近;锅炉、压力容器等特种设备的登记、检验和检测,并建立档案;检修时,应有必要的检修手续,对现场危险性有正确的判断及检修的质量;易燃易爆场所的防静电措施;易燃易爆场所的屏蔽或隔离措施;压力表、安全阀的定期检验。

④仪表。仪表的动力电源发生故障会有什么危险;对仪表进行维修和检修时,会对生产产生什么影响,有什么保证安全的措施;有关安全的仪表反应速度;对重要的仪表和装置,有无备用品;设计时应把工艺的安全作为生产过程的一个环节考虑;异常天气的温度、湿度对仪表的影响;表盘刻度是否容易读取;仪表的防护罩;仪表的定期检验和检测。

⑤操作。操作规程的检查和研究;职工对操作法的熟悉程度,特别是开车、停车、紧急停车和处理的熟悉程度和训练;工艺流程和工艺指标的经常性检查;开车前的装置处理和全面检查;针对不同事故的具体操作程序;产品的灌装和堆放的安全措施和防护装置;日常维修和检修作业的危险性;环境保护的"三废"排放要求;惰性气体的供应及其危险性;变更设计、改建、扩建、扩大生产、提高质量等,对安全生产的影响。

⑥公用工程。公用工程(指水、电、汽、燃气)发生问题时的安全保证及应急措施;通风、采暖、自控等能满足生产工艺技术的要求;考虑故障情况下的最坏的后果;燃气泄漏的可能性及其危险性,检测报警和安全防护装置的可靠性。

⑦平面布置。各种装置之间的间距,是否便于维护检修;个体的泄漏对整体的影响及防护措施;在管理上采取的措施。

另外,对于专业的安全检查表,如电器安全检查表、锅炉和压力容器安全检查表,它们都具有各自的特点,这里不再逐一介绍。

(3)安全检查表的编制方法

安全检查表的编制一般采用经验法和系统安全分析法。

1)经验法

①直观经验法。找熟悉检查对象的技术人员、现场工作人员、安全管理人员,以"三结合"的方式成立一个安全检查小组。根据以往积累的实践经验以及有关统计数据,参照人、物、环境、管理等要素,编制安全检查表。

②法规对照法。按照法律法规、规章制度、操作规程等的要求,将其规定的具体项目作为检查的对象,编制安全检查表。

③类比法。类比法是利用相同或相似系统安全管理经验和安全生产事故的统计资料来类推、分析研究对象的危险有害因素,将这些危险有害因素作为检查项目,编制安全检查表。

④案例法。收集整理国内外相同或相似工程发生事故的原因和后果,将其作为检查项,

编制安全检查表。

2)系统安全分析法

系统分析法可以利用事故树、事件树、预先危险性分析、故障类型及影响分析等系统分析方法的分析结果作为检查项目编制安全检查表。例如,通过事故树进行定性分析,求出事故树的最小割集,按最小割集中基本事件的多少,找出系统中的薄弱环节,以这些薄弱环节作为安全检查的重点对象,编制成安全检查表。

(4)安全检查表的基本编制步骤

1)确定系统

根据检查目的和对象,确定要研究的对象系统。检查的对象可大可小,它可以是某一工序、某个工作地点、某一具体设备等。

2)剖分系统

当检查的对象较为复杂,不适于编制统一的安全检查表时,一般可从系统工程的角度出发对系统进行功能分解,明确对象系统构成要素和内在功能逻辑。在此基础上,分别编制各功能单元的分项检查表。最后,通过各构成要素的不安全状态的有机组合列出系统的检查对象。

3)找出危险点

这一部分是制作安全检查表的关键,因检查表内的项目、内容都是要针对危险因素而提出的,所以,找出系统的危险点是至关重要的。在找危险点时,可采用系统安全分析法、经验分析法等分析查找。

例如,用故障类型及影响分析的成果可直接编制该系统的典型故障及原因的安全检查表。用预先危险性分析法识别的危险类型和等级评价结果可直接编制该对象系统的安全检查表。利用危险与可操作性研究识别的各节点的偏差库,可直接编制对应节点的运行参数状态安全检查表。

当所检查的对象系统有具体的安全技术规程时,可参照“法规对照法”的原则将技术规程的要求作为检查项目,直接编制安全检查表。

4)确定项目与内容,编制成表

根据找出的危险点,对照有关制度、标准法规、安全要求等分类确定项目,并写出其内容,并按检查表的格式制成表格。

5)应用与改进

根据要点中所提出的内容,逐个进行核对,并作出相应回答。在现场实施应用中,若发现漏洞要做到及时反馈,并对所做的安全检查表进行补充完善,形成PDCA循环的管理模式。

6)整改

如果在检查中发现现场的操作与检查内容不符时,则说明在这一点上已存在着事故的隐患,应该按检查表的内容制订整改方案,并督促落实。

【小贴士】

安全检查表是安全检查中的重要手段,安全检查表应用过程有3大关键环节:①安全检查表编制的系统性。②检查实施的系统性。③安全管理的闭合性,即安全检查完毕后必须有针对性地提出整改方案并督促落实。其整改方案应该满足“三定”原则,即定整改措施、定完成时间、定整改负责人。常见的整改方案通知单见表5.7。

表 5.7　安全整改通知单

安全整改通知				安全科(安全)　号	
整改部门	(定整改负责人)	整改部门签收		通知时间	
存在问题	……				
整改方案	(定整改措施……)				
整改时限	(定完成时间……)				
复核情况	(督促落实情况……)			复核人签字	
				复核时间	
主管:		审核:		拟制:	
主送:		抄送:		报送:	存档:

5.2.3　安全检查表的特点

实践证明,利用安全检查表进行系统安全性分析是安全检查中行之有效的方法,具有明显的特点。

①通过预先对检查对象进行详细调查研究和全面分析,所制订出来的安全检查表比较系统、完整,能包括控制事故发生的各种因素。可避免检查过程中的走过场和盲目性,从而提高安全检查工作的质量和效率。

②安全检查表是根据有关法规、安全规程和标准制订的。因此,检查项目要明确、内容具体,易于实现安全要求。

③对所拟定的检查项目进行逐项检查的过程,也是对系统危险源辨识、评价的过程。既能准确地查出隐患,又能得出确切的结论,从而保证了有关法规的全面落实。

④检查表是与有关责任人紧密联系的,所以易于推行安全生产责任制。检查后能够做到事故清、责任明、整改措施落实快。

⑤安全检查表是通过问答的形式进行检查的过程,所以使用起来简单易行,易于安全管理人员和广大职工掌握和接受,可经常自我检查。

总之,安全检查表不仅可以用于系统安全设计的审查,也可以用于生产工艺过程中的危险源辨识、评价和控制,以及用于行业标准化作业和安全教育等方面,是一项进行科学化管理简单易行的基本方法,具有实际意义和广泛的应用前景。

5.2.4　案例分析

【例 5.1】　以某加油站安全检查表编制为例,说明安全检查表的编制方法。

分析过程如下:

(1)确定并剖分系统

根据对象系统的特征可知,加油站的检查项目体系较为复杂,不适宜于用统一表格进行检查,故可采取系统分割的方式,将其剖分为子系统进行分项检查。收集该加油站的设计、布局、管理等方面的资料,对照《汽车加油加气加氢站技术标准》(GB 50156—2021)等标准规范可知，该加油站的安全系统可分割为证明文件、安全管理、总图布置、工艺设施和电气装置5个子系统。因此，可分别对这5个子系统进行安全检查表的编制。下面以“安全管理”子系统为例。

（2）找出危险点

对安全管理子系统进一步分割可知，它由安全管理机构、人员和制度3个部分组成，对照规范要求可找出具体的危险点，并逐条填入表格中，形成安全管理子系统的安全检查表见表5.8。

表5.8 加油站安全管理安全检查表

类别	检查内容	检查依据	检查情况	备注
制度	有各级各类人员安全管理责任制，其中包括： 1.加油站长安全职责； 2.加油员安全职责； 3.安全员安全职责	违反《安全生产法》第二十一条、第二十二条、第二十五条和第二十六条		
	卸油操作规程、加油操作规程。有健全的安全管理制度，包括各类人员的安全责任制、教育培训、防火、动火、检修、检查、设备安全管理、劳动防护制度等	违反《安全生产法》第二十一条第（二）款规定：组织制定本单位安全生产规章制度和操作规程； 依据《安全生产法》第九十四条　生产经营单位的主要负责人未履行本法规定的安全生产管理职责的，责令限期改正，处二万元以上五万元以下的罚款；逾期未改正的，处五万元以上十万元以下的罚款，责令生产经营单位停产停业整顿。生产经营单位的主要负责人有前款违法行为，导致发生生产安全事故的，给予撤职处分；构成犯罪的，依照刑法有关规定追究刑事责任。生产经营单位的主要负责人依照前款规定受刑事处罚或者撤职处分的，自刑罚执行完毕或者受处分之日起，五年内不得担任任何生产经营单位的主要负责人；对重大、特别重大生产安全事故负有责任的，终身不得担任本行业生产经营单位的主要负责人。		
	有完善的事故应急救援预案，其中包括：灭火、防漏油预案，年度灭火作战方案演练不少于两次，防跑、防冒、防漏油演练不少于一次，并要有演练情况	《安全生产法》第二十一条第（六）款规定组织制定并实施本单位的生产安全事故应急救援预案。 《生产安全事故应急预案管理办法》第三十三条　生产经营单位应当制定本单位的应急预案演练计划，根据本单位的事故风险特点，每年至少组织一次综合应急预案演练或者专项应急预案演练，每半年至少组织一次现场处置方案演练。易燃易爆物品、危险化学品等危险物品的生产、经营、储存、运输单位，矿山、金属冶炼、城市轨道交通运营、建筑施工单位，以及宾馆、商场、娱乐场所、旅游景区等人员密集场所经营单位，应当至少每半年组织一次生产安全事故应急预案演练，并将演练情况报送所在地县级以上地方人民政府负有安全生产监督管理职责的部门。		

续表

类别	检查内容	检查依据	检查情况	备注
组织	有安全管理组织，配备专职或兼职安全人员	《安全生产法》第二十四条　矿山、金属冶炼、建筑施工、运输单位和危险物品的生产、经营、储存、装卸单位，应当设置安全生产管理机构或者配备专职安全生产管理人员。前款规定以外的其他生产经营单位，从业人员超过一百人的，应当设置安全生产管理机构或者配备专职安全生产管理人员；从业人员在一百人以下的，应当配备专职或者兼职的安全生产管理人员。		
人员	单位主要负责人经安全生产监督管理部门培训合格，取得上岗资格	《安全生产法》第二十七条　生产经营单位的主要负责人和安全生产管理人员必须具备与本单位所从事的生产经营活动相应的安全生产知识和管理能力。危险物品的生产、经营、储存、装卸单位以及矿山、金属冶炼、建筑施工、运输单位的主要负责人和安全生产管理人员，应当由主管的负有安全生产监督管理职责的部门对其安全生产知识和管理能力考核合格。考核不得收费。		

5.3　预先危险性分析

预先危险性分析（Preliminary Hazard Analysis，PHA）也称初始危险分析，是一种预先分析系统内危险因素及其危险程度的定性的系统安全分析方法。

预先危险性分析的最突出特点就是“预先”，即分析工作做在各项活动之前，避免由于考虑不周造成损失。当系统处于新开发阶段，或者采用新的操作方法，接触新的危险物质、工具和设备时，对系统的危险性往往还没有很深的认识，此时即可采用预先危险性分析方法，预先对系统存在的危险性类型、来源、出现条件、导致的事故后果以及有关措施等，作出宏观的概略分析，进而编制出预先危险性分析表，指导企业在进行各项活动之前，消除或控制可能存在的危险，防止其发展成为事故。

由于预先危险性分析耗费资金较少，而且可以取得防患于未然的效果，因而得到越来越广泛的使用。

5.3.1　技能要求

预先危险性分析的基本思路是：首先，确定研究对象（系统）并收集相关的基础资料，按系统工作原理将系统划分为子系统或单元；然后，审查各子系统或单元的基础资料，按系统功能结构的逻辑顺序，对危险等级的判定；最后，根据危险等级的划分结果，提出预防和控制措施，最终形成预先危险性分析表。

因此，通过对预先危险性分析方法的学习，应掌握如下 3 个基本技能。

①正确确定研究对象,并合理划分子系统和单元。

②预先辨识系统危险性并判定其危险等级。

③提出预防控制措施,正确编制预先危险性分析表。

5.3.2 分析内容及优缺点

(1)预先危险性分析的内容

由于预先危险性分析通常是在系统寿命周期的早期阶段进行,因此,分析中的信息仅是一般性的,不太详细。但是,这些初始信息至少应能指出系统潜在的危险及其影响,以便提前采取措施避免事故的发生。因此,分析的内容可归纳为以下几个方面:

①分析系统中各子系统、各单元的交接面及其相互关系与影响。

②分析工艺过程及其工艺参数或状态参数。

③分析原材料、产品,特别是有害物质的性能及贮运。

④分析并列出系统中存在的主要能量类型,如电能、机械能、化学能、热能等,并确定其控制措施。

⑤分析人机关系(操作、维修等)、环境条件以及现有的用于保证安全的设备和防护装置等。

(2)预先危险性分析的主要优缺点

进行预先危险性分析的目的是防止操作人员直接接触对人体有害的原材料、半成品、成品和生产废弃物,防止使用危险性工艺、装置、工具和采用不安全的技术路线;如果必须使用时,也应从工艺上或设备上采取安全措施,以保证这些危险因素不致发展成为事故。因此,在系统建设的初期使用预先危险性分析方法,有如下优点:

①该方法简单易行、经济、有效,且不受行业的限制,适用范围广。

②分析工作做在行动之前,可提前采取措施,消除、降低或控制危害,避免由于考虑不周造成损失。

③分析结果可为制定标准、规范和技术文献提供必要的参考资料。

④根据分析结果可以编制安全检查表,并可作为安全教育的材料。

预先危险性分析方法的主要缺点是只能进行定性分析,这导致危险等级的判定评价结果受人的主观性影响较大。

5.3.3 工作流程及应注意的问题

(1)预先危险性分析的工作流程

预先危险性分析的工作流程如图5.1所示。

1)确定系统

确定所要分析的系统,明确系统的功能及范围。

2)调研和收集资料

调研和收集对象系统的资料,以及其他使用类似设备、工艺、或物质的类似系统的资料。具体包括以下几个方面:

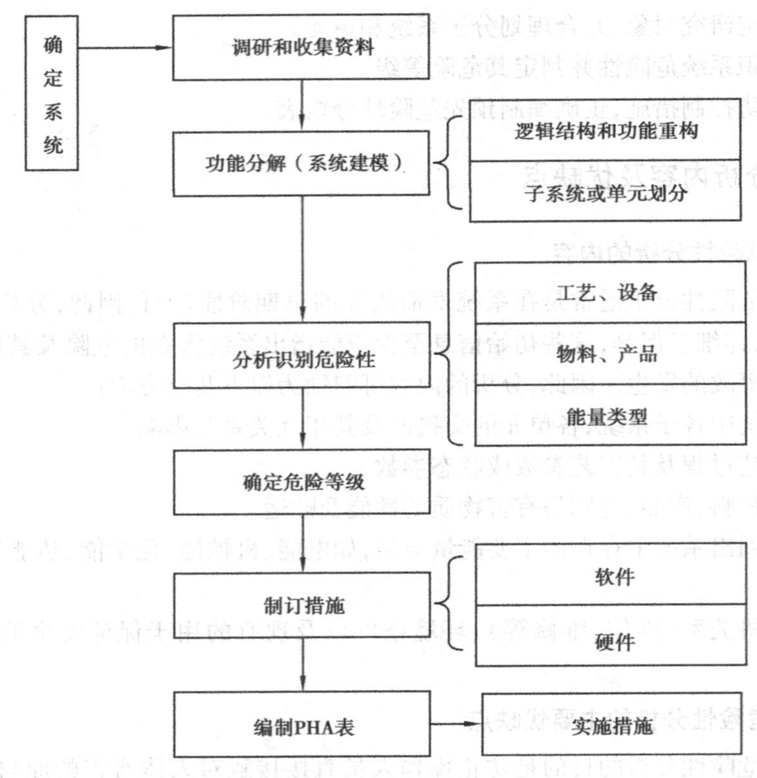

图 5.1　PHA 工作流程图

①生产设备情况：设备名称，设备性能，设备本质安全化水平，设备的固有缺陷等。

②操作情况：操作过程中的危险，工人接触危险的频度等。

③环境情况：包括可能影响人员和设备安全的自然环境情况和生产环境情况。

④安全防护情况：危险场所有无安全防护设施、设备或装置，如自动报警装置、灭火系统、安全监控系统、冗余设备和个人防护设备等。

⑤以往事故情况：过去事故及危害状况，事故处理应急方法，故障处理措施。

⑥相关法规、标准和规范：分析对象系统在生产、使用过程中在相关法规、标准和规范上的要求等。

3）系统功能分解

一个系统是由若干个功能不同的子系统（如动力、设备、结构、燃料供应、控制仪表、信息网络等）和各种联结结构组成的。同样，子系统也是由功能不同的部件、元件组成，如动力、传动、操纵和执行等。为了便于分析，按系统工程的原理，将系统进行功能分解，划分为多个子系统或危险单元，并绘出功能框图，表示它们之间的输入、输出关系，功能框图绘制方法请参考本书 2.4 节“系统调查分析方法论”。

4）分析、识别危险性

可从以下 3 个方面确定系统中可能存在的危险类型、危险来源、初始伤害及其造成的危险性，对潜在的危险性要仔细判定。

①工艺过程及其工艺参数，设备的性能、状态参数和布置情况。

②原材料和产品情况，特别是有害物质的性能及储运情况。

③系统中的主要能量类型，如电能、机械能、化学能、热能等。

5)确定危险等级

在确认每项危险之后,按其风险程度进行分级,即把预计到的潜在事故划分为不同的等级,划分等级的目的是分清轻重缓急,把风险等级高的作为重点控制的对象。所谓的风险(Risk),是特定危害性事件发生的可能及其后果的结合。系统风险就是系统中所有可能发生的危害性事件的风险总和。

6)制订措施

首先,根据以上分析结果,总结出现已采取的安全防护措施。然后,结合发现的问题和其中存在的不足,从软件(系统分析、人机工程、管理、规章制度等)和硬件(设备、工具等)两方面,提出进一步的防控建议,制订相应的消除或控制危险的措施和防止伤害的办法。在危险无法消除或不能控制的情况下,应找出最好的预防方法,如改变工艺路线,对危险源进行隔离,采取个体防护等,至少要找出能够防止人员受伤或降低物质损失的方法。

7)编制预先危险性分析表并实施措施

预先危险性分析的分析结果一般采用表格的形式列出,表格的形式和内容可根据实际情况确定,表5.9—表5.11为几种基本的预先危险性分析表的表格格式。最后,指定负责部门和人员,落实措施。

表5.9　PHA工作表

单元:	编制人员:		日期:	
危险	原因	后果	危险等级	改进措施/预防方法

表5.10　PHA工作的典型格式表

地区(单元): 图号:		会议日期: 小组成员:		
危险/意外事故	阶段	原因	危险等级	对策
事故名称	危险发生的阶段,如生产、实验、运输、维修、运行等	产生危害的原因	对人员及设备的危害程度	消除、减少或控制危险的措施

【小贴士】

上述分析步骤不一定要有严格的次序,其主要目的在于集中大家的经验和智慧,从宏观上判断所研究的对象安全性如何,供给决策人员参考。

(2)预先危险性分析应注意的问题

①面对新开发的系统或新的操作方法时,由于个体人员对接触到的设施、设备或工具的危险性还没有足够的认识,为了获得较好的分析效果,应采取设计人员、操作人员和安全检查人员"三结合"的形式进行预先危险性分析。

表 5.11 PHA 表通用格式

系统:1.子系统: 2.制表者:							
编号:		日期:		制表单位:			
危险因素	触发事件	故障模式	概率估计	危害后果及影响	危险等级	预防方法	确认
3	4	5	6	7	8	9	10

注:1——所要分析的对象系统(如某车间或某工段)的名称。

2——划分的子系统,即所分析系统的某一设施、设备或元素的名称。

3——子系统中可能存在的危险和有害因素,它是导致事故或危害的潜在危险源。

4——触发危险和有害因素转化为事故或危害的事件(实质上也是一种危险和有害因素),它是事故、危害发生的直接原因。

5——子系统发生故障时的状态或运行方式。对于同一零件或同一程序可能出现多种故障模式,一种故障模式可由多种原因引起。

6——发生概率的定性估计,例如可以用“发生可能性很大”“不太可能发生”等定性的语言描述事件发生的情况。

7——潜在危险发生后可能造成的事故或危害的后果、影响。

8——划分潜在事故的危险等级,具体的划分方法见 5.3.5“危险等级的划分与确定”。

9——为了消除或控制所确定的危险状况和潜在危险而推荐的预防方法。推荐的方法主要有:提高机械设计上的技术条件,安装安全装置,采用特殊防护方法等。

10——记录经过确认后的预防方法,明确采取预防措施后的残存状态,探讨所采纳的预防方法的效果。

②根据系统工程的观点,在分析系统的危险性时,应该将系统进行分解,按系统、子系统、元素一步一步地进行。这样做不仅可以避免因过早地陷入细节问题而忽视重点问题的危险,还可以有效地防止漏项。

③为了能够在分析时有条不紊地、合理地从错综复杂的结构关系中查出深潜的危险因素,可采取以下对策:

第一,迭代,即利用多次假设,寻找危险因素。对一些深潜的危险,一时不能直接查出危险因素时,可先做一些假设,然后将得出的结果作为改进后的假设,再进一步查找危险因素。经过这样一步一步地试分析,向更准确的危险因素逼近。

第二,抽象。在分析过程中,对某些危险因素可暂时忽略其次要方面,首先将注意力集中于危险性大的主要问题上。这样可使分析工作能较快地入门,先保证在主要危险因素上取得结果。另外也可以运用控制论的观点来探求,如图 5.2 所示。输入是一定的,技术系统(具体结构)也是一定的,问题是探求输出哪些危险因素。

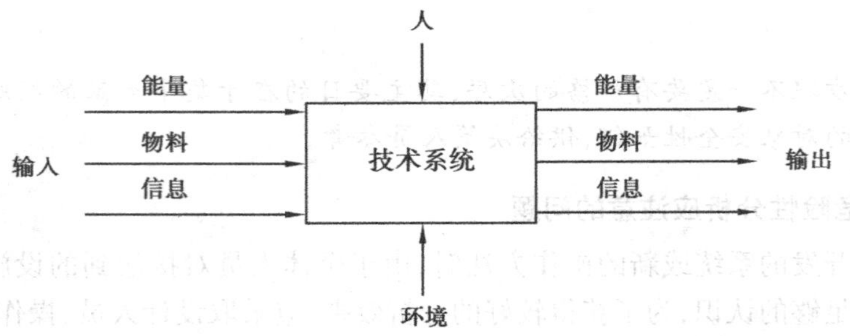

图 5.2 应用控制论的系统分析

④在可能条件下,最好事先准备几个相关的检查表,指出危险因素的查找范围和具体内容。

⑤在预先危险性分析过程中，如果发现有重大危险源，则应根据《安全生产法》第四十条的规定对重大危险源应当登记建档，进行定期检测、评估、监控，并制定应急预案，告知从业人员和相关人员在紧急情况下应当采取的应急措施。

5.3.4　危险性辨识

系统内潜在的危险即为隐患，一个系统中包含着来自人、机（物）、环 3 个方面的多种隐患，为确保系统的安全，就必须分析和查找隐患并及早消除，将事故消灭在发生之前，做到预防为主。因此，识别危险性是首要问题。

【小贴士】

造成事故必须有两个因素，一是有引起伤害的能量，二是有遭受伤害的对象（人、机或环境）。而且这两个因素必须在一定距离以内，伤害能量能够作用到对象，才能造成事故。如人的不安全行为和机械或物质的危险是人—机“两方关系”中能量逆流的两个系列，其轨迹交叉点就会造成事故。

潜在的危险性只有在一定条件下才能发展成为事故。为了迅速地找出危险源（点），除需要有丰富的理论基础和实践知识外，还可以从能量的转换等几个方面入手。

生活和生产都离不开能源，在正常情况下，能量通过做有用功制造产品和提供服务，其能量平衡式为：

输入能＝有用功（做功能）＋正常耗损能

但在非正常运行状态下，其能量平衡式为：

输入能＝有用功（做功能）＋正常耗损能＋逸散能

此处的“逸散能”指的是在一定条件下转化为具有破坏能力的能量，一旦这些能量失控，便会造成设备设施损坏、财产损失、环境破坏或人员伤亡等事故。因此，要预防事故的发生，关键是要对能量失控情况进行预先分析，这个分析过程即是危险性的辨识。在各类生产企业中，有很多机械设备，其潜在的危险性所导致的事故也大都与机械设备有直接的关系。一般来说，与机械设备相关的能量失控情况可分为两种模式：物理模式（物理能）和化学模式。

(1) 物理模式（物理能）

物理能可分为势能和动能两种形式。以势能形式出现的有处于高处的物体（如坠落、倒塌、崩垮、塌方、冒顶等）、受压的弹性元件等。以动能形式出现的有运动的机械，行驶的车辆，流动的液体等。势能是静止的，潜在的，人们对其危险性的认识往往不敏感。动能，凭人的视觉可以察觉到它的存在，危险性较为明显。需要注意的是，有些物体同时具有多种能量，如电动机既有电能，又有机械回转能。典型的物理能失控类型一般包括以下几个方面。

1) 物理爆炸

物理爆炸是纯粹物理现象产生的冲击波，它常常是因压力容器的破坏而产生，受压气体突然释放，能够产生很大的破坏力，如空压机储气罐、液化气储气罐、各种气瓶等。

2) 锅炉爆炸

锅炉是工业生产中用得较多的设备，又是比较容易发生灾害性事故的设备。锅炉爆炸比单纯的受压气体爆炸的破坏性更大，因为在相同压力下，蒸汽比同等体积的气体能量大很多倍。另外，锅炉的热水由于锅炉破坏而闪蒸成蒸汽，使蒸汽中所含的热量进一步增多。引起锅炉爆炸的主要事件是锅炉体结垢、炉壁腐蚀、缺水和超压运行。所有的蒸汽发生器、冷却水夹套、烧沸水的设备、家用水暖设备等，都有可能发生锅炉型爆炸。

3）机械失控

机械可以把一种形式的能量转换为另一种形式的能量，如把水的势能转换为电能，或把机械能转换成压缩、成型、挤压、破碎、切削等有用功。正在运转的机器有很大的动能，它们不断地有次序地进行能量转换工作或做有用功。由于机械设计不良、强度计算有误或超负荷运转，都有可能造成机械失控，对机器本身或其附近目标做破坏功。

4）电气失控

电动机和发电机是转换能量的装置，输电线和变压器配电设备等则是传输电能的装置，而且前者同时具有电能和机械能。将电能转换为机械能的设备系统或元件若不完善或超负荷运行就可能发生电气失控，电能有逆流到人体的潜在危险，同时也会造成火灾或其他损失。

5）其他物理能量失控

一些物理因素如热辐射、核辐射、噪声和次声、电场和磁场、微波、激光、红外和紫外辐射，如果失控，都会引起人员伤亡和财产损失。

（2）化学模式

化学模式的危险性所产生的破坏力和物理模式不同，它是通过物质化合和分解等化学反应产生的能量失控而造成火灾或爆炸。其过程是静态化学能通过化学反应转变为物理能，由物理能对目标施加破坏力。化学爆炸的起因是由于化学反应失控，瞬时产生大量高温气体，该气体受到约束时可具有极大的压力，高压气体产生冲击波，对周围目标造成破坏。化学模式通常有3种情况。

1）直接火灾

当可燃性物质和氧气共存时，遇到火源就有可能发生火灾。但是，应该注意某些非可燃性物质也有发生直接火灾的可能性，如各类粉尘，包括有机塑料粉尘、染料粉尘、镁铝等金属粉尘、煤及谷物粉尘等，它们能和空气充分结合，有些还有吸附空气的能力。这些粉尘在加工、运输、储存过程中，容易造成粉尘爆炸，产生严重后果。

2）间接火灾

间接火灾是指受外力破坏引起本身发生火灾的情况，如设备或容器遭受外来事故的波及、易燃物质外泄、遇火源发生爆炸等。因此，在设计布局时要注意设备之间、装置之间、工厂之间的距离，避免发生间接火灾。

3）自动反应

有些化学反应物本身带有含氧分子团，不需外部供氧就能发生氧化反应。如炸药、过氧化物等，性质极不稳定，遇到冲击振动或其他刺激因素，就能发生火灾爆炸。另外，有些化合物本身聚合（不饱和烃类）和分解（乙炔），受到温度、压力或储存时间的影响，会自动发生反应，造成火灾爆炸。

以上两种模式主要是针对“人—机—环”系统中“机”的危险性做了辨识分析，下面再对“人”和“环境”的危险性进行辨识。

（3）人的因素

在人—机系统中，人子系统比机械子系统可靠性低很多。人的因素可以从以下3个方面来分析:心理、生理性危险和有害因素(如负荷超限健康状况异常,从事禁忌作业,心理异常等);其他心理、生理性危险和有害因素;行为性危险和有害因素(如指挥、操作和监控的失误等)。为了预防事故的发生,就必须加强对人的教育和培训,提高其可靠性、适应能力和应变能力,同时加强人机工程学的研究,使机器能适应人的操作,减少失误。

(4)环境因素

不安全的环境是引起事故的物质基础。它是事故发生的直接原因,通常包括:

①自然环境的异常,即岩石、地质、水文、气象等的恶劣变异。

②生产环境不良,即照明、温度、湿度、通风、采光、噪声、振动、颜色、空气质量等方面的问题。

环境危害不只限于在操作点上发生,而是发生在一定的范围内,影响面较大。

(5)常见的危险和有害因素归纳

在实际生产工作中,各行各业的危险性(危险和有害因素)差别较大,主要的危险和有害因素也各不相同,为了便于准确地辨识危险性,查找危险和有害因素及潜在的事故隐患,提出经济可行的安全对策措施,本节结合各行业的自身特点,对典型行业的主要危险和有害因素进行了归纳总结,并划分了危险和有害因素的类别,见表5.12、表5.13,可供相关人员参考。

表5.12　典型行业危险和有害因素辨识参考表

行业	类　别	主要的危险和有害因素
矿山	煤矿	瓦斯爆炸、煤尘爆炸、冒顶片帮、中毒、窒息、电气设备、设施伤害、火灾、机械伤害、水灾、提升、车辆运输、高处作业、掘进作业、采煤作业、顶底板灾害、爆破作业等
	非煤矿山	地压、粉尘、爆破作业、中毒、窒息、触电、设施伤害、火灾、机械伤害、水灾、提升、运输、坠落、噪声与振动危害、放射性危害、起重伤害、沉陷、裂缝、坍塌、位移、管涌、流土等、滑坡、物体打击、车辆运输、高温、冻伤等
石油化工		火灾、化学爆炸、中毒、化学腐蚀、物理爆炸、窒息、高温灼烫、低温冻伤、辐射、粉尘爆炸、高处坠落、开停车、检修、危险品运输等
烟花爆竹		①药剂的热感度、火焰感度、机械感度、电能的敏感度、化学能的敏感度等; ②明火引燃、引爆成品和半成品; ③静电引起爆炸; ④雷电引发事故; ⑤撞击或摩擦引发事故; ⑥温度、湿度引起的事故
民用爆破器材		高温、撞击摩擦、静电火花
建筑		倒塌、高处坠落、物体打击和挤压、电击、起重机械伤害、火灾爆炸、交通事故等
交通运输	公路	恶劣天气、运输的危险货物、道路状况、车辆、人员、道路交通安全标志等
	水路	恶劣天气、航道(宽度、弯曲度、深度、航路标志的设置)、海上礁石、浅滩及水中障碍物、机器故障、淹溺等
	航空	恶劣天气、机械故障等
	铁路	恶劣天气、轨道故障、电气火灾等
电力		触电、电气火灾、静电危害、雷击、停电、短路、过载、灼烫、中毒、高处坠落、车辆伤害、电磁辐射、噪声、振动、高温、粉尘等

续表

行业	类 别	主要的危险和有害因素
机械行业	静止的危险	①切削刀具的刀刃； ② 机械加工设备突出较长的机械部分； ③毛坯、工具、设备边缘锋利飞边和粗糙表面； ④引起滑跌、坠落的工作平台
	运动的危险	①卷绕和绞缠； ②卷入和碾压； ③挤压、剪切和冲撞； ④飞出物打击； ⑤物体坠落打击； ⑥切割和擦伤； ⑦碰撞和剐蹭
备注		①石油化工企业具有高温高压易燃易爆的特性，建议从按照生产工艺流程进行危险有害因素辨识； ②为了能够全面有序地识别危险有害因素，对于规定的项目、企业宜按照 a.厂址；b.总平面布置；c.道路及运输；d.建构筑物；e.主要设备装置；f.作业环境；g.公用工程；h.物料；i.安全管理措施； ③职业危害分析：各行业应根据实际情况按照职业卫生相关规定进行辨识分析； ④安全评价或其他过程涉及的危险物质应参考危险化学品安全技术说明书的内容和数据进行辨识和分析

表 5.13　其他危险和有害因素辨识参考表

类 别	主要的危险和有害因素
电离辐射危害	①放射性物质； ②X 射线装置； ③γ 射线装置等的电离辐射
非电离辐射危害	紫外线、可见光、红外线、激光和射频辐射等
噪声	机械噪声、电磁性噪声、空气动力性噪声等
锅炉压力容器、压力管道	设备本身失效、承压元件的失效、安全保护装置失效等
其他特种设备	挤压、坠落、物体打击、超载、碰撞、基础损坏、夹钳、擦伤、卷入等
人员	违反操作规程、人员失误、违章指挥、监护不利、生理缺陷、心理缺陷等
管理缺陷	①安全责任制、安全管理制度、岗位安全操作规程不健全，不能够有效贯彻落实，不能够持续改进等； ②事故应急预案不健全、不使用、不能够持续改进、不举行演练、演练未达到效果等
防护缺陷	①无防护设施、设备； ②防护设施、设备不符合要求等

5.3.5　危险等级的划分与确定

(1)危险等级的划分方法

在查出系统中各危险因素的危险性之后,再划分其危险等级,按等级大小排列出危险因素的先后次序,以便分别处理。在预先危险性分析中,危险等级的划分通常可根据危险有害事件的风险性来确定,即同时考虑事故发生的可能性和后果的严重程度。一般将危险等级划分为 4 级,见表 5.14。

表 5.14　危险性等级划分表

等级	危险程度	可能导致的后果	处理要求
Ⅰ	安全的	一般不会发生事故或后果轻微	可暂时忽略
Ⅱ	临界的	有导致事故发生的可能性,且处于事故的临界状态,暂时不会造成人员伤亡、财产损失、系统损坏	应彻底排除或采取措施予以控制
Ⅲ	危险的	可能导致事故发生,造成人员伤亡、财产损失或系统损坏	应立即采取防范控制措施
Ⅳ	灾难性的	很可能导致事故发生,造成重大人员伤亡、巨大财产损失、系统严重破坏的灾难性事故	必须果断排除并进行重点防范

危险等级的划分也可以根据危险系数 C_s 确定,同样分为 4 个等级,见表 5.15。

表 5.15　危险系数表

危险等级	危险系数 C_s	危险等级	危险系数 C_s
1	$C_s<2$	3	$4\leqslant C_s<7$
2	$2\leqslant C_s<4$	4	$7\leqslant C_s\leqslant 10$

危险系数 C_s 可由式(5.1)计算求得:

$$C_s=\left(\prod_{k=1}^{5}C_k\right)^{\frac{1}{k}} \tag{5.1}$$

式中　k——评分要素;

C_k——第 k 个评分要素的危险系数($1\leqslant C_k\leqslant 10$),根据表 5.16 中的 5 项评分要素来确定。

表 5.16　评分要素表

评分要素 K	评分要素危险系数 C_k	评分要素 K	评分要素危险系数 C_k
1.功能性故障影响的重要程度	1~10	4.故障防止的可能性	1~10
2.影响系统范围	1~10	5.新规范设计程度	1~10
3.故障发生频率	1~10		

把危险因素的危险性按上述其中一种方法加以分级之后，就可根据其危险性大小找出消除或控制危险性的措施。在危险性不能消除或控制的情况下，可以改变工艺路线，尽可能地减少人员伤亡和财产损失。

(2)危险等级的确定

在实际工作中，当系统内存在的危险因素较多、危险性差别不明显，且导致事故发生的可能性不易确定时，如何划分各危险等级因人而异，带有很大的主观性，此时如果按照上面介绍的方法划分危险等级，其结果会有较大差异，过于偏离真实情况。因此，为了较好地符合客观性，可通过集体讨论或多方征求意见的方法确定等级，也可采取一些定性的决策方法来确定，下面介绍一种使用较普遍、准确度较高的决策方法——矩阵比较法。

矩阵比较法的基本思路是：如果有很多大小差不多的圆球放在一起，很难一下分出哪个最大，哪个次之；若将它们一对一比较，则较易判明。那么，该如何快速而准确地对它们进行一对一比较呢？最好的方法就是列出矩阵表。

设某系统共有6个危险因素需要进行等级判别，可分别用字母A,B,C,D,E,F代表，画出一个如图5.3(a)所示的方阵。按方阵图中的顺序，比较每一列因素的严重性，用“1”表示在列里严重、在行里不严重的因素。假定A比B,D,F严重，B比C,D,F严重，C比A,D,F严重，D比各元素都轻，则：比较因素A和B，A比B严重，则在一列二行空格内画“1”；再比较因素A和C，A比C不严重，则应在三列一行的空格内画“1”；A比D严重……照此方法，依次一一对应比较后，可得出每一列画“1”的总和。

图5.3(a)中结果是：

因素E画”1”的总和为5；

因素A,B,C画”1”的总和均为3；

因素F总和为1；

因素D则为0。

	A	B	C	D	E	F
A			1		1	
B	1				1	
C		1			1	
D	1	1	1		1	1
E						
F	1	1	1		1	
Σ	3	3	3	0	5	1

(a)

	A	B	C	D	E	F
A		0.5	0.5		1	
B	0.5		1		1	
C	0.5				1	
D	1	1	1		1	1
E						
F	1	1	1		1	
Σ	3	2.5	3.5	0	5	1

(b)

图5.3　危险因素严重程度比较矩阵表

这样就可得出各危险因素的严重性次序：E,(A,B,C),F,D，其中因素A,B,C具有同等的严重性。

在这种情况下，可以承认A,B,C 3个因素具有同等严重性。但为了分得更细一些，也可在方阵图中增加一个“0.5”，表示严重性的1/2，即0.5，在两者直接相关的行和列各画一个“0.5”。两者是否直接相关，需要根据系统分析对象中的具体危害因素来确定，且它们之间不具有“传递性”,如本案例中A,B,C之间没有直接相关。这样处理后,对A,B,C 3个因素进行比较可看出,因素C画“1”的为3.5,因素A为3,因素B为2.5,如图5.3(b)所示。这样,6个因素的严重性的顺序是:E,C,A,B,F,D。

【小贴士】

应用矩阵比较法对危险因素的严重程度进行对比,从而确定危险等级的前提是,可以确定系统中至少一部分危险因素之间的重要性大小关系。当因素较多时,这样一一对比会引起混乱,有可能陷入自相矛盾的境地,为此要求在比较时应冷静、细致地进行。

5.3.6 危险性预防控制措施

辨识清楚系统的危险性并对危险等级进行划分之后,就可以有针对性地采取有效的预防、控制措施,避免危险源进一步发展成为事故。

(1)预防原则

按事故预防顺序的要求,选择事故预防对策的原则有:

1)消除

通过合理的设计和科学的管理,尽可能地从根本上消除危险和有害因素,如采用无害工艺技术、生产中以无害物质代替有害物质、实现自动化作业、遥控技术等。

2)预防

当消除危险和有害因素有困难时,可采取预防性措施,预防危险、危害的发生,如使用安全阀、安全屏护、漏电保护装置、安全电压、熔断器、防爆膜等。

3)减弱

在危险和有害因素无法消除或难以预防的情况下,可采取减少危险、危害的措施,如局部通风排毒装置、生产中以低毒性物质代替高毒性物质、降温措施、避雷装置、消除静电装置、减振装置、消声装置等。

4)隔离

在无法消除、预防、减弱的情况下,应将人员与危险和有害因素隔开,如遥控作业、安全罩、防护屏、隔离操作室、安全距离、事故发生时的自救装置(如防毒服、各类防毒面具)等。

5)连锁

当操作者失误或设备运行一旦达到危险状态时,应通过连锁装置终止危险、危害发生。

6)警告

在易发生故障和危险性较大的地方,配置醒目的安全色、安全标志;必要时,设置声、光或声光组合报警装置。

(2)防范措施

事故的防范首先应考虑其内在的安全设计,从其本质上消除危险源,在危险源无法消除的情况下,按照能量逸散理论,事故的发生是能量和人的接触,因此可从能量和人两个方面考虑,寻求进一步的防范措施。

1)本质安全设计

本质安全设计是避免事故发生的最有效方法,比如选材考究,设计细致,限制危险严重性等级,降低危险的可能性,在对各种可能性做了充分分析的基础上采用防范措施等。在一个真正做到内在安全的系统中,即使一个人为差错也不会导致事故发生,因为不存在会导致事故发生的危险状态。

2)防止能量逸散或失控

要防止能量的逸散或失控,可采用防护材料或设备,使有害的能量保持在有限的空间之内。如把放射物质放在铅容器内,电器设备和线路采用良好的绝缘材料以防止触电,登高作业使用安全带防止由位能造成的摔伤等。同时,也可在能量源附近采取防护措施,如增设防护罩,设备喷水灭火、隔火装置,防噪声装置等。

另外,也可以在能量与人和物之间设立防护设施,如玻璃视镜、禁入栏栅、防火墙等,将已确定的危险和人员或设备隔离开,以防止危险或将危险降到最低水平,并控制危险的影响,这是比较常用的安全防控措施。

还可以在能量的放出路线上和放出时间上采取措施。如排尘装置,防护性接地、闭锁装置、安全联锁,安全标志等。闭锁可以防止某个事件的发生或防止某个人、物、力或其他因素进入危险区域;联锁是要求操作人员在能做事件 B 之前先完成一个预先的活动 A,可尽量降低事件 B 意外出现的可能性。

3)加装缓冲能量的装置

在实际工作中,加装能量缓冲装置是常见的也是重要的安全防范措施。能量的缓冲装置因设备而异,如压力容器和锅炉上加装爆破板和安全阀,各种填充材料、缓冲装置等。个人防护用具也是缓冲能量装置的一种。

4)减少人的失误

人的可靠性比机械、电气或电子元件要低数十倍到上千倍,特别是情绪紧张时容易受外界影响,失误的可能性更大。为减少人为失误,应该为作业人员提供安全性较强的工作条件和环境,如:重复的操作应用机械代替人工,分配工作时应考虑人的适应性,严格规章制度的监督检查,加强安全教育,用人机工程学的原理改善人机接合面的状况等。

5.3.7 PHA 实例

在实际工作或工程项目中如何应用预先危险性分析方法进行分析?分析的结果是怎样的?下面以几个实例加以说明。

【例 5.2】 预先危险性分析在厂房、烟囱拆除爆破中的应用。

某电厂改扩建,需拆除旧厂房及烟囱,拟采用爆破拆除。旧厂房长 140 m,宽 70 m,高 41 169 m,占地面积 9 800 m^2,建筑面积 53 900 m^2。在旧厂房的西北向 20 m 处为新厂房,在东北向 22 m 为需同时拆除的 120 m 烟囱,东南及西南为一开阔场地 ,示意图如图 5.4 所示。为确保整个拆除爆破过程的安全顺利,要进行预先危险性分析, 找出危险因素,实施预防。

(1)确定系统,收集资料并划分子系统

将整个拆除爆破过程作为一个系统,该系统包括现场勘察与爆破资料的收集、方案的提出、爆破设计及审核批准、爆破施工、起爆、爆后处理等作业过程 ,作业程序图如图 5.5 所示。为便于分析,这里把整个系统分成 3 个大的子系统,即:①爆破设计子系统;②爆破施工子系统;③起爆及爆后处理子系统。

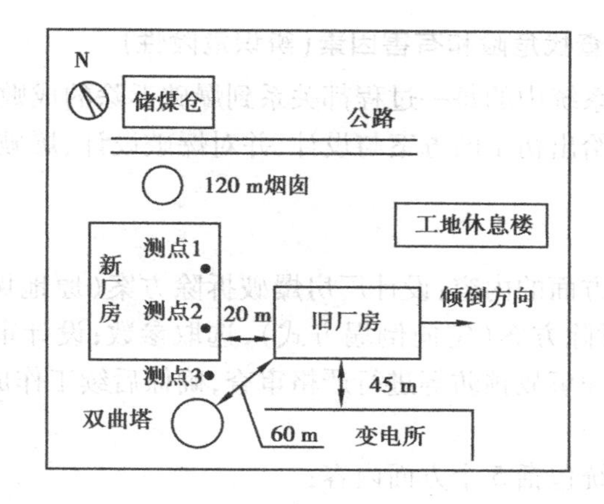

图 5.4　周围环境示意图

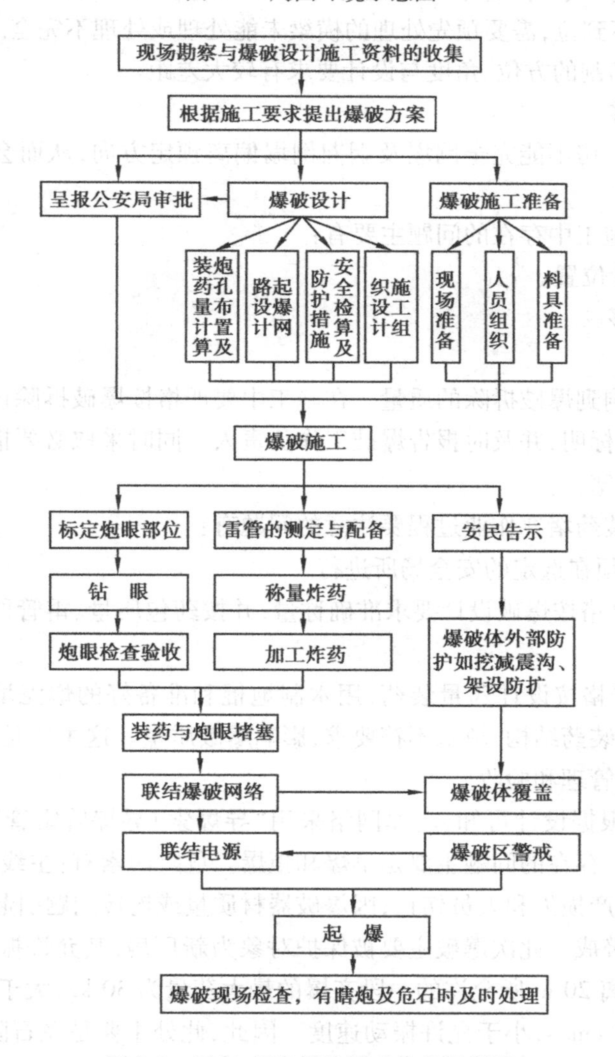

图 5.5　厂房、烟囱拆除爆破作业程序图

(2)分析各子系统,查找危险和有害因素(辨识危险性)

考虑到爆破设计子系统中的每一过程都关系到爆破拆除的成败,本例在系统分析中只按照设计原则和设计规范给出初步的方案与设计,并对爆破设计、爆破施工、起爆和后处理3个子系统进行重点分析。

1)爆破设计

爆破设计包括3个方面的内容:设计厂房爆破拆除方案(原地塌落向内倾倒的方案),选取参数;设计烟囱爆破拆除方案(定向倒塌方式),选取参数;设计审核(对爆破设计方案、参数、网络设计、安全距离和事故预防等进行严格审查,确保后续工作成功)。

2)爆破施工

拆除爆破施工子系统包括5个方面内容:

①施工准备工作。拆除承重墙、切割定向墙、加固等。主要危险因素有:

a.承重墙拆除不到位,需要预先处理的横梁未能处理或处理不完全。

b.烟囱定向窗切割的方位、角度与设计要求有较大差距。

c.加固措施不够。

这些可能导致厂房不能完全倒塌及烟囱倒塌偏离预定方向,从而会造成人员伤亡、财产损失。

②钻孔。钻孔施工中存在的问题主要有:

a.钻孔偏离设计位置。

b.钻孔深度不够。

c.钻孔过深。

这些都可能影响到爆破拆除的质量。在施工中要严格按爆破拆除设计进行,遇有与设计不相符的,要在现场标明,并及时报告爆破工作负责人。同时采取必要措施,深度不够的进行加深,过深的进行填塞。

③装药堵塞。装药堵塞作业过程要注意的问题有:

a.制作药包,必须在选定的安全场所进行。

b.每个药包应严格按爆破设计要求准确称量,并按药包质量、雷管段别、药包个数分类编组放置。

c.装药人员应严格按设计药量装药,用木制炮棍和准备好的炮泥填塞。若操作不当,可能会导致起爆顺序、装药结构、填塞不符要求,影响爆破质量。这主要是由施工人员的误操作引起的,应加强监督管理和验收。

④网络连接。根据设计可知,起爆网络采用"导爆索+导爆管雷管"非电起爆网络,引爆主线雷管为电雷管。存在的问题主要是早爆和拒爆。危险因素有:主线电雷管受外界杂电影响引起早爆,导致财产损失和人员伤亡;因爆破器材质量或连接问题引起局部拒爆。

⑤安全防护和警戒。此次爆破主要被保护对象为新厂房,其允许振动速度为2~3 cm/s,取2 cm/s。最近距离20 m所允许的一段齐爆的最大药量为30 kg,大于最大设计药量25 kg;塌落振动速度1 197 cm/s,小于允许振动速度。因此,此处主要是飞石防护。为保证安全,在旧厂房西北侧及四角设立防护帘幕,帘幕由脚手架搭设,脚手架上挂3层塑料彩条布形成防护墙;在所有爆破部位采用3层草席加两层竹篱笆包裹;在烟囱触地处铺设较厚的松土或稻

草,防止飞石溅起。警戒工作主要是对人员的保护,防止非工作人员进入爆破区造成不必要的伤害与损失,安全警戒范围如图5.6所示。

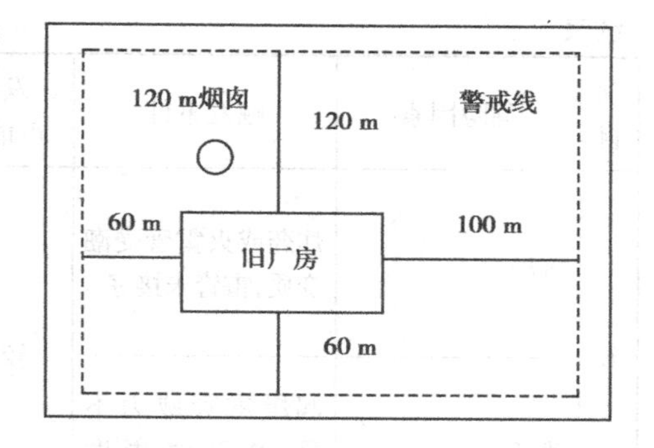

图5.6　安全警戒范围

3)起爆和后处理

起爆前,必须对爆区内的杂散电流和射频电的强度进行检测,并测定风速与风向。当风向与烟囱倒塌方向不一致时,风速过大会影响到烟囱的倒塌方位,甚至会发生严重的事故。

爆后处理主要有防尘和现场检查。检查必须等待建筑物倒塌稳定之后,检查人员方准进入现场。检查中发现有残余爆破器材时,应在以后的清除爆渣过程中,由专人负责寻找和处理。处理盲炮时,应在所有人员撤至安全区域后,方可按常规起爆要求进行第二次起爆。

(3)划分危险等级,提出预防措施或建议

根据上面确定的拆除爆破施工中可能出现的危险因素,结合各危险因素发生的可能性大小和后果严重程度,对照表5.14"危险性等级划分表"直接确定各危险因素的危险等级。同时还要采取相应的控制措施,预防事故发生,并绘制"拆除爆破施工预先危险性分析表",见表5.17。

表5.17　拆除爆破施工预先危险性分析表

项目	危险因素	触发事件	发生可能性	事故情况	事故后果	危险等级	预防措施
1	厂房承重墙拆除不到位	施工人员工作不认真	较小	拆除效果不好	损失	Ⅱ	强化施工过程的监督与管理
2	烟囱定向窗切割方位、角度不对	工程技术人员指导错误	微小	烟囱倒塌方向偏离	灾难性的	Ⅳ	按照设计说明,反复商讨、检查
3	炮孔位置不正确,孔深、角度和方向不符合要求	施工人员操作失误或措施	较大	达不到拆除要求	损失	Ⅱ	技术人员逐一标出每个炮孔的位置,边钻孔边检查和验收,未达到要求的炮孔应报废并重新补钻
4	电雷管发生早爆现象	受到雷电等外来电流的干扰	微小	成为爆炸事件	灾难性的	Ⅳ	在爆破区局部或全部停电;施工时避免划破电雷管
5	爆轰波传递中断,爆破不能正常进行	爆破器材的质量问题	较小	爆破不能正常进行	损失伤亡	Ⅲ	爆破前进行试爆。并采用复式爆破网络
		网络连接不好	较大	爆破不能正常进行	损失伤亡	Ⅲ	加强技术培训与网络检查,及时纠正

续表

项目	危险因素	触发事件	发生可能性	事故情况	事故后果	危险等级	预防措施
6	盲炮	炸药或火雷管受潮变质，雷管未接好	较小	严重影响爆破质量；给现场清理带来很大难度，处理不当会造成人员伤亡	损失伤亡	Ⅲ	严格检查爆破器材的质量，进行试爆；在炮孔填塞时，不要将导爆管与雷管拉脱；装药时仔细检查炮孔，看里面是否有积水；在填塞炸药时不要过于捣实
	残药	起爆雷管威力不足，炸药爆轰度低，装填过于捣实					
7	爆破体未破碎或破碎不符合设计要求	炮孔堵塞过松，造成穿孔药量过少	较小	达不到拆除要求	损失	Ⅱ	对每个孔的装药量进行精确称量，仔细检查炮孔的堵塞程序
8	烟囱倒塌方向偏离	风向不利，风速超过某一值	微小	摧毁周围建筑物	灾难性的	Ⅳ	收看天气预报，监测风向与风速，选择无风或风速较小时实施爆破
9	爆破震动	一次起爆药量过大	较大	破坏周围的建筑物	损失	Ⅱ	采用分段起爆，减少一次性起爆药量；在厂房及烟囱周围挖掘减震沟
10	爆破冲击波	爆轰产物压缩空气，以高于声速向外传播	较大	在一定范围内杀伤人员，损坏建筑物和设备	损失死亡	Ⅲ	在需要保护的建筑物设置阻波栏；设置警戒范围，让人员尽量远离爆破区域
11	飞石	爆炸产生，烟囱、厂房触底溅起	较大	破坏建筑物，人员伤亡	损失伤亡	Ⅲ	在爆破部位裹上草席等，阻止飞石飞溅；在烟囱倒塌处铺稻草等缓冲材料；设置警戒范围，让人员尽量远离爆破区域
12	粉尘	爆炸的炮烟及扬起的灰尘	很大	影响周围环境	损失	Ⅱ	及时采用消防车等喷水、降尘；预先采取防尘措施
13	现场除渣时发生爆炸	哑炮被激发	较小	设备损坏，人员伤亡	损失伤亡	Ⅲ	清理前仔细查看现场，对本应破碎而未破碎的构件认真检查，发现并处理后再进行清渣

注：表中危险等级一栏的“2，3，4，5”即指“Ⅱ级，Ⅲ 级，Ⅳ级，Ⅴ 级”。

【例 5.3】　加油站日常运营预先危险性分析。

根据加油站经营过程中危险性和区域布置情况,将加油站经营作业划分为 5 个主要分析单元:储油罐区、加油作业、卸油作业、加油机维修作业和其他场所作业。在各分析单元中,分析其潜在的危险有害因素类型,以及形成事故的不同原因等。分析的具体内容及结果见表 5.18。

表 5.18　加油站运营过程预先危险性分析

<table>
<tr><th>分析单元</th><th>危害类型</th><th>危害(事故)原因</th><th>危害后果</th><th>危险等级</th><th>防控措施</th></tr>
<tr><td rowspan="2">储油罐区</td><td>火灾爆炸</td><td>①汽油泄漏或油蒸气积聚;
②防雷接地系统失效;
③违章使用明火设备,产生火花;
④储油罐区电气设备不防爆;
⑤油罐通气管没装阻火器或阻火器失灵;
⑥雷击</td><td rowspan="4">财产损失,人员伤亡,停产,造成严重经济损失</td><td>Ⅳ</td><td>①防雷接地装置定期检测;
②安全操作,专人负责,加强管理;
③电气设备防爆;
④油罐通气管安装阻火器并加强维护;
⑤埋地油罐区地面应平整,不能有凹坑(沟);
⑥配置灭火器材;
⑦编制事故预案并演习</td></tr>
<tr><td>中毒窒息</td><td>①清洗或检修时未进行置换;
②未穿戴防护用品;
③油气泄漏;
④油罐检修违反操作规程 ,无人监护</td><td>Ⅲ</td><td>①清洗或检修前进行彻底置换;
②配备必要的防护用品;
③检查油罐连接法兰、阀门;
④油罐检修时遵守操作规程,加强监护</td></tr>
<tr><td rowspan="2">加油作业</td><td>火灾爆炸</td><td>①加油车辆未熄火;
②加油机未静电接地或静电接地系统失效;
③违章使用明火设备,产生火花;
④爆炸危险区域内电气设备不防爆;
⑤油气泄漏聚集;
⑥加油岛罩棚防雷接地系统失效;
⑦加油机加油速度过快;
⑧雷击</td><td>Ⅳ</td><td>①防雷接地装置定期检测;
②安全操作,专人负责,加强管理;
③配置灭火器材;
④电气设备为防爆型;
⑤编制事故预案并演习;
⑥加油机应为户外敞开;
⑦定期检查加油机、加油枪</td></tr>
<tr><td>中毒</td><td>汽油挥发 ,吸入人体。</td><td>Ⅱ</td><td>①穿戴必要的防护用品;
②加油机应为户外敞开;
③检查连接法兰、阀门、油管线的完好性</td></tr>
</table>

续表

分析单元	危害类型	危害(事故)原因	危害后果	危险等级	防控措施
卸油作业	火灾爆炸	①违章操作； ②卸油车辆未静电接地； ③存在明火源； ④密闭卸油系统损坏； ⑤雷雨天卸油作业	财产损失，人员伤亡，停产，造成严重经济损失	Ⅲ	①检查密闭卸油系统的完好性； ②严格遵守操作规程 ； ③做好卸油车辆静电接地； ④油罐车在卸油前要有足够的静置时间； ⑤配置灭火器材； ⑥编制事故预案并演习
	中毒	汽油挥发，吸入人体		Ⅱ	①佩戴必要的防护用品； ②检查密闭卸油系统的完好性
加油机维修作业	电伤害	①违章作业； ②电气设备漏电； ③静电接地系统损坏		Ⅱ	①严格遵守操作规程； ②安装漏电保护装置； ③检查静电接地系统的完好性
	火灾爆炸	①违章作业； ②使用非防爆设备； ③存在明火点火源		Ⅲ	①严格遵守操作规程； ②配置灭火器材； ③使用防爆设备
	机械伤害	搬运作业时磕、碰		Ⅱ	严格遵守操作规程
其他场所作业	火灾爆炸	汽油蒸气泄漏在地下管沟或封闭处聚集，遇点火源		Ⅲ	①加油站内杜绝和减少各种点火源； ②地下管沟填沙充实封闭； ③加强安全巡视和检查
	触电伤害	带电设备接地接零装置失灵、绝缘老化裸露易引起操作人员触电事故		Ⅲ	检查静电接地系统的完好性

加油站经营过程中的5个单元，存在11种潜在危害，其中Ⅰ级危险没有，Ⅱ级危险4种，占36.36%；Ⅲ级危险5种，占45.45%；Ⅳ级危险2种，占18.18%。

【例5.4】 矿石处理单元安全预评价—采用预先危险性分析方法进行分析。

在原矿处理的破碎筛分过程中，裸露的运动部件可能发生对人员的挤压或者将人员的衣服缠绕而造成安全事故；破碎筛分车间产生粉尘较多，同时也产生噪声危害，具体分析结果见表5.19。

表5.19　矿石处理单元PHA表

危害类型	触发因素	危害后果	危险等级	对策措施
机械伤害	①设备的安全防护装置有缺陷； ②设备误启动； ③作业环境不良； ④工作人员操作时站位不当 ⑤个人防护用品有缺陷； ⑥警示标志有缺陷等	人员伤亡	Ⅱ	①设备裸露的转动部分应设安全防护罩或防护栏杆； ②检修设备、处理故障时必须切断电源，悬挂警示牌，并设专人监护； ③在光线不足的地方或在夜间作业应有足够的照明； ④工作人员在作业时要选择合适的站立地点； ⑤按要求佩戴个人防护用品，如工作帽、工作服等； ⑥危险地段应设明显的警示标志等
触电伤害	①电气作业人员安全技术水平差； ②安全防护装置缺乏或警示标志缺乏； ③个体防护用品缺陷； ④断电作业未按有关规定进行操作； ⑤电机保护装置缺陷	人员伤亡	Ⅱ—Ⅲ	①电气作业人员应经过专门的安全技术培训考核，持证上岗； ②所有电气设备和线路，应根据对人的危害程度设置明显的警示标志、防护网和安全防护栏； ③电气设备可能被人触及的裸露带电部分，应设置安全防护罩或遮拦及警示牌； ④电气作业人员作业时，应穿戴防护用品和使用防护用具； ⑤电动机应设有短路保护、过载保护与缺相保护。破碎机应有延时低电压保护
物体打击	①人员进入矿石流动空间； ②人员直接进入机体处理故障； ③处理破碎机囤（堵）矿时，违反操作规程； ④捅矿时，工作人员站的位置不当； ⑤高空作业时工具掉落	人员伤亡	Ⅱ	①人员不应进入矿石流动空间； ②进入机体检查处理故障前，预先处理矿槽壁上附着的矿块或有可能脱落的浮渣； ③处理颚式破碎机等囤（堵）矿时，应首先处理矿机头部的矿石，然后从上部进入处理，不应采取用盘车的方向处理或从排矿口下部向上处理； ④捅矿时工作人员必须站在设备一侧的安全位置，避免矿石滚出伤人； ⑤高空作业下部严禁有人逗留
起重伤害	①吊物从人头顶经过或人从吊物下经过； ②起吊时人与起吊物距离不得太近； ③操作人员违章作业或未经培训，没有持证上岗等因素引发起重伤害事故	人员伤亡	Ⅲ	①起重机械操作人员，应经过安全技术培训考核，持证上岗，严格执行安全操作规程； ②起重机械应装设过卷、超载、极限位置限制器及启动、事故信号装置，并设置安全连锁保护装置； ③特种设备必须由具有相应资质的检测、检验机构定期检验等

续表

危害类型	触发因素	危害后果	危险等级	对策措施
皮带伤害	①违章作业、违规"爬、登、跳"皮带运输机； ②皮带运输机断带、倒带、溜带； ③安全距离不足； ④视线不清、照明不足； ⑤防护设施、保护装置不完善等	人员伤亡	Ⅱ	①制订严格的作业制度，严禁人员违章作业； ②选用合格的胶带运输机，加强设备日常检查、维修，保证设备完好状态； ③运输设备的信号、照明、连锁装置完善齐全； ④保证运输机通道的安全距离符合规程的要求，并保证畅通
粉尘危害	①个人防护用品佩戴不齐全； ②没有安设除尘设备； ③除尘设备不符合要求	易感染职业病	Ⅱ	①加强职工职业病教育，作业时佩戴好个人防护用品； ②安装除尘设备，按照要求运行，符合安全规程规定等

通过以上实例可以看出，预先危险性分析易于掌握、可操作性强，便于管理人员进行安全管理。比较预先危险性分析法得到的各个单元的危险等级，对危险性较高的单元过程编制应急预案，配置安全防护装置和检测、监测仪器，并加大安全教育和应急预案的演练，确保在异常情况发生时能快速准确地抑制事故发生。

5.4 事件树分析

事件树分析法（Event Tree Analysis，ETA）是安全系统工程中常用的一种演绎推理分析方法，起源于决策树分析（Decision Tree Analysis，DTA），它是一种按事故发展的时间顺序由初始事件开始推论可能的后果，从而进行危险源辨识的方法。

5.4.1 技能要求

事件树分析的基本思路是：首先，根据分析需求确定初始事件和所要分析的系统，明确所要分析的对象和范围；其次，结合系统特性，从控制或影响初始事件发展演化的角度，将系统按功能分割成子系统或元件，并按系统工作原理构建功能结构框图；再次，从系统的初始事件开始，按照系统构成要素的时序逻辑，从左向右，分成功与失败两种状态逐一列举后续功能单元，得到所有单元的二值状态组合，最终构造出事件树；最后，根据需要进行定性定量分析，并总结分析成果。

综上所述，事件树分析所需要的核心技能主要体现在以下几点：

①正确确定初始事件。

②调查分析初始事件的安全控制系统，并构建其功能结构框图。

③编制事件树，进行定性定量分析（难点在于事件概率数据的来源）。

5.4.2 事件树的基本原理

ETA最初用于可靠性分析,它是用元件的可靠性表示系统可靠性的系统分析方法。系统的每个元件都存在具有与不具有某种规定功能的两种可能。元件正常,则说明其具有某种功能,元件失效则说明其不具有某种规定功能。将元件正常状态记为成功,其状态值为1;将失效状态记为失败,其值为0。按照系统的构成状况,顺序分析各元件成功、失败的两种可能,将成功作为上分支,将失败作为下分支,不断延续分析,直到最后一个元件,最终形成一个水平放置的树型图。

其基本原理是按照系统功能框图的逻辑顺序,将元件的二值状态响应结果向右顺序连接,形成水平放置的树状事件链,其实质是分析系统反应元件的"二值全枚举"结果的水平树状结果图,也就是以"水平树枝状图的方式"通过"枚举"分析在特定触发因素作用下系统的发展演化模式。

【小贴士】

在企业的日常安全管理中,管理人员经常需要作出科学的决策。以往决策主要凭经验和主观判断,缺乏科学性。科学的决策需在做某项工作或从事某项工程之前,通过分析、评价对象系统的"所有发展演化结果",并在此基础上权衡利弊,做出最佳决策。而事件树分析方法恰好能够实现对决策对象所有可能发展演化模式"二值全枚举分析",从而为作出科学决策提供保障。

5.4.3 事件树的基本程序

①根据分析需求确定初始事件和所要分析的系统,明确所要分析的对象和范围。在事件树分析法中,初始事件的确定是事件树分析的起点和重要环节。初始事件通常应该选取易于引起较大或重大事故后果的系统故障、设备故障、人为失误或工艺异常等事件。其确定方法有:

A.经验确定法:该方法通常由有经验的管理技术人员根据系统设计经验、系统危险性评价经验、系统运行经验或事故经验等确定。

B.系统分析法:事故树分析法得到的事故原因事件、故障类型及影响分析法得到的典型故障模式、预先危险性分析法预先识别的典型危险源、危险与可操作性分析法得到的典型偏差等都可作为事件树分析的初始事件。

②围绕初始事件,从控制和影响初始事件发展演化的角度,调查分析"初始事件安全控制系统"的组成单元和控制原理(即初始事件的安全控制措施和控制系统的工作原理),并按系统工作原理构建功能结构框图。

从控制和影响初始事件发展演化的角度,调查分析"初始事件安全控制系统"的组成单元,即调查对初始事件做出响应的安全功能,也可被看作调查防止初始事件造成后果的预防措施。调查时可按预防措施等级顺序从消除、预防、减弱、隔离、连锁、警告等方面进行。

a.消除。消除危险有害因素的合理设计,如系统自动对初始事件做出响应的措施,自动停车系统。

b.预防。预防危险有害因素的发生所采取的预防性技术措施,如安全屏护装置、安全阀等。

c.减弱。减轻事故的严重程度的安全措施,如冷却系统、压力释放系统和破坏系统。

d.隔离。对初始事件的影响起隔离作用的措施,如围堤或封闭装置。

e.联锁。操作失误或设备运行达到危险状态时,终止危险有害因素发生的联锁装置等。

f.警告。在易发生故障和危险性较大的地方,设置的声、光和声光组合报警装置等。

这些安全功能(措施)主要是减轻初始事件造成的后果,分析人员应该在调查分析的基础上,确定这些事件的顺序及对事件的应答方式,根据这些控制措施的应答响应逻辑构造出该初始事件的"安全控制系统",并绘制系统功能图和可靠性框图(参见"2.4.4　系统结构分析")。

③从系统的初始事件开始,依托绘制的系统功能图和可靠性框图,按照系统构成要素的时序逻辑,从左向右,分成功与失败两种状态逐一列举后续功能单元,得到所有单元的二值状态全枚举状态组合,最终构造出事件树。

④根据需要进行定性定量分析,总结分析成果。

由以上各步骤可知事件树分析法的基本程序如图 5.7 所示。

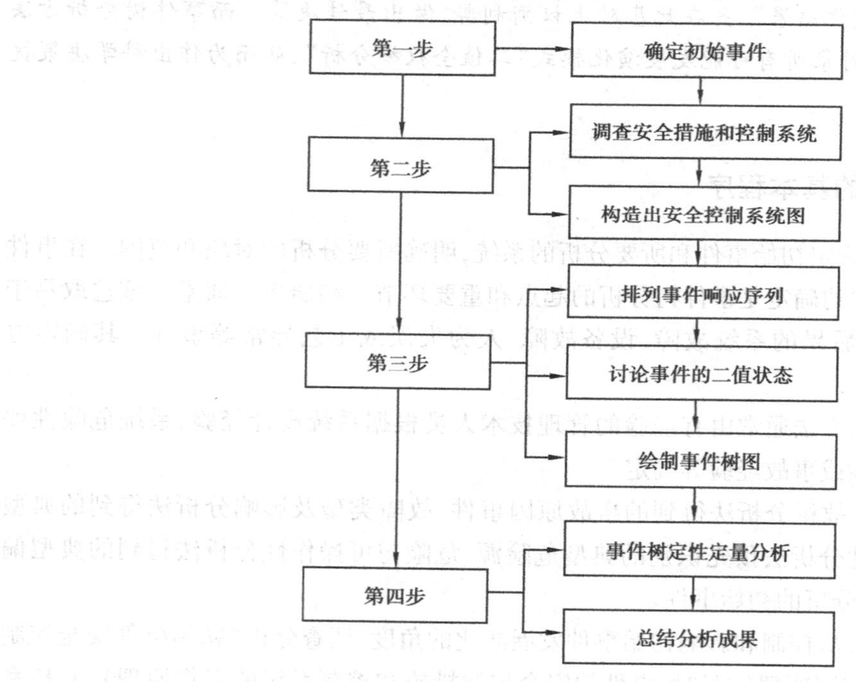

图 5.7　事件树分析法的基本程序

【例 5.5】　国内某加工厂由于工艺改进需引进一电机系统,请采用事件树分析方法分析该加工厂所面临的使用风险。

第一步,根据分析需求确定初始事件和所要分析的系统,明确所要分析的对象和范围。

根据危险性辨识和隐患排查经验(能量角度入手),电机使用过程中将涉及的主要能量形式有电能、机械能和热能，其可能存在的安全隐患有：连接错误或绝缘失效等引起的外壳带电、防护缺失或检修等引起的转动部位裸露、散热不良或过载等原因引起的电机过热。通过上述分析过程，可选取外壳带电、转动部位裸露、电机过热等作为事件树分析的初始事件。现以电机过热为例，进一步分析其可能存在的使用风险。

第二步，围绕初始事件，从控制和影响初始事件发展演化的角度，调查分析“初始事件安全控制系统”的组成单元和控制原理（即初始事件的安全控制措施和控制系统的工作原理），并按系统工作原理构建功能结构框图。

在电机过热引发的事故中，电机过热起火较为常见，在此，选择电机过热起火事件作分析。根据前述分析的结果，确定本次事件树分析的初始事件为“电机过热”，目标系统为“电机过热的安全控制系统”；通过查阅该电机系统的设计和工作原理，结合本企业电机使用安全控制系统构成情况可知，电机过热控制系统包括：散热系统、灭火系统及灭火失败之后的火灾报警系统，其中灭火系统包括人工灭火和自动灭火两种方式。结合初始事件，查阅可靠性的相关资料，并结合系统功能结构和各子系统的逻辑关系，确定各子系统之间的串并联关系，得到其系统结构图如图 5.8 所示。

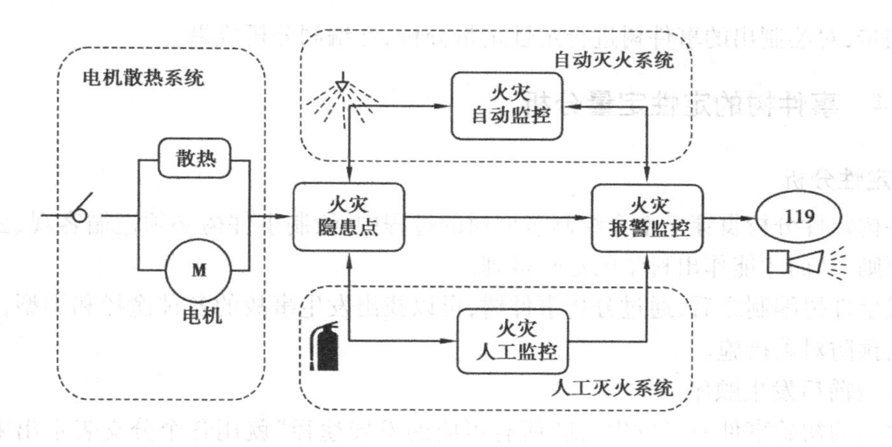

图 5.8　电机过热起火系统控制图

根据电机过热起火控制系统构成及其逻辑关系，绘制该系统功能框图，如图 5.9 所示。

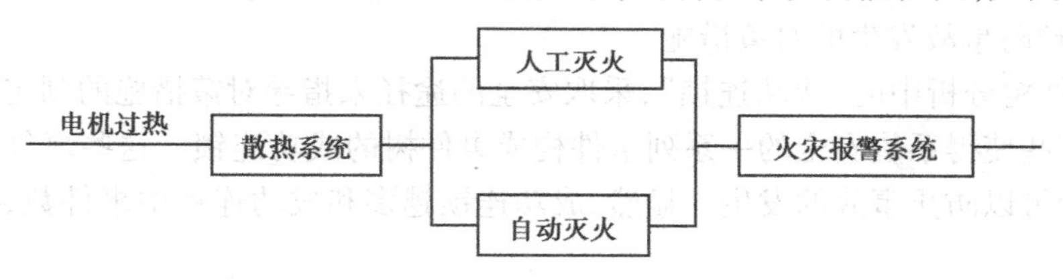

图 5.9　电机过热起火系统功能框图

第三步，从系统的初始事件开始，依托绘制的系统功能图和可靠性框图，按照系统构成要素的时序逻辑，从左向右，分成功与失败两种状态逐一列举后续功能单元，得到所有单元的二值状态组合，最终构造出事件树。

从系统的初始事件开始，按照前述所分析的系统构成要素的逻辑功能框图，从左向右逐步编制与展开事件树，电机过热起火事件树如图 5.10 所示。

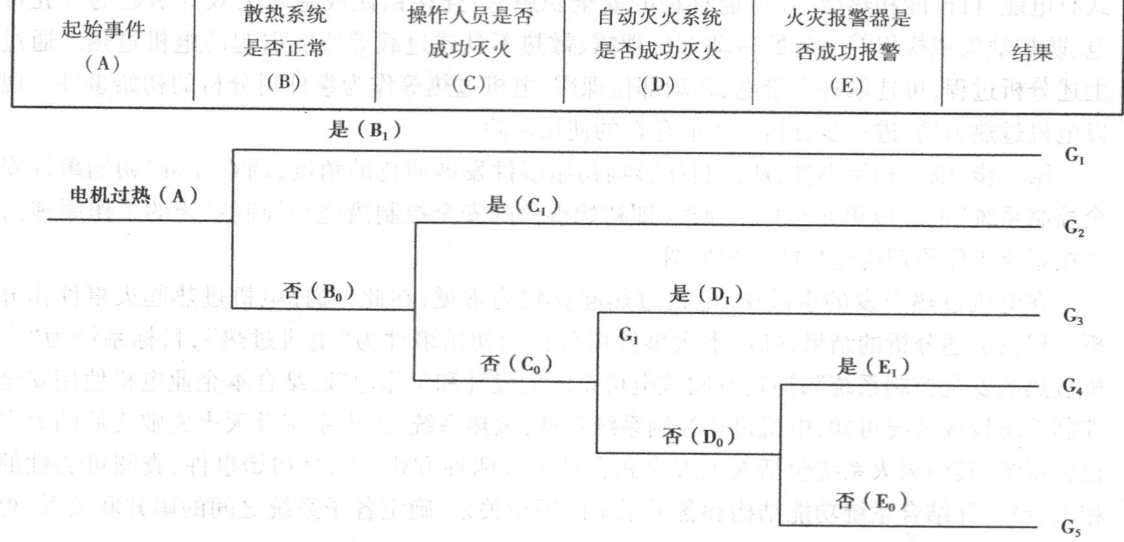

图 5.10　电机过热起火事件树图

第四步，对绘制出的事件树进行定性定量分析，并编制分析成果。

5.4.4　事件树的定性定量分析

(1)定性分析

事件树定性分析贯穿于整个绘制事件树的过程中，绘制事件树必须遵循客观、公正、实事求是的原则，从而才能作出科学的逻辑推理。

完成事件树编制之后，通过分析事件树，可以找出发生事故的各种途径和类型，并有针对性地提出预防对策措施。

1)事故前后发生顺序

事件树的初始事件一旦发生，其“所有可能的发展途径”就用各个分支表示出来。其中，能导致事故发生的途径，称之为事故连锁。一般来说，导致系统事故的途径有很多，即有许多事故连锁。事故连锁越多，系统的危险性越大；连锁中事件数越少，系统越危险。

2)提出预防事故发生的对策措施

根据事件树分析中的“成功连锁”，采取安全的途径来指导对策措施的制定。在达到安全的途径中，那些使得系统安全的一系列事件构成事件树的成功连锁。这些事件树如果都成功或者安全，则可以防止事故的发生。显然，成功连锁越多和成功连锁中事件数越少，系统就越安全。

(2)定量分析

事件树定量分析是在事件树定性分析的基础上，根据每一事件的发生概率，计算各种途径下事故发生概率，在比较各个事故发生概率的大小后，作出事故可能性排序、最后确定最容易导致事故发生的途径。一般而言，当各事件之间相互统计独立时，其定量分析比较简单。当事件之间相互统计不独立时(如共同原因故障，顺序运行等)，则定量分析变得非常复杂。

事件树的定量分析通常包含以下两个方面：

1)各个可能途径的发生概率

各发展途径的概率等于自初始事件开始的各事件发生概率的乘积。

2)最终事故发生概率

在事件树的定量分析中,事故发生概率等于导致事故的各发生途径的概率和。

定量分析要有事件概率数据作为计算的依据,事件过程状态多样性导致定量分析一般都缺少数据而降低其准确性,其基本概率数据通常可参照“5.9 系统可靠性分析”确定。

5.4.5 事件树分析的作用

事件树分析是一种宏观、动态、归纳的分析方法,事件树分析的作用是:

①事件树分析是动态的分析过程,通过ETA可以看出系统的变化过程。查明系统中各构成要素对导致事故发生的作用及其相互关系,从而判别事故发生的可能途径及其危害性。

②由于事件树分析时,事件树只有两种可能的状态:成功、失败而不考虑其一局部或具体的故障情节。因此可以快速推断和找出系统的事故,并能指出避免事故发生的途径,便于改进系统的安全状态。

③根据系统中各个要素事件的故障概率,可以计算出不希望事件的发生概率。

④采用树形图形式开展所有环节事件的“二值全枚举”状态组合分析,可从宏观角度分析系统所有可能发生的事故,掌握事故发生的规律。

⑤可通过定性定量分析找出最严重的事故后果,为事故树分析确定顶上事件提供依据。

5.4.6 事件树分析的应用

根据系统可靠性理论,任何复杂的“安全控制系统”均可抽象为简单的“串联单元”和“并联单元”的组合。因此,简单的“串联”和“并联”单元安全控制系统的事件树分析是事件树分析方法应用的基础。

(1)串联系统A,B,C

如图5.11所示的是一台泵和两个阀门组成的典型串联物料输送系统。物料沿箭头方向顺序经过泵A、阀门B和阀门C。

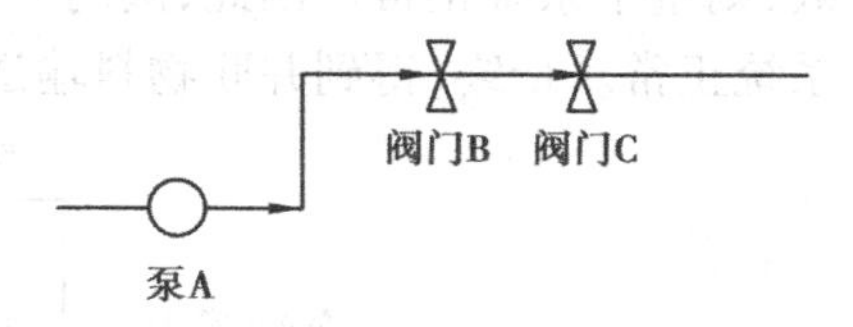

图5.11 串联系统

当泵A接到启动信号后,可能有两种状态:正常运行,或失效不能输送物料。同样,阀门B或阀门C也都有正常和失效的两种状态。依次考虑A、B、C的不同状态,将正常作为上分支,失效作为下分支,理论上可以得到$2^3=8$种组合状态(对n个单元组成的系统,有2^n种组合状态)。显然,如果泵A启动失败,则必然导致整个系统失败,此时已没有必要再考虑阀门B或阀门C的状态。因此,只需要将阀门B的两种状态接在泵A的正常分支上。同理,阀门C的状态只需接在阀门B正常的分支。最终,得到串联物料输送系统的事件树图,如图5.12所示。

当需要进行定量分析时,可参照“5.9 系统可靠性分析”理论,分别确定初始事件和各中间事件的概率值。在此,假设求得$R_A=0.95(F_A=0.05)$,$R_B=0.9(F_B=0.1)$,$R_C=0.9(F_C=0.1)$,则整个系统的可靠度R_S和不可靠度F_S分析计算过程如下。

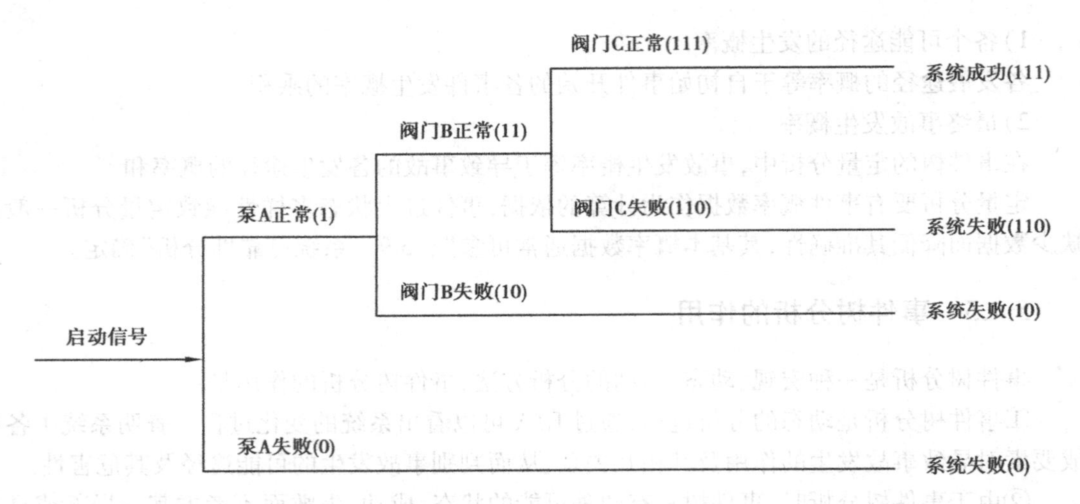

图 5.12　串联物料输送系统的事件树图

由事件树图可知，系统正常运行为(111)状态，所以系统可靠度 R_S 为(111)状态时的概率，即：

$$R_S = R_A \cdot R_B \cdot R_C = 0.95 \times 0.9 \times 0.9 = 0.769\ 5$$

而系统失效概率，即不可靠度为：$F_S = 1 - R_S = 1 - 0.769\ 5 = 0.230\ 5$

(2)并联系统 A,B,C

如图 5.13 所示的是一台泵和两个阀门组成的并联物料输送系统。物料沿箭头方向顺序经过泵 A、阀门 B 和阀门 C。

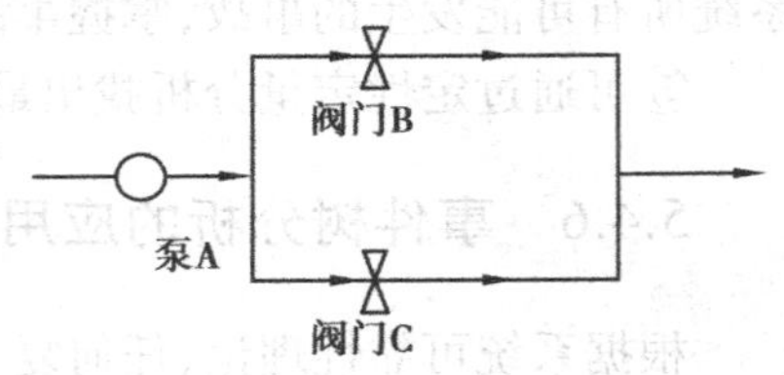

图 5.13　并联系统

显然，如果泵 A 启动失败，则必然导致整个系统失败，此时已没有必要再考虑阀门 B 或阀门 C 的状态。因此，只需将阀门 B 的两种状态接在泵 A 的正常分支上，若阀门 B 正常，不管阀门 C 正常或失败，则整个系统正常。因此，阀门 C 的状态只需接在阀门 B 失败状态的分支，则阀门 C 正常时系统正常。最终，得到并联物料输送系统的事件树图，如图 5.14 所示。

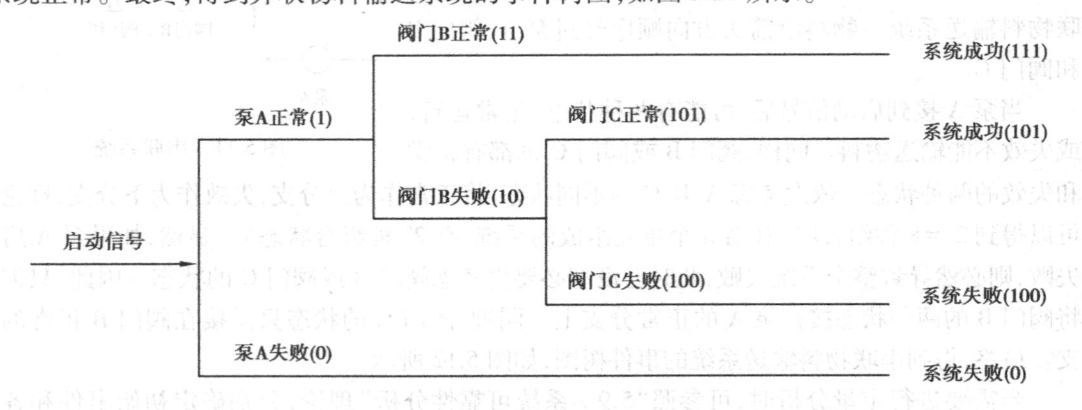

图 5.14　并联物料输送系统的事件树图

当需要进行定量分析时，可参照“5.9　系统可靠性分析”理论，分别确定初始事件和各中间事件的概率值。在此，假设求得 $R_A = 0.95(F_A = 0.05)$，$R_B = 0.9(F_B = 0.1)$，$R_C = 0.9(F_C = 0.1)$，

则系统的可靠度 R_S 和不可靠度 F_S 分析计算过程如下。

由事件树图可知，系统正常运行为(11,101)状态，所以系统可靠度 R_S 为(11,101)状态时的概率为：

$$R_S = R_A \cdot R_B + R_A \cdot [1 - R_B] \cdot R_C = 0.95 \times 0.9 + 0.95 \times (1 - 0.9) \times 0.9 = 0.940\ 5$$

则并联系统失效的概率，即不可靠度为：$F_S = 1 - R_S = 1 - 0.940\ 5 = 0.059\ 5$。

显然，阀门并联的系统可靠度比阀门串联的系统大得多，这就是以低可靠度的原件构成高可靠度系统的系统论思想的体现。

5.4.7　事件树分析注意事项

在进行事件树分析时，正确绘制事件树是关键。而正确绘制事件树的关键是合理选择初始事件、明确系统功能单元和安全控制系统逻辑，掌握事件响应的时间序列，故要注意以下几点：

①初始事件通常选择为系统中可能出现的、能导致事故的偏差或差错(可能通过 PHA 或 HAZOP 等方法确定)，并应保证所选择的初始事件与所有考虑的全部事件相比，处在时间顺序的最前端。例如，对比“燃气泄漏”“火灾发生”“爆炸发生”3 个事件，显然应以“燃气泄漏”为初始事件；如还考虑“燃气输送胶管有裂痕”这一事件，则应以后者为初始事件。

②所需考虑的环节事件通常为安全防护装置的成功或失败，此外还应考虑其他可能对初始事件的发展进程产生影响的事件。例如，当以某系统发生燃气泄漏作为初始事件进行事件树分析时，不能只考虑燃气泄漏检测、报警装置是否工作正常，还应考虑泄漏点附近是否有火源，而这个火源可能并不是系统固有的或系统设计包含的。

③在安排环节事件的次序时，要注意使之与事件发展的时序逻辑保持一致，即必须系统正确地掌握各安全控制措施对初始事件的响应逻辑。例如，从“燃气泄漏”这一初始事件出发，跟随其后的环节事件应该是“燃气泄漏检测装置是否正常工作”，而不是“火灾报警装置是否正常”；跟随“火灾发生”这一环节事件之后的应该是“火灾报警装置是否工作正常”，而不应该是“人员是否安全疏散”。

④当两个环节事件的时序可能发生交换，且交换后对后果有影响时，应分别进行事件树分析。例如，燃气泄漏后，即可能发生火灾，然后爆炸；也可能先爆炸，然后引起火灾。这两种情况的后果是不同的，最好用两棵事件树来描述。

5.5　事故树分析

事故树分析法(Fault Tree Analysis，FTA)是美国贝尔电话实验室于 1962 年开发的。事故树分析法采用逻辑方法进行危险分析，以系统可能发生或已经发生的事故(称为顶事件)作为分析起点，将导致事故发生的原因事件按因果逻辑关系逐层列出，用树形图表示出来，构成一种逻辑模型，然后定性分析出事故发生的各种可能途径，找出避免事故发生的各种方案并选出最佳安全策略。

事故树分析法形象、清晰、逻辑性强，它既能进行定性分析，又能进行定量分析，已成为一种常用的系统安全分析方法。

5.5.1 事故树分析法应该掌握的核心技能

事故树分析法的一般思路为：熟悉系统，确定顶事件；调查分析与顶事件相关的原因事件及其逻辑关系；按照既定的规则，绘制反映事件之间因果关系的树形图；利用定性定量的分析方法和基本数据，分析各基本事件的重要度及其对系统的影响，并根据分析结果制定有效的控制措施。因此，事故树分析法应掌握如下 4 个核心技能：

①确定研究对象，正确分割系统。

②确定顶事件，调查分析事故原因。

③绘制事故树，进行定性定量分析。

④根据分析成果，提出对策措施。

5.5.2 事故树分析的基本流程

事故树是将确定的事故（事件）以及事故发生的原因定向的从结果到原因组合起来的逻辑树。事故树分析就是对不希望发生的事件（事故）进行从结果到原因的演绎分析，寻找有关导致事件（事故）发生的原因事件及相互间的逻辑关系，进而找出可导致事件（事故）发生和控制事故发生的各基本事件的组合，并为事故提供预防依据的方法。

一般来讲，事故树分析法可以概括为以下 3 个步骤：

①编制事故树。

②定性、定量分析。

③编制分析文件。

其中，事故树编制是事故树分析的基础和前提，其过程可概括为：熟悉系统，确定顶事件；调查分析事故原因（含分析内在逻辑）；编制事故树。事故树分析法的基本流程如图 5.15 所示。

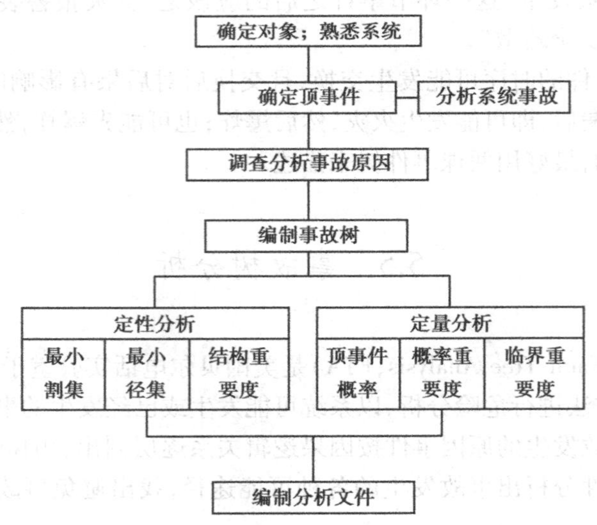

图 5.15 事故树分析法的基本流程

5.5.3　事故树的基本结构

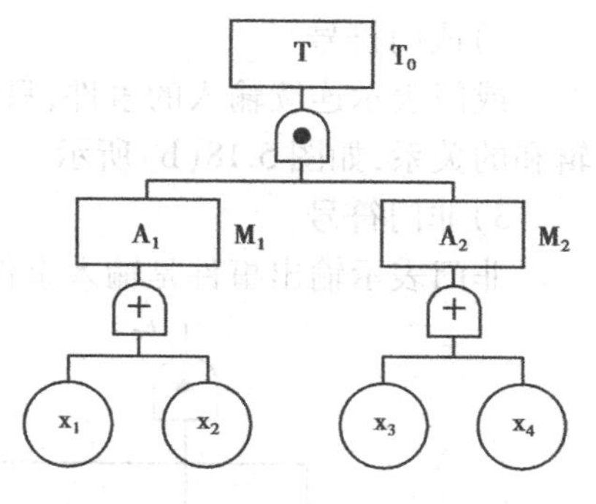

图5.16　典型的事故树的基本结构

典型的事故树的基本结构包括:分析对象、原因事件、事件的逻辑关系符号,如图5.16所示。其中分析对象即顶事件,原因事件又包括中间事件和基本事件。

从事故树的结构可以看出,一棵完整的事故树主要包括事件符号和逻辑符号这两种符号。

(1)事件符号

1)顶事件

顶事件是所研究的事故,一棵事故树只有一个顶事件,顶事件只能是某个逻辑门的输出事件,用图5.17中符号(a)表示。

2)中间事件

中间事件是位于顶事件和基本事件之间的事件。它既是某个逻辑门的输出事件,又是其他逻辑门的输入事件,换言之,即它既是顶事件的原因又是基本事件的结果。其表示符号同顶事件一样,如图5.17(a)所示。

3)基本事件

基本事件是其他事件的产生原因,都位于事故树的底部,只能作为逻辑门的输出端。基本事件又可分为基本原因事件和省略事件。

①基本原因事件。它是指导致顶事件发生的最基本的,不能再往下分的原因或缺陷事件,用图5.17中符号(b)表示。

②省略事件。它是指没有继续往下分析的意义或者是不能找出产生原因的原因事件,用图5.17中符号(c)表示。

4)特殊事件

特殊事件是指在事故树结构中较其他事件特殊的事件。特殊事件按照其性质可以分为开关事件和条件事件。

①开关事件。它是指在正常的情况下一定会发生或者一定不会发生的事件,用图5.17中符号(d)表示。

②条件事件。它表示输入事件必须满足某一条件,输出事件才会发生,用图5.17中符号(e)表示。

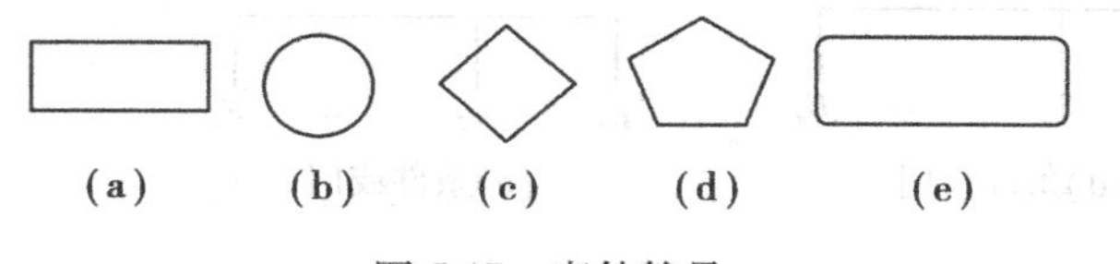

图5.17　事件符号

(2)逻辑符号

逻辑符号是指连接各个事件,并表示其逻辑关系的符号。

1)与门符号

与门表示连续输入的事件,同时发生时输出事件才会发生的连接关系。表现为逻辑乘的关系,如图5.18(a)所示。

2）或门符号

或门表示连续输入的事件，只要有一个发生时输出事件就会发生的连接关系。表现为逻辑和的关系，如图5.18(b)所示。

3）非门符号

非门表示输出事件是输入事件的对立事件，如图5.18(c)所示。

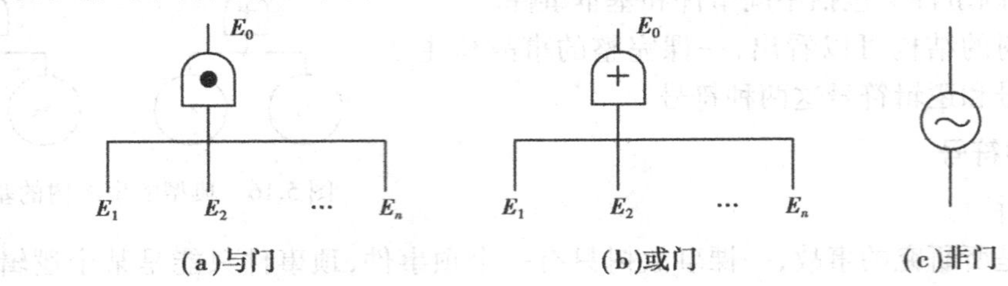

图5.18 逻辑符号

4）特殊门

①表决门。表示输入的事件在达到一定的数量且同时发生时，输出事件才发生，如图5.19(a)所示。

②异或门。表示只有单个输入事件发生时，输出事件才发生，如图5.19(b)所示。

③禁门。表示只有当条件事件发生时，输入事件才会导致输出事件的发生，如图5.19(c)所示。

④条件与门。表示输入事件不仅要同时发生，而且必须满足某一条件时才会有输出事件发生，如图5.19(d)所示。

⑤条件或门。表示输入事件在至少有一个发生的条件下，还必须满足某一条件时才会有输出事件发生，如图5.19(e)所示。

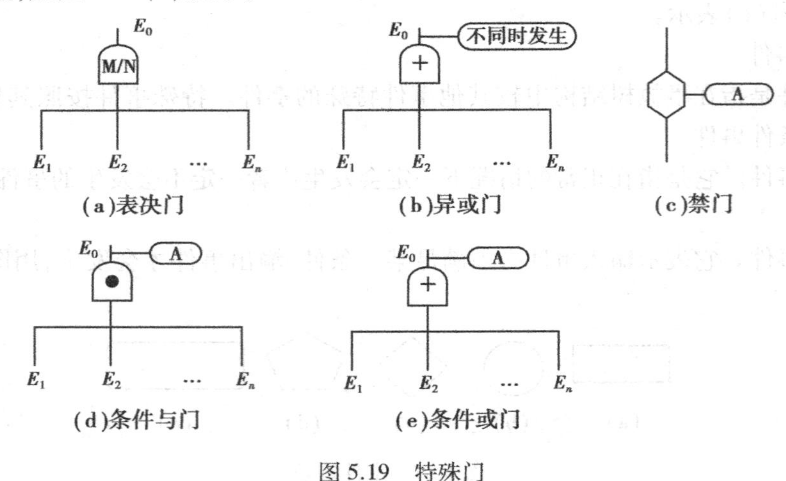

图5.19 特殊门

【小贴士】

在事故树分析过程中，所有的特殊逻辑门均可转化为“与门”“或门”两种基本型。

(3)转移符号

转移符号表示部分事故树图的转入和转出。当事故树的规模很大,无法绘制在同一张图纸上,或者整个事故树有多个重复的部分时,利用转入和转出简化事故树的编制,如图5.20所示。需要注意的是,在一个事故树中,转入、转出符号需同时使用。

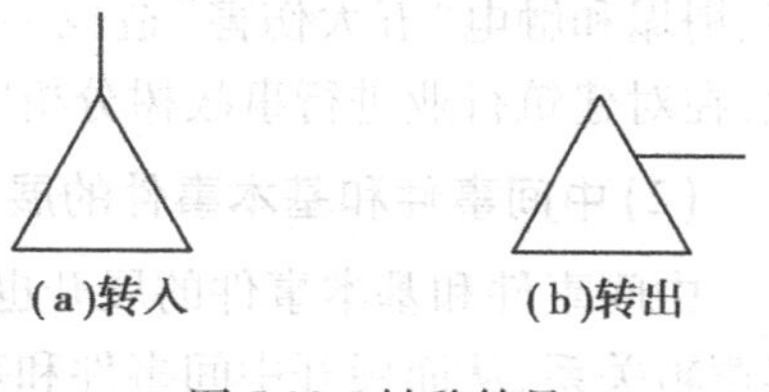

图5.20 转移符号

5.5.4 如何编制事故树

事故树的编制步骤如下:

(1)熟悉系统,确定顶事件

对于大型系统,可能发生的事故一般不止一个,而且某个特定的事故可能只是系统失效的原因之一。因此,要绘制事故树首先应该学会如何正确确定顶事件。

顶事件的一般确定原则为:任何不希望发生的事件都可作为事故树的顶事件,但在实际运用中通常选取可能造成人身伤亡、导致重大财产损失、使系统丧失大部分功能的事故作为顶事件。

顶事件的确定,一方面可以通过系统分析的方法确定,另一方面也可以利用以往经验确定。

常用的系统分析确定法有:事件树分析确定法、预先危险性分析确定法、故障类型及影响分析确定法、危险与可操作性分析确定法等。

利用事件树分析法确定顶事件时,可将事件树的结果事件作为事故树分析的顶事件。当然,参照原因—后果分析法可知,初始事件和安全功能失败的中间事件也可以作为事故树分析的顶事件。

利用预先危险性分析法确定顶事件时,通常将事故风险级别为临界的、危险的和灾难性的事故作为顶事件。风险分级可参见“5.3 预先危险性分析”。

利用故障类型及影响分析法(FMEA)确定顶事件时,可将影响较高的故障作为顶事件。通常可以从以下方面考虑:将故障类型等级为临界的、严重的和致命的故障作为顶事件;或将故障风险等级为Ⅱ、Ⅲ、Ⅳ级的故障作为顶事件;或将FMEA分析中由*RPN*分析必须提出预防和改进措施的3种情形(①*RPN*排在前30%;②*RPN*值大于100;③严重度、发生率或不易探测度三者中)的故障作为顶事件。故障影响相应分级可参见“5.6 故障类型及影响分析”。

利用危险与可操作性分析方法确定顶事件时,可根据其分析结果表中的“影响后果”,以是否造成人身伤亡、导致重大财产损失、使系统丧失大部分功能为原则,选择危害性大的后果作为顶事件。

经验分析法:采用经验分析法分析时,通常可以直接根据《企业职工伤亡事故分类》(GB 6441—1986)等标准的规定,选择该企业可能存在的伤亡事故类型作为顶事件。

对于一些典型行业还可以直接根据已有的事故的统计分析成果,结合行业自身特点选取行业经常出现且后果严重的事故作为顶事件。以建筑行业为例,高处坠落、物体打击、机械伤害、坍塌和触电“五大伤害”造成的死亡人数占建筑行业全部事故死亡人数的90%以上。因此,在对建筑行业进行事故树分析时,可直接选择五大伤害作为顶事件。

(2)中间事件和基本事件的展开

中间事件和基本事件的展开也就是如何通过调查分析得出与顶事件相关的原因事件及其逻辑关系,从而展开中间事件和基本事件。

通过分析事故树的构成特征可以发现,一般情况下,事故树都可由“或门”和“与门”两种基本逻辑门连接组合而成。基于此,提出“或门”展开型和“与门”展开型两种事件展开方法,实现事故树的编制。

1)“或门”展开型

①基本原理。利用整分合原理,根据系统整体性、集合性和层次性特征开展分类调查。

②适用情形。适宜于对象事件可根据性质、功能、结构等方面的准则,进行类型或情形的分解。

③实现过程。根据拟分析对象事件的性质、功能或结构,选取恰当的分类准则,按照“前分类”模式,根据分类准则开展调查,得到拟分析对象的调查结果(即对象的分类结果),并凝练调查结果,采用“或门”连接。

以某企业火灾事故分析为例,当确定“企业火灾事故”为分析对象时,可选取功能区分类准则进行调查,根据调查结果,将其归类为“办公区火灾”“生产区火灾”“仓储区火灾”和“生活区火灾”四大类型,采用“或门”连接,展开结果如图5.21所示。

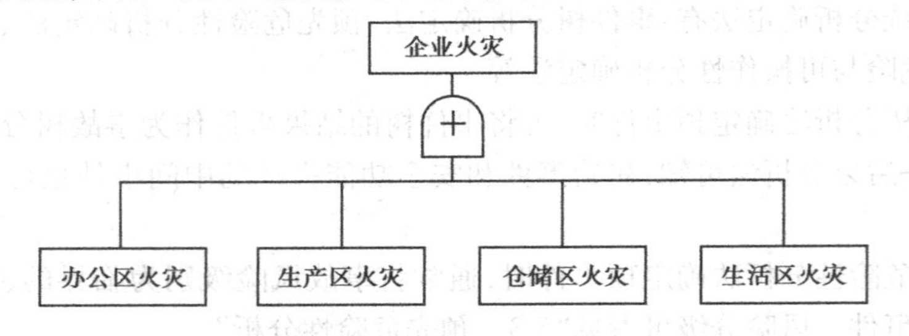

图5.21 按功能区分类的企业火灾“或门”型事故树

在实际应用时,需求不同,选择的分类方式也不同,得到分类结果也不同。例如,当根据《火灾分类》(GB/T 4968—2008),以可燃物的类型和燃烧特性按A、B、C、D、E、F六大类型的分类准则展开调查时,可得到该企业火灾的6种类型,将得到的该企业存在的火灾类型按“或门”连接,展开结果如图5.22所示。

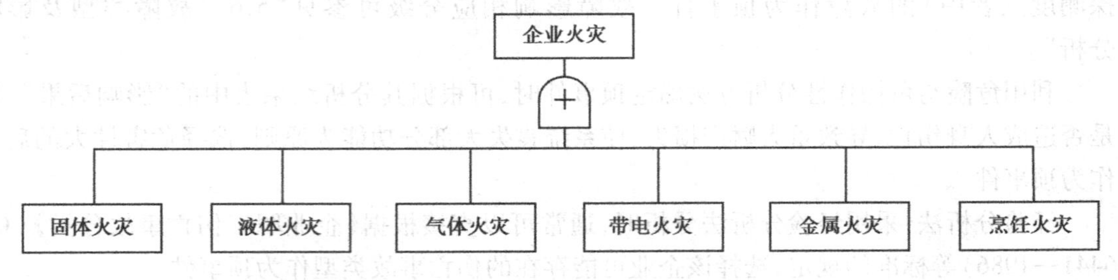

图5.22 按六大类型分类的企业火灾“或门”型事故树

2)“与门”展开型

①基本原理:根据事故发生机理,进行事故发生的“充要条件”调查。

②适用情形:适用于由多个事件共同作用,顶事件(事故)才会发生时。

③实现过程:根据拟展开对象的性质,分析事故发生机理,进行事故发生“充要条件”调查,凝练调查结果,用“与门”连接。

如某具体火灾可以根据火灾发生的机理进行调查,把火灾发生的“充要条件”归纳为可燃物、点火源和助燃物3个要素,用“与门”连接,展开结果如图5.23所示。

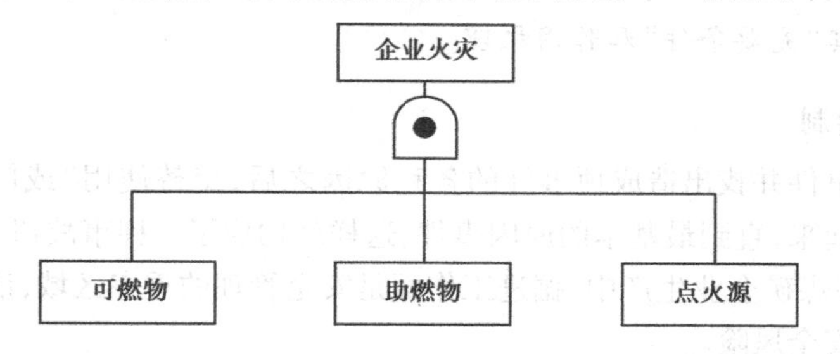

图5.23 企业火灾发生机理的“与门”事故树

“或门”和“与门”是事故树编制过程中的两种基本单元,编制事故树时,优先选择“或门”展开,当分析对象无法或没必要做进一步分类调查,事件的发生必须由多个事件共同作用时,采用“与门”展开。

在此仍以企业火灾事故分析为例。当确定“企业火灾事故”为顶事件时,首先采取功能区分类原则进行“或门”展开调查分析,得到结果如图5.21所示。对某个区域的火灾,仍可依据可燃物的类型和燃烧特性按A、B、C、D、E、F六大类型的分类准则展开调查。在此,以办公区火灾为例,调查结果如图5.24所示。此时,假设办公区金属可燃物没必要再进行分类,则可用“与门”对办公区金属火灾这一中间事件进行展开。

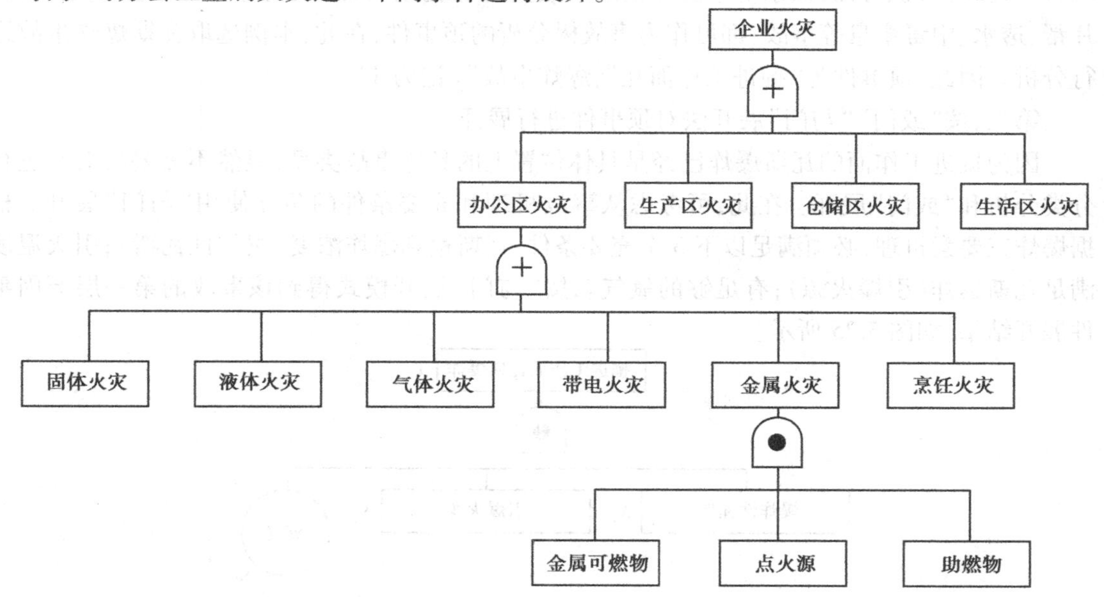

图5.24 办公区金属火灾事故树展开结果

【小贴士】

机理是指为实现某一特定功能,一定的系统结构中各要素的内在工作方式以及诸要素在一定环境条件下相互联系、相互作用的运行规则和原理。因此,事故机理可以简单理解为"事故"系统结构中,导致"事故发生,即事故系统运行"的各要素的内在工作方式以及诸要素在一定环境条件下相互联系、相互作用的运行规则和原理。事故机理研究的主要成果是"事故致因理论"。在事故树编制过程中,用"与门"展开时通常参考的有轨迹交叉理论和能量逸散理论等。对于"火灾""爆炸"等典型的物理化学反应性事故,通常还可以直接从其物理化学反应机理上分析其"充要条件"和作用机理。

(3)事故树绘制

在确定了顶事件并找出造成顶事件的各种原因之后,交替使用"或门""与门"展开型从上到下分层连接起来,直到最基本的原因事件,这样就构成了一棵事故树。

【例 5.6】 在煤矿企业生产中,掘进工作面是安全管理的重点区域,请用事故树分析法分析掘进工作面的安全风险。

解:根据事故树编制步骤,其编制过程如下:

首先,根据例题的分析目的判定分析界限及熟悉系统。

显然,例题的分析目的是弄清掘进工作面存在的风险类型、原因以及后果并为制订控制措施提供依据。因此,系统的边界可限定为掘进工作面系统。按人、机、环、管的逻辑调查分析可知,掘进工作面系统包括作业人员和管理人员,掘进机械和通风设备,工作面作业环境和掘进工作面的管理工作。

其次,分析系统风险(事故),确定顶事件。

系统分析掘进工作面生产工艺和运行管理特征,参照《企业职工伤亡事故分类》(GB 6441—1986)辨识可知,该系统主要存在的事故类型有瓦斯爆炸,火药爆炸、放炮、触电、冒顶片帮、透水、中毒窒息等事故,都可作为事故树分析的顶事件,在此,本例选取瓦斯爆炸事故进行分析。因此,顶事件为"掘进工作面瓦斯爆炸事故"(记为 T)。

第三,按"或门""与门"展开法对顶事件进行展开。

因为掘进工作面的瓦斯爆炸已经是具体位置上的具体事故类型,显然不需要再对其进行分类分析和"或门"展开。在此,可考虑从事故机理和充要条件的角度使用"与门"展开。根据爆炸三要素机理,必须满足以下 3 个充要条件:瓦斯达到爆炸浓度(爆炸性瓦斯);引火温度满足瓦斯爆炸(引爆火源);有足够的氧气。按"与门"展开模式得到该事故的第一层原因事件展开结果,如图 5.25 所示。

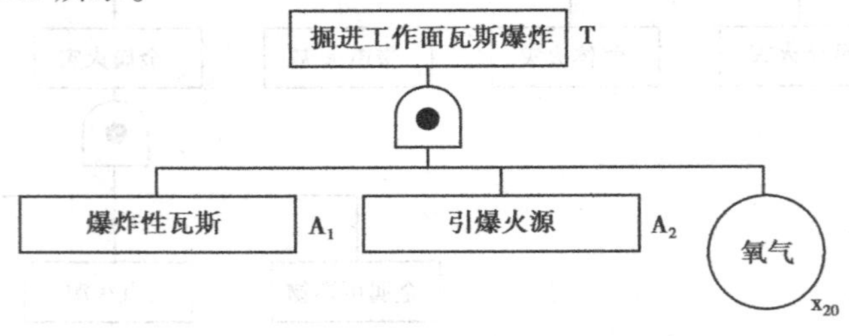

图 5.25 掘进工作面瓦斯爆炸的"与门"事故树

由图可知顶事件的第一层中间事件有3个。事件“有足够的氧气”可忽略下层事件不再展开，对“爆炸性瓦斯”“引爆火源”两个事件在展开的过程中可按首先完全展开“爆炸性瓦斯”分支再展开“引爆火源”顺序进行展开。

接着，针对第一层中间事件展开过程如下：

1）对“爆炸性瓦斯”（A_1）展开

①对“爆炸性瓦斯”（A_1）进行展开。爆炸性瓦斯是由于“瓦斯积聚”（A_3）并“达到爆炸浓度范围”（即满足事件 x_0）而形成的，因此爆炸性瓦斯（A_1）可按“与门”展开为“瓦斯积聚”和“达到爆炸浓度范围”作为（A_1）的下一级中间事件。

②对“瓦斯积聚”（A_3）进行展开。根据生产经验，矿井瓦斯聚集的情形有多种形式，用情形分类的方式调查本企业“瓦斯积聚”（A_3）的原因可归结为以下4种情况：

a.“局部风机断电停风”（A_4）导致供风停止致使瓦斯聚集。

b.“局部风机打循环风”（A_5）使巷道内风流在局部循环不能有效的给掘进工作面供风导致瓦斯聚集。

c.“瓦斯突出”（x_1）导致聚集。

d.“串联通风”（A_6）导致供风量不足以冲散瓦斯形成瓦斯聚集。

该4种原因任何一种都可造成瓦斯积聚，采用“或门”连接。

造成以上4种情况的原因有很多，因此这4种事件皆有下层原因事件，可对其进行展开。在此，从人、物、环3个方面对上述4种情况展开。

③对“局部风机断电停风”（A_4）进行展开。在人的方面有“操作人员操作失误”（x_2）使风机断电停风；在风机附属设备方面有“输电线路老化”（x_3）造成断路使风机断电停风；从环境的方面有“工作环境潮湿等引起风机短路”（x_4）导致风机断电停风。该3种原因任何一种都可造成局部风机断电，采用“或门”连接。

④对“局部风机循环风”（A_5）进行展开。在人的方面有“局部风机设计缺陷”（x_5）导致风筒距离工作面距离设计错误形成循环风；在机械设备方面由于“风机风量损失”（A_7）致使风机打循环风。这两种原因任何一种都可造成局部风机打循环风，采用“或门”连接。

由于造成“风机风量损失”（A_7）原因有很多，因此，该事件存在下层原因事件。

对事件“风机风量损失”（A_7）展开。人的方面有“人为操作错误”（x_6）；在机械的方面由于“风机功能损失”（x_7）导致风量损失；环境方面有“风机工作环境不良”（x_8）导致性能风量损失。

⑤对“串联通风”（A_6）进行展开。从人的角度分析有“设计人员造成通风系统设计缺陷”（x_9）、“没有按要求放置风机”（x_{10}）导致风机串联通风、“未执行试运行操作”（x_{11}）导致没有发现串联通风问题。

2）对“引爆火源”（A_2）进行展开

①对“引爆火源”（A_2）进行展开。调查掘进工作面引爆火源的存在形式可知，主要有以下3种类型：

a.“爆破火源”（A_8）。

b.“电火花”（x_{12}）。

c.“明火”（A_9）。

用“或门”展开，“爆破火源”“电火花”“明火”作为“引爆火源”的下一级中间事件。

由于“爆破火源”(A_8)和“明火”(A_9)造成原因很多，故都存在下层事件。

②对“爆破火源”(A_8)进行展开。从人的角度分析有“工人放炮操作失误”(x_{16})和“爆破工程设计不合理”(x_{17})“没有执行进行一炮三检”(x_{18})3个原因；从工作环境的角度分析时有“光线暗导致爆破操作失误起火”(x_{19})。

③对“明火”(A_9)进行展开。从人的角度查找有“工人抽烟”(x_{13})“工人携带点火设备”(x_{14})“明火作业”(x_{15})。

3)“有足够氧气”(A_{20})事件可以直接作为基本事件，不需要展开。

最终可得事故树如图5.26所示。

(4)画事故树时的注意事项

①从顶事件开始，按事件的发生、发展层次全面找出事故的原因事件。

②分析时应按逆时序和因果逻辑关系进行分析。

③要充分注意原因和结果之间的逻辑关系。

④要正确使用各种符号。

⑤事故树中相同事件使用同一英文符号表示。

⑥复杂的事故树采用转移方法，用分解形式进行分析。

【小贴士】

1.通常在进行事故树编制时采用“前分类法”分析顶事件，遵循分类优先的原则。“前分类”是指根据研究对象的性质和特征先选取恰当的分类指标、设计调查方案，然后进行资料搜集。

2.事故树可分为以下几种类型。

(1)二状态事故树：如果事故树的基本事件刻画一种状态，而其对立事件也只刻画一种状态，即整个基本事件只有发生和不发生两种互补状态，则这样的事故树称为二状态事故树。

(2)多状态事故树：如果事故树的基本事件有3种或3种以上互不相容的状态，则称为多状态事故树。

二状态事故树中基本事件只有发生和不发生两种状态，现根据基本事件发生难易程度和故障程度定义第三种状态——降阶发生。

(3)规范化事故树：将画好的事故树中各种特殊事件进行转换或删除，变成仅含有基本事件、结果事件以及与、或、非3种逻辑门的事故树，这种事故树称为规范化事故树。

(4)正规事故树：仅含有事故事件以及与门、或门的事故树称为正规事故树。

(5)非正规事故树：含有成功事件或者非门的事故树称为非正规事故树。

(6)对偶事故树：将二状态事故树中的与门换成或门，或门换成与门，其余不变，这样得到的事故树称为原事故树的对偶事故树。

(7)成功树：除将二状态事故树中的与门换成或门，或门换成与门外，还将基本事件与中间事件换成对立事件，这样得到的事故树称为原事故树对应的成功树。

文中所讲述的事故树都是正规事故树。

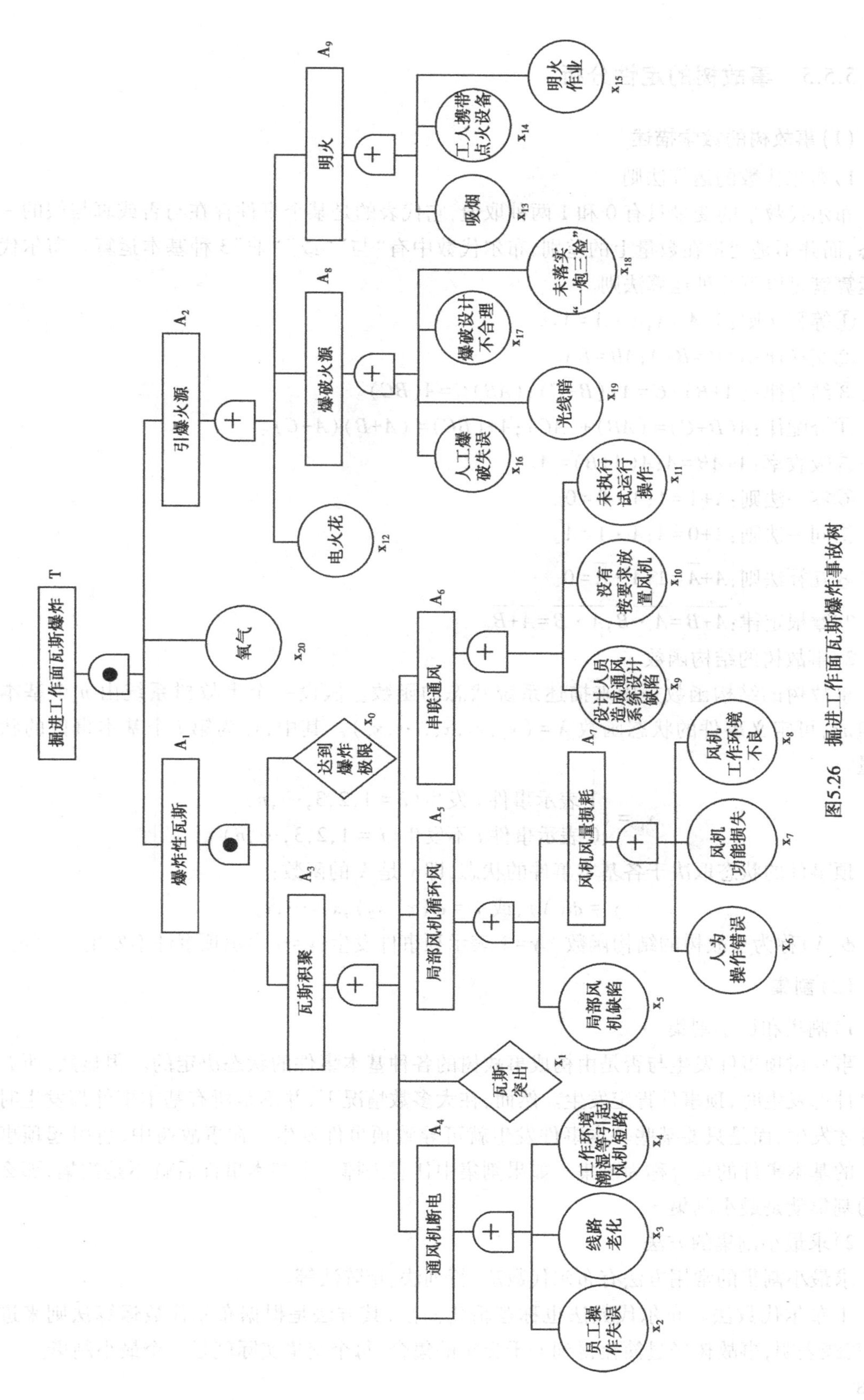

图5.26　掘进工作面瓦斯爆炸事故树

5.5.5 事故树的定性分析

(1)事故树的数学描述

1)布尔代数的运算法则

布尔代数中的变量只有0和1两种取值,它代表的是某个事件存在与否或真与假的一种状态,而并不是变量在数量上的差别,布尔代数中有"与""或""非"3种基本运算。布尔代数的运算满足以下几种运算法则。

①等幂法则:$A+A=A$;$A\cdot A=A$。

②交换律:$A+B=B+A$;$AB=BA$。

③结合律:$(A+B)+C=A+(B+C)$;$(AB)C=A(BC)$。

④分配律:$A(B+C)=(AB)+(AC)$;$A+(BC)=(A+B)(A+C)$。

⑤吸收率:$A+AB=A$;$A(A+B)=A$。

⑥零一法则:$A+1=1$;$A\cdot 0=0$。

⑦同一法则:$A+0=A$;$A\cdot 1=A$。

⑧互补法则:$A+\overline{A}=1$;$A\cdot\overline{A}=0$。

⑨摩根定律:$\overline{A+B}=\overline{A\cdot B}$;$\overline{A\cdot B}=\overline{A}+\overline{B}$。

2)事故树的结构函数

事故树的结构函数是用来描述系统状态的函数。假设一个事故树系统由 n 个基本事件组成,可定义事件的状态函数 $X=(x_1,x_2,x_3,\cdots,x_n)$。其中,$x_i$ 为第 i 个基本事件的状态变量。

$$x_i=\begin{cases}1\ \text{表示事件}\ i\ \text{发生}(i=1,2,3,\cdots,n)\\0\ \text{表示事件}\ i\ \text{不发生}(i=1,2,3,\cdots,n)\end{cases}$$

顶事件的状态取决于各基本事件的状态,即 y 是 X 的函数:

$$y=\phi(X),\text{或}\ y=\phi(x_1,x_2),x_3,\cdots,x_n$$

$\phi(X)$称为事故树的结构函数。$y=1$ 表示顶事件发生;$y=0$ 表示顶事件不发生。

(2)割集

1)割集和最小割集

事故树顶事件发生与否是由构成事故树的各种基本事件的状态决定的。很显然,所有基本事件都发生时,顶事件肯定发生。然而,在大多数情况下,并不是所有基本事件都发生时顶事件才发生,而是只要某些基本事件发生就可导致顶事件发生。在事故树中,将引起顶事件发生的基本事件的集合称为割集。如果割集中任意去掉一个基本事件后就不是割集,那么这样的割集就是最小割集。

2)求最小割集的方法

求最小割集的常用方法有布尔代数法、行列法、矩阵法等。

①布尔代数法。布尔代数法也称逻辑化简法,其方法是根据布尔代数运算法则来进行的,实践表明,事故树经过简化得到若干交集的集合,每个交集实际就是一个最小割集。

如图5.27所示的事故树，试用布尔代数法求出其全部的最小割集，并做出其等效事故树。

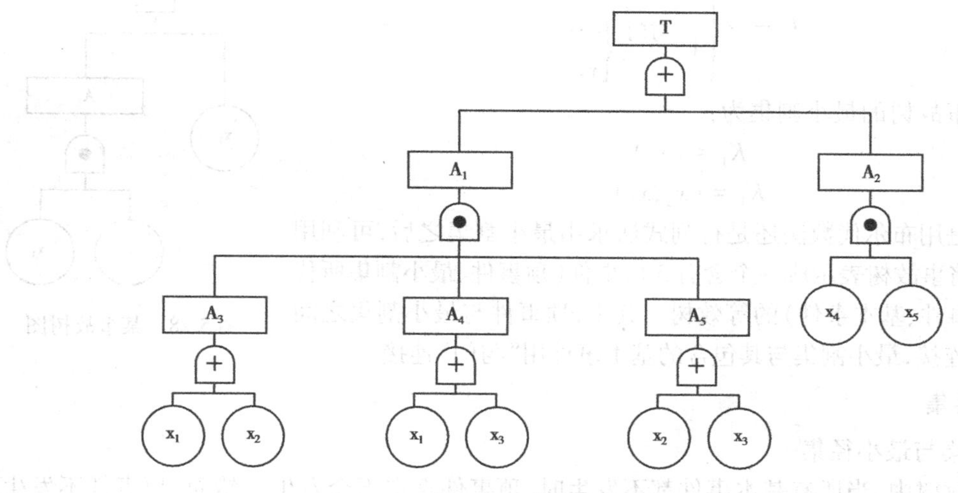

图5.27 某事故树图

第一步：先写出事故树的结构式。

$$\begin{aligned}T &= A_1 + A_2 \\ &= A_3A_4A_5 + x_4x_5 \\ &= (x_1 + x_2)(x_1 + x_3)(x_2 + x_3) + x_4x_5\end{aligned}$$

第二步：按逻辑运算全部展开，去掉所有的括号，并进行化简。

$$\begin{aligned}T &= (x_1 + x_2)(x_1 + x_3)(x_2 + x_3) + x_4x_5 \\ &= (x_1x_1 + x_1x_3 + x_2x_1 + x_2x_3)(x_2 + x_3) + x_4x_5 \\ &= (x_1 + x_2x_3)(x_2 + x_3) + x_4x_5 \\ &= x_1x_2 + x_1x_3 + x_2x_3x_2 + x_2x_3x_3 + x_4x_5 \\ &= x_1x_2 + x_1x_3 + x_2x_3 + x_4x_5\end{aligned}$$

第三步：找出最小割集（化简后的计算式中每个连乘项就是一个最小割集）。

$$K_1 = \{x_1, x_2\}, K_2 = \{x_1, x_3\}, K_3 = \{x_2, x_3\}, K_4 = \{x_4, x_5\}$$

②行列法。行列法是富塞尔（Fussell）和文西利（W.E.Vssely）于1972年提出的，又称下行法或富塞尔算法。该法的理论依据是：事故树“或门”使割集的数量增加，而不改变割集内所含事件的数量；“与门”使割集内所含事件的数量增加，而不改变割集的数量。求取最小割集时，首先从顶事件开始，顺序用下一事件代替上一层事件，在代换过程中，凡是用“或门”连接的输入事件，按列排列，用“与门”连接的输入事件，按行排列；这样，逐层向下代换下去，直到顶事全部作为基本事件表示为止。最后列写的每一行基本事件集合，经过简化，若集合内元素重复出现，且各集合间没有包含的关系，这些集合便是最小割集。

【例5.7】 用行列法求如图5.28所示的事故树的最小割集。

第一步：

$$I \longrightarrow \begin{cases} x_1 \\ A \end{cases}$$

第二步：

$$I \longrightarrow \begin{cases} x_1 \\ A \xrightarrow{\text{与门}} \begin{cases} x_2 \\ x_3 \end{cases} \end{cases}$$

则该事故树的最小割集为：

$$K_1 = (x_1)$$
$$K_1 = (x_2, x_3)$$

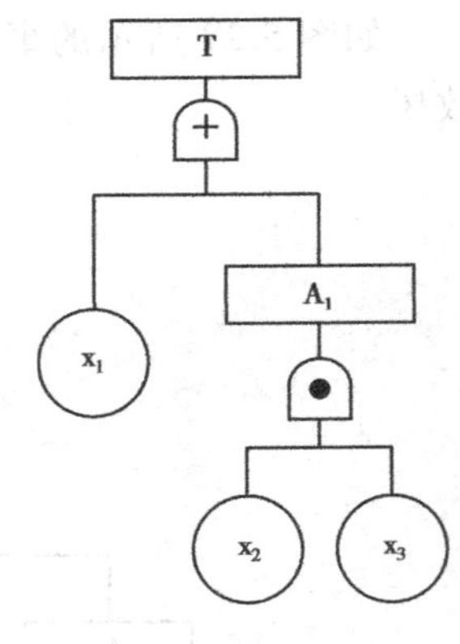

图 5.28　某事故树图

无论是用布尔代数法还是行列式法求出最小割集之后，可利用最小割集将事故树表示成一个含有 3 层事件(顶事件、最小割集所代表的中间事件、基本事件)的等效树。其中，顶事件与最小割集之间用“或门”连接，最小割集与其包含的基本事件用“与门”连接。

(3)径集

1)径集与最小径集

在事故树中，当所有基本事件都不发生时，顶事件肯定不会发生。然而，顶事件不发生常常并不要求所有基本事件都不发生，只要某些基本事件不发生顶事件就不会发生，这些不发生的基本事件的集合称为径集。如果径集中任意去掉一个基本事件后就不再是径集，那么该径集就是最小径集。所以，最小径集是保证顶事件不发生的充分必要条件。

2)求最小径集的方法

最小径集的求法是利用它与最小割集的对偶性。根据对偶原理，做出事故树的成功树，即把原来事故树的与门换成或门，或门换成与门，各类事件发生换成不发生，然后利用前面介绍的方法(布尔代数或行列式法)简化。最后求出成功树的最小割集，利用对偶转换后即是所求事故树的最小径集。

如图 5.29 给出了两种常用的对偶转化方法。

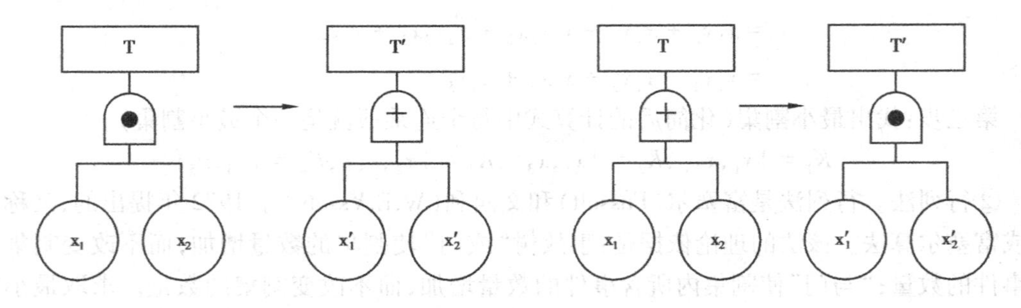

图 5.29　两种常用的事故树成功树

【例 5.8】　以 5.28 事故树为例，求出其对应的成功树。

解：按照成功树绘制原则得到其成功树，如图 5.30 所示。

$$\begin{aligned} T' &= x_1'A_1' \\ &= x_1'(x_2' + x_3') \\ &= x_1'x_2' + x_1'x_3' \end{aligned}$$

得到成功树的两个最小割集，经过对偶转换得到事故树的两个最小径集，即：

$$T = (x_1 + x_2)(x_1 + x_3)$$

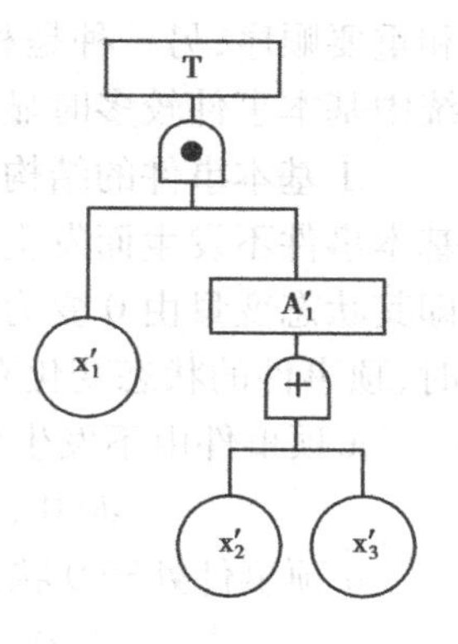

图5.30　事故树成功树图

(4)最小割集和最小径集在事故树分析中的作用

1)最小割集在事故树分析中的作用

最小割集在事故树分析中起着非常重要的作用,归纳起来有4个方面。

①表示系统的危险性。最小割集的定义明确指出,每一个最小割集都表示顶事件发生的一种可能,事故树中有几个最小割集,顶事件发生就有几种可能。从这个意义上讲,最小割集越多,说明系统的危险性越大。

②表示顶事件发生的原因组合。事故树顶事件发生必然是某个最小割集中基本事件同时发生的结果。一旦发生事故,就可以方便地知道所有可能发生事故的途径,并可以逐个排除非本次事故的最小割集,较快地查出本次事故的最小割集,这就是导致本次事故的基本事件的组合。显而易见,掌握了最小割集,对于掌握事故的发生规律,调查事故发生的原因有很大的帮助。

③为降低系统的危险性提出控制方向和预防措施。每个最小割集都代表了一种事故模式。由事故树的最小割集可以直观地判断哪种事故模式最危险,哪种次之,哪种可以忽略,以及如何采取措施使事故发生概率下降。

④利用最小割集可以判定事故树中基本事件的结构重要度和计算顶事件发生的概率。

2)最小径集在事故树分析中的作用

最小径集在事故树分析中的作用与最小割集同样重要,主要表现在以下3个方面:

①表示系统的安全性。最小径集表明,一个最小径集中所包含的基本事件都不发生,就可防止顶事件发生。可见,每一个最小径集都是保证事故树顶事件不发生的条件,是采取预防措施,防止发生事故的一种途径。从这个意义上来说,最小径集表示了系统的安全性。

②是确保系统安全的最佳方案。每一个最小径集都是防止顶事件发生的一个方案,可以根据最小径集中所包含的基本事件个数的多少、技术上的难易程度、耗费的时间以及投入的资金数量来选择最经济、最有效地控制事故的方案。

③利用最小径集同样可以判定事故树中基本事件的结构重要度和计算顶事件发生的概率。在事故树分析中,根据具体情况,有时使用最小径集更为方便。

就某个系统而言,如果事故树中与门多,则其最小割集的数量就少,定性分析最好从最小割集入手;反之,如果事故树中或门多,则其最小径集的数量就少,此时定性分析最好从最小径集入手。

(5)结构重要度分析

1)结构重要度分析的概念

结构重要度分析,是从事故树的结构上,即在不考虑各基本事件发生的难易程度,或假设各基本事件的发生概率相等的情况下,研究各基本事件对顶事件的影响程度的一种分析方法,一般用$I_\phi(i)$表示。基本事件结构重要度越大,则表示它对顶事件的影响程度就越大。

2)分析方法

结构重要度分析可采用两种方法,一种是求结构重要系数,以系数大小排列各基本事件和重要顺序；另一种是利用最小割集或最小径集判断结构重要度，排出顺序。前者精确，但系统中基本事件较多时显得特别烦琐；后者简单，但不够精确。

①基本事件的结构重要度系数。顶事件与基本事件之间所固有的因果关系不会因某个基本事件不发生而发生。因此，当事故树的任意一个基本事件 x_i 的状态由不发生变为发生，即其状态变量由 0 变为 1，而其他基本事件 $x_1,x_2,x_3,\cdots,x_n$，保持任意一种组合状态 X 不变时，顶事件的状态变化有 3 种可能情况：

a.顶事件由不发生变为发生，即其状态变量由 0 变为 1：

$$\phi(0_i,X)=0 \text{ 变为 } \phi(1_i,X)=1\text{，即 } \phi(1_i,X)-\phi(0_i,X)=1$$

b.顶事件处于 0 状态不变：

$$\phi(0_i,X)=0 \text{ 变为 } \phi(1_i,X)=0 \text{ 即 } \phi(1_i,X)-\phi(0_i,X)=0$$

c.顶事件处于 1 状态不变：

$$\phi(0_i,X)=1 \text{ 变为 } \phi(1_i,X)=1 \text{ 即 } \phi(1_i,X)-\phi(0_i,X)=0$$

在以上 3 种情况中表明 x_i 的状态变化对顶事件产生了影响。考虑基本事件 x_i 的状态由 0 变为 1，而其他基本事件的状态保持不变的所有可能，情况 a 出现得越多说明 x_i 状态对顶事件是否发生所起的作用就越重要。显然，对一个包含 n 个基本事件的事故树，除去后，还有 $n-1$个基本事件，这 $n-1$ 个基本事件共有 2^{n-1} 种可能的状态组合，$x_j=1,2,3,\cdots,2^{n-1}$）。对应这 2^{n-1} 种组合状态，假设其中 m_i 中当 x_i 由 0 变为 1 时，顶事件的状态由 0 变为 1，则定义基本事件 x_i 的结构重要度系数为：

$$I_\phi(i)=\frac{m_i}{2^{n-1}}=\frac{1}{2^{n-1}}\sum_{j=1}^{2^{n-1}}[\phi(1_i,X_j)-\phi(0_i,X_j)] \tag{5.2}$$

【例 5.9】 有事故树如图 5.31 所示，求基本事件的结构重要度系数。

解：首先考虑基本事件 x_1。除 x_1 外该事故树还有 3 个基本事件，这 3 个事件的状态共有 8 种组合，对应这 8 种状态分别考虑 x_1 的 0、1 两种状态，可根据事故树图或事故树的结构函数确定顶事件的状态，见表 5.20。

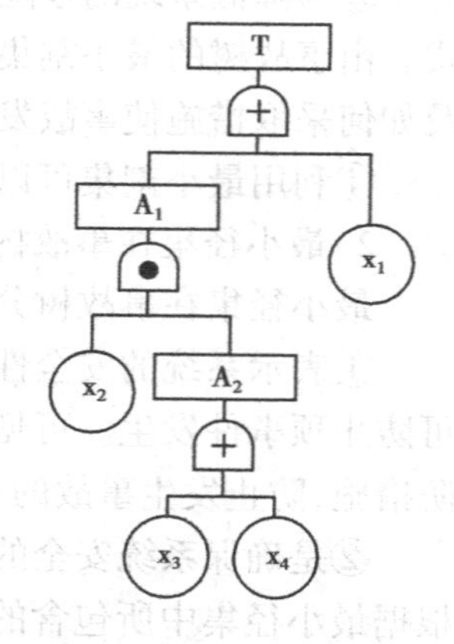

图 5.31 某事故树图

表 5.20 基本事件与顶事件状态表

x_1	x_2	x_3	x_4	$\phi(X)$	x_1	x_2	x_3	x_4	$\phi(X)$
0	0	0	0	0	1	0	0	0	1
0	0	0	1	0	1	0	0	1	1
0	0	1	0	0	1	0	1	0	1
0	0	1	1	0	1	0	1	1	1
0	1	0	0	0	1	1	0	0	1
0	1	0	1	1	1	1	0	1	1
0	1	1	0	1	1	1	1	0	1
0	1	1	1	1	1	1	1	1	1

由表5.20可以看出，在 x_2,x_3,x_4 的8种组合状态中，有5种当 x_1 由0变为1时顶事件状态由0变1，即 $m_i=5$，代入式(5.2)可得：$I_\phi(1)=5/8$。

同理可得，$I_\phi(2)=3/8$；$I_\phi(3)=1/8$；$I_\phi(4)=1/8$。

根据计算结果，可作出基本事件结构重要排序如下：

$$I_\phi(1)>I_\phi(2)>I_\phi(3)=I_\phi(4)$$

即仅从基本事件在事故树结构中所占的位置来分析，x_1 最为重要，其次是 x_2，再次是 x_3 和 x_4。

②利用最小割集或最小径集进行结构重要度排序。采用此法时，可遵循以下原则处理：

a.如单个事件构成最小割(径)集，则该基本事件结构重要度最大。

b.在同一最小割(径)集中出现且在其他最小割(径)集中不再出现的基本事件结构重要度相等。

c.若最小割(径)集中包含的基本事件数目相等，则累计出现次数多的基本事件结构重要度大，出现次数相等的结构重要度相等。

d.若几个基本事件在不同最小割(径)集中重复出现的次数相等，则在少事件的割(径)集中出现的事件结构重要度大。

【例5.10】 某事故树的最小割集为 $k_1=\{x_1,x_5,x_7,x_8\}$；$k_2=\{x_1,x_6,x_7,x_8\}$；$k_3=\{x_2,x_4,x_5,x_7\}$；$k_4=\{x_2,x_6,x_7,x_8\}$，试求各基本事件的结构重要度。

解：因在4个最小割集中，每个割集的基本事件数相等，故可根据"原则③"判定得：

$$I_\phi(7)>I_\phi(8)>I_\phi(1)=I_\phi(2)=I_\phi(5)=I_\phi(6)>I_\phi(4)$$

【例5.11】 某事故树的最小割集为 $k_1=\{x_5,x_6,x_7,x_8\}$；$k_2=\{x_3,x_4,x_7,x_8\}$；$k_3=\{x_1\}$；$k_4=\{x_2\}$，试确定其结构重要度。

解：依据"原则①"，由于在 k_3,k_4 中仅有一个基本事件，所以其结构重要度最大；其次，x_3，x_4 所在割集为两个元素，所以居第二，以此类推，可排出各基本事件的结构重要度顺序为：

$$I_\phi(1)=I_\phi(2)<I_\phi(3)=I_\phi(4)>I_\phi(5)=I_\phi(6)=I_\phi(7)=I_\phi(8)$$

③简易算法。给每一个最小割集都赋给分值1，由最小割集中的基本事件平分，然后累积每个基本事件得分，按其得分多少，排出结构重要度的顺序。

【例5.12】 某事故树的最小割集为 $k_1=\{x_5,x_6,x_7,x_8\}$；$k_2=\{x_3,x_4\}$；$k_3=\{x_1\}$；$k_4=\{x_2\}$，试确定其结构重要度。

解：$x_5=x_6=x_7=x_8=1/4$

$x_3=x_4=1/2$

$x_1=x_2=1$

所以：$I_\phi(1)=I_\phi(2)>I_\phi(3)=I_\phi(4)>I_\phi(5)=I_\phi(6)=I_\phi(7)=I_\phi(8)$

上述算法同样适应最小径集。

④利用最小割集确定基本事件结构重要性系数的几个近似公式。当最小割集确定后，则可依据下述几个公式求出某基本事件的结构重要度系数，然后依据其系数值的大小进行排序。

A.近似计算式一：

$$I_\phi i=\frac{1}{N}\sum_{x_i\in K_j}\frac{1}{n_j} \tag{5.3}$$

B.近似计算式二：

$$I_{\phi}i = \sum_{x_i \in K_j} \frac{1}{2^{n_j - 1}} \tag{5.4}$$

C.近似计算式三：

$$I_{\phi}i = 1 - \prod_{x_i \in K_j} \left(1 - \frac{1}{2^{n_j - 1}}\right) \tag{5.5}$$

式中　N——最小割集总数；

k_j——第 j 个最小割集；

n_j——第 j 个最小割集的基本事件数。

利用近似公式求解结构重要度时，可能出现差错。因此，在选取公式时，应根据基本事件个数和实际需求选用。一般来说，最小割集中的基本事件个数（阶数）相同时，利用上述3个公式均可得到正确的排序；若最小割集包含的事件个数差别比较大时，式（5.4）、式（5.5）可以保证排列顺序的正确；若最小割集的阶数差别仅为1或2时，使用式（5.3）、式（5.4）可能产生较大的误差。在3个近似计算公式中，式（5.5）的精度最高。

【小贴士】

上述3个公式同样适用于利用最小径集进行结构重要度系数的近似计算，将割集更改成径集即可。

5.5.6　事故树的定量分析

事故树定量分析包括顶事件的发生概率计算、概率重要度及临界重要度计算。

（1）事故树顶事件发生概率计算

1）逐级推算法

若事故树中没有重复的基本事件存在，则可利用逐级推算的方式计算顶事件的概率。

①当各级基本事件都是独立事件时，凡是与门连接的地方，可用几个独立事件逻辑积的概率计算公式计算：

$$P(T) = \prod_{i=1}^{n} q_i \tag{5.6}$$

式中　q_i——第 i 个基本事件的发生概率；

n——输入事件数；

$\prod$——数学运算符号。

②当各级基本事件都是独立事件时，“或门”连接的事件，可用几个基本事件的逻辑和计算公式计算：

$$P(T) = \coprod_{i=1}^{n} q_i = 1 - \prod_{i=1}^{n} (1 - q_i) \tag{5.7}$$

式中　q_i——第 i 个基本事件的发生概率；

$\coprod$——数学运算符号，求概率和。

按照给定的事故树写出其结构函数表达式，根据表达式中的各个基本事件的逻辑关系，可直接计算出顶事件的发生概率。

2)最小割集计算顶事件的发生概率

假定事故树有 r 个最小割集,根据用最小割集表示的等效树,可以写出事故树的结构函数为:

$$\phi(x) = \coprod_{j=1}^{r} k_r(x_i) = \coprod_{j=1}^{r} \prod_{x_i \in K_j} x_i \tag{5.8}$$

由于基本事件 x_i 发生的概率为 q_i 是 $x_i = 1$ 的概率,顶事件的发生概率 $P(T)$ 是 $\phi(x) = 1$ 的概率,所以,如果在各最小割集中没有重复的基本事件,且各基本事件相互独立时,则顶事件的发生概率为:

$$P(T) = \coprod_{j=1}^{r} \prod_{x_i \in x K_j} q_i \tag{5.9}$$

如果事故树的各最小割集中有重复事件,则上式不成立。这时需将上式展开,根据布尔代数的幂等法则消去每个概率因子中的重复因子,方可得到正确的结果。

计算各最小割集彼此有重复事件的一般公式为:

$$P(T) = \sum_{j=1}^{r} \prod_{x_i \in K_j} q_i - \sum_{1 \leqslant j < h \leqslant r} \left(\prod_{x_i \in K_j \cup K_h} q_i \right) + \cdots + (-1)^{r-1} \prod_{x_i \in K_j \cup K_h \cup \cdots K_r} q_i \tag{5.10}$$

式中　i——基本事件的序号;

j,h——最小割集的序号;

r——最小割集的个数。

3)最小径集计算顶事件的发生概率

用最小径集表示事故树等效图时,顶事件与最小径集是用与门连接的,各个最小径集与基本事件是用或门连接的。各个最小径集彼此间没有重复事件且相互独立时,则顶事件发生的概率可表示为:

$$P(T) = \prod_{j=1}^{s} \coprod_{x_i \in P_j} q_i = \prod_{j=1}^{s} \left[1 - \coprod_{x_i \in P_j} (1 - q_i)\right] \tag{5.11}$$

在最小径集有重复事件时,只需将上式展开,用布尔代数的幂等法则消去概率积中的重复因子,可得利用最小径集计算顶事件发生概率的一般公式:

$$P(T) = 1 - \sum_{j=1}^{s} \prod_{x_i \in P_j} (1 - q_i) + \sum_{1 \leqslant j < h \leqslant s} \left[\prod_{x_i \in P_j \cup P_h} (1 - q_i) \right] + \cdots + (-1)^{s} \prod_{x_i \in P_1 \cup P_2 \cup \cdots P_s} (1 - q_i) \tag{5.12}$$

式中　s——最小径集的个数;

i——基本事件的序数;

j,h——最小径集的序数。

4)近似计算方法

当逻辑门和基本事件的数目很多时,计算顶事件精确值的计算量巨大。因此,可使用近似计算法,主要介绍以下两种顶事件概率的计算方法。

①首项近似法。根据由最小割集计算顶事件发生概率的公式,可设:

$$F_1 = \sum_{j=1}^{r} \prod_{x_i \in K_j} q_i$$

$$F_2 = \sum_{1 \leqslant j < h \leqslant r}^{r} \left(\prod_{x_i \in K_j \cup K_h} q_i \right)$$

$$F_r = \prod_{x_i \in K_1 \cup K_2 \cup \cdots \cup K_r} q_i \tag{5.13}$$

式中　n——事故树的基本事件个数。

则5.13可改写为 $P(T) = F_1 - F_2 + \cdots + (-1)^{r-1} F_r$

一般来说,由于 $F_1 \gg F_2, F_2 \gg F_3, \cdots, F_{r-1} \gg F_r$ 所以,求出第一项 F_1,就可以近似地当作顶事件的发生概率,即 $P(T) \approx \sum_{j=1}^{r} \prod_{x_i \in K_j} q_i$。

②独立近似法。这种近似算法是基于把事故树各最小割(径)集间相同的基本事件视为无相同的基本事件(即认为各最小割(径)集是独立的)来进行计算的。

其计算公式为:

利用最小割集: $P(T) \approx \coprod_{j=1}^{r} \prod_{x_i \in K_j} q_i$ (5.14)

利用最小径集: $P(T) \approx \prod_{j=1}^{s} \coprod_{x_i \in P_j} q_i$ (5.15)

通常按最小割集计算较为简单,可以得到顶事件概率的最大值,且更能接近精确值;而按照最小径集计算时,偏差很大。因此,当事故树各个最小割集包含的相同事件少,且基本事件的概率值较小时,可用独立近似法计算。

(2)概率重要度

基本事件的结构重要度分析只是按事故树的结构分析各基本事件对顶事件的影响程度,所以,还应考虑各基本事件发生概率对顶事件发生概率的影响,即对事故树进行概率重要度分析。

基本事件的概率重要度是指顶事件发生概率对该基本事件发生概率的变化率,即:

$$I_g(i) = \frac{\partial P(T)}{\partial q_i} \tag{5.16}$$

式中　$P(T)$——顶事件发生的概率;

q_i——第 i 个基本事件发生的概率;

$I_g(i)$——基本事件的概率重要度系数。

一个基本事件的概率重要度的大小与它本身发生概率的大小无关,主要取决于它所在的最小割集中的其他事件发生概率大小。

【例5.13】　某事故树结构函数为 $T=x_1(x_2+x_3)$,设 $q_1=P(x_1)=0.1, q_2=P(x_2)=0.2, q_3=P(x_3)=0.3$,求 x_1,x_2,x_3 的概率重要度。

$$\begin{aligned} P\{T\} &= \prod_{r=1}^{P} \coprod_{x_i \in P_r} q_i = \coprod_{x_i \in P_1} q_i \coprod_{x_i \in P_2} q_i \\ &= (1 - q_1)[1 - (1 - q_2)(1 - q_3)] \\ &= (1 - q_1)(q_2 + q_3 - q_2 q_3) \\ &= q_1 q_2 + q_1 q_3 - q_1 q_2 q_3 \\ &= 0.044 \end{aligned}$$

$$I_g(x_1)=\frac{\partial P\{T\}}{\partial q_1}$$
$$=q_2+q_3-q_2q_3$$
$$=0.2+0.3-0.2\times0.3$$
$$=0.44$$
$$I_g(x_2)=\frac{\partial P\{T\}}{\partial q_2}$$
$$=q_1-q_1q_3$$
$$=0.1-0.1\times0.3$$
$$=0.07$$
$$I_g(x_3)=\frac{\partial P\{T\}}{(\partial q_3)}$$
$$=q_1-q_1q_2$$
$$=0.1-0.1\times0.2$$
$$=0.08$$

所以，$I_g(x_1)>I_g(x_2)>I_g(x_3)$。

(3)关键重要度(临界重要度)分析

当各基本事件发生概率不等时，一般情况下，改变概率大的基本事件比改变概率小的基本事件容易，但基本事件的概率重要度系数并未反映这一事实，因而它不能从本质上反映各基本事件在事故树中的重要程度。此时需进行关键重要度分析，它是用第 i 个基本事件发生概率的相对变化率与顶事件发生概率的相对变化率之比来表示，即从敏感度和自身发生概率的双重角度衡量各基本事件的重要度。因此，它比概率重要度更合理、更具有实际意义，其表达式为：

$$I_g^c(i)=\lim \Delta q_i\to 0\frac{\frac{\Delta P\{T\}}{P\{T\}}}{\frac{\Delta q_i}{q_i}}=\frac{q_i}{P\{T\}}\lim \Delta q_i\to 0\frac{\Delta P\{T\}}{\Delta q_i}=\frac{q_i}{P\{T\}}I_g(i) \tag{5.17}$$

式中 $I_g^c(i)$——第 i 个基本事件的关键重要度系数；

$I_g(i)$——第 i 个基本事件的概率重要度系数；

$P\{T\}$——顶事件发生概率；

q_i——第 i 个基本事件的发生概率。

由上例可得：

$$I_g^c(1)=I_g(1)\times\frac{q_1}{P\{T\}}=0.44\times\frac{0.1}{0.044}=1$$
$$I_g^c(2)=I_g(2)\times\frac{q_2}{P\{T\}}=0.07\times\frac{0.1}{0.044}=0.318$$
$$I_g^c(3)=I_g(3)\times\frac{q_3}{P\{T\}}=0.08\times\frac{0.1}{0.044}=0.545$$

由此推出：$I_g^c(1)>I_g^c(3)>I_g^c(2)$

5.6 故障类型及影响分析

故障类型及影响分析(Failure Mode and Effects Analysis,FMEA)起源于可靠性技术,其基本目的是找出系统的各个子系统或元件可能出现的故障类型,并弄清其对系统安全的影响,以便采取措施予以防止或消除。

故障类型及影响分析最初只能做定性分析,为了能进一步将其用于定量分析,又增加了危险度分析(Criticality Analysis,CA)的内容,发展成为故障类型、影响和危险度分析(Failure Mode,Effects and Criticality Analysis,FMECA),它们都是系统安全分析中的重要方法。本节主要介绍故障类型及影响分析的内容,危险度分析作为扩展学习内容。

5.6.1 技能要求

故障类型及影响分析的基本思路是:首先,确定研究对象(系统),根据系统的特性,将系统分割成子系统或元件,并按系统工作原理构建功能结构框图或可靠性框图;其次,按系统功能结构的逻辑顺序对子系统和元件进行调查和分析,查出其可能发生的故障类型,并分析故障产生的原因,形成故障分析清单;最后,以故障分析清单为引导,按功能结构框图或可靠性框图分析各故障类型对子系统及系统造成的影响,并提出可能采取的预防改进措施,以提高系统的可靠性和安全性。因此,故障类型及影响分析应掌握如下3个基本技能:

①确定研究对象,正确分割系统,并构建功能结构框图或可靠性框图。

②正确判断故障类型和原因。

③正确分析故障影响,提出对策措施。

5.6.2 基本概念

(1)系统

系统即故障类型及影响分析的研究对象。其范围可大可小,大到各类机械加工企业,小到某一功能设备,都可作为故障类型及影响分析的研究对象。

(2)子系统

子系统是研究对象的构成部分,能实现系统的部分功能。若以机械加工企业为研究对象,则生产线即为该系统的子系统;若以生产线为研究对象,则具体的功能设备即为该生产线系统的子系统。

(3)构成件

构成件是构成子系统和系统的单元,可分为功能件、组件和元件。

①功能件:由元件组成,具有独立的功能,如车床电机。

②组件:是两个及两个以上元件的组合品,如车床轴承。

③元件:是在非破坏条件下无法再分的单品,如车床上的螺丝。

(4)故障

系统、子系统和元件在规定工作条件下、规定运行时间内,达不到设计规定的功能,因而不能实现设计规定的任务的状态称为故障。

(5)故障类型

系统、子系统和元件发生的每一种故障形式称为故障类型。故障类型是故障呈现的状态。常见的故障类型有5种:规定时间内不能正常启动;规定时间内不能正常停车;过早地启动;运行过程故障;运行能力降级、超量或受阻。例如,阀门等流量调节装置的故障类型有:不能开启、不能闭合、开关错误、泄漏、堵塞、破损等。

5.6.3 故障类型及影响分析程序

FMEA的分析程序分为工作准备、熟悉系统、确定分析层次及编码、绘制系统功能框图和可靠性框图、列出所有故障模式、分析故障影响并确定严重度、分析故障原因并确定发生率、明确故障探测手段并确定不易探测度、确定危险优先数和提出建议改进措施9个步骤。

(1)工作准备

1)成立跨部门的FMEA小组

FMEA小组应由来自各部门知识和经验丰富的人员组成,至少应包括安全人员、技术人员和生产人员等。FMEA方法也可由单个分析人员完成,但需要其他人进行审查,以保证其完整性。对小组成员的要求随着分析对象的大小和特征的不同而有所不同。所有的FMEA小组成员都应对设备功能及故障模式熟悉,并了解这些故障模式如何影响系统或装置的其他部分。

2)确定FMEA分析表

在实践过程中,由于应用目的不同,FMEA法已发展出了设计用FMEA(Design FMEA)、过程FMEA(Process FMEA)、功能FMEA(Functional FMEA)及系统FMEA(System FMEA)。虽然不同的FMEA法有不同的特点和适用性,但它们的基本思路是相通的。

标准的FMEA表格(QS 9000—FMEA)见表5.21。每个企业根据自身需求的不同,FMEA表也均有自己的特点,但总体包含的主要项目是一样的。

在表5.21中,"系统""子系统""零部件"中应填入被分析系统、子系统或部件的名称(即编号),其中,系统FMEA要确保组成系统的各子系统间的所有接口和交互作用都要覆盖,子系统FMEA要确保组成子系统的各个部件间的所有接口和交互作用都要覆盖,部件FMEA通常是以子系统的组成部分为焦点的FMEA。其他各项的意义如下:

①项目/功能——每行列出组成系统、子系统或部件的一个项目名称和其他相关信息(如编号),并用尽可能以简明的文字来说明被分析项目满足设计意图的功能,如果该项目有多种功能,且有不同的故障模式,应把所有功能单独列出。

②故障模式——即故障的类型。部件、子系统或系统未达到或不能实现"项目/功能"中所描述的功能的情况,故障类型是故障呈现的状态。

③故障的影响——假设"故障模式"栏所列故障模式已经发生,根据功能结构图或可靠性框图,分析其对子系统、系统及人产生的影响,并在此栏记述。

④严重度(S)——严重度是指某种故障模式(故障类型)发生后,对系统造成的冲击和影响,包括对人、环境和系统本身产生的影响程度。严重度指数由一个10分值标准来描述(分值越高故障影响越大,严重度等级越高),其判别标准见表5.22。

⑤级别——该栏用于对元件、子系统或系统的产品特性进行分级(如关键、主要、重要、重点等),以确定是否需要特殊过程控制。任何需要特殊过程控制的项目可用适当的字母或符号在该栏中注明,并在“建议改进措施”栏中记录。

⑥故障发生的原因(机理)——记录故障发生的可能原因,包括只能引起偶然故障的原因及非预期的应力(环境,使用条件)原因,也包括制造上的或潜在的缺陷问题。

表 5.21 标准 FMEA 表

系　统＿＿＿＿＿　　　　故障模式和影响分析　　　　页　　号＿＿＿＿＿

子系统＿＿＿＿＿　　　　(QS 9000—FMEA)　　　　制 表 人＿＿＿＿＿

部　件＿＿＿＿＿　　核心小组＿＿＿＿＿＿＿＿　　　　设计责任人＿＿＿＿＿

日　　期＿＿＿＿＿

项目/功能	故障模式	故障影响	严重度(S)	级别	故障发生的原因(机理)	发生率(O)	现有控制措施	探测手段	不易探测度(D)	危险优先数(RPN)	建议改进措施	责任和目标完成日期	措施执行结果				
													采用措施	S	O	D	RPN
1	2	3	4	5	6	7	8	9	10	11	12	13	14	15			

表 5.22 严重度评价标准

故障影响	严重度判别标准	严重度指数(等级)
无警告危险	故障模式在没有警告的情况下发生,影响到安全操作或违反规章,造成危险。严重度等级非常高	10
有警告危险	故障模式在有警告的情况下发生,影响到安全操作或违反规章,造成危险。严重度等级非常高	9
很高	项目或产品不适合操作,功能缺损;用户非常不满意	8
高	项目或产品操作性差,功能不全;用户不满意	7
中等	项目或产品可操作,但不舒适、不方便;用户使用不便	6
低	项目或产品可操作,但舒适性、方便性欠佳;用户在一定程度上会感到失望	5
很低	某些特征不相配,并被大多数用户所注意	4
轻微	某些特征不相配,并被一定数量的用户所注意	3
很轻微	某些特征不相配,但被大多数用户所忽略	2
无	没有影响	1

⑦发生率(O)——某种故障类型发生概率的大小,一般以平均每一段时间内发生的次数来决定其等级程度,其判别标准见表 5.23。

表 5.23 故障发生概率的辨别标准

故障概率	可能故障的比例	等级
非常高:故障几乎无法避免	>1/2	10
	1/3	9
高:反复故障	1/8	8
	1/20	7
中等:偶然故障	1/80	6
	1/400	5
	1/2 000	4
低:相对很少的故障	1/15 000	3
	1/150 000	2
极小:故障不太可能发生	<1/150 000	1

⑧现有控制措施——列出目前控制故障模式和防止故障发生的原因/机理出现的措施。

⑨探测手段——记述用什么方法和手段探测出已发生的故障。

⑩不易探测度(D)或可探测度——即在采取现行的控制方法实施控制时,故障可被查出的难易程度,其判别标准见表 5.24。

表 5.24 不易探测度判别标准

探测性	不易探测度判别标准	等级
完全不确定	设计控制无法或不能检测到潜在原因/机理和后续故障模式,或根本没有设计控制	10
可能性非常小	设计控制检测到潜在原因/机理和后续故障模式的可能性非常小	9
可能性小	设计控制检测到潜在原因/机理和后续故障模式的可能性小	8
很低	设计控制检测到潜在原因/机理和后续故障模式的可能性很低	7
低	设计控制检测到潜在原因/机理和后续故障模式的可能性为低程度	6
中等	设计控制检测到潜在原因/机理和后续故障模式的可能性为中等程度	5
中等偏高	设计控制检测到潜在原因/机理和后续故障模式的可能性为中等偏高程度	4
高	设计控制检测到潜在原因/机理和后续故障模式的可能性为高程度	3
很高	设计控制检测到潜在原因/机理和后续故障模式的可能性非常高	2
几乎肯定	设计控制几乎肯定会检测到潜在原因/机理和后续故障模式	1

⑪危险优先数(RPN)——表达了每个故障模式可能发生的危险程度,它的值等于严重度(S)、发生率(O)和不易探测度(D)取值的乘积,即 $\mathrm{RPN}=(S)\times(O)\times(D)$。危险优先数越大的故障模式越应该重视。FMEA 的中心思想是:通过危险优先数 *RPN* 的给出和排序,使得对故障模式的定性评估向定量评估转变。

⑫建议改进措施——针对“危险优先数”较高的潜在故障点，制定相应预防措施，以防止潜在问题的发生。

⑬责任及目标完成日期——针对“建议改进措施”栏预防措施，制订计划方案，明确责任和目标完成日期。

⑭措施结果——对预防措施计划方案实施状况进行确认，填入实际采用的预防和改进措施，改进后重新评估危险优先数。

(2)熟悉系统

从设计资料(含设计任务书、技术设计说明书、图纸等)、工艺资料(含工艺流程图、产品零部件和元器件清单、使用说明书等)、运行和维护资料(运行和维修记录)、相关法律法规等方面熟悉系统，包括以下内容：

①对象的功能、工作原理、运行机器工作程序、结构形状、组成零部件的特性等。

②对象的加工过程、组装过程、方法、检验及其测试方式等。

③对象规定使用条件，如启动和停止次数、启动时间、连续运转时间、操作步骤等，以及实际运行环境条件，如保存、启动、停机时温度、湿度、噪声、射线、振动、压力等。

④对象的使用和操作过程、工作条件、操作人员情况、完成每项维修工作所需要的时间和难度、维修记录等。

⑤对象在法律法规上的要求，分析对象在使用、制造过程中在法律法规上的限制等。

(3)确定分析层次及编码

分析层次的确定一般需考虑两个因素，一是分析目的，二是系统复杂程度。如果分析的层次太浅，容易漏掉重要的故障模式，得不到需要的信息；但若分析过深，全部分析到元件，则会造成结果繁杂，费时太多，同时对制订措施也带来困难，所以在决定分析的层次时，应视情况加以取舍。

一般来说，对关键的子系统可以分析得深一些，次要的可以分析得浅一些，有的甚至可以不分析，根据高层的分析结果，判断是否继续向下层次分析。若分析结果显示该层次之重要性或严重性偏高时，则继续分析其下一层次；反之，即可止于此一层次。具体到什么程度，应经分析小组成员讨论决定，FMEA 的分析层次如图 5.32 所示。

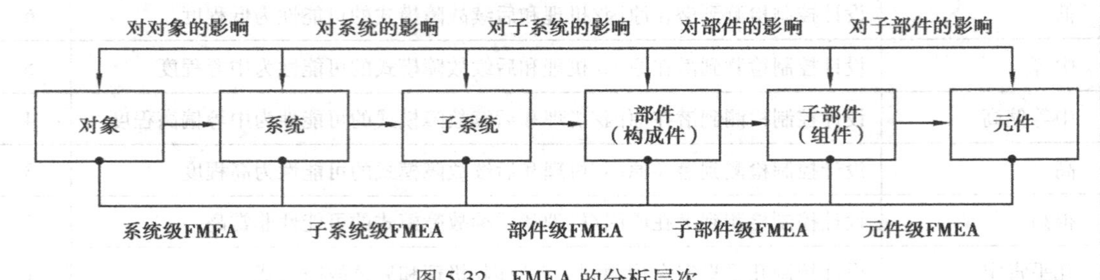

图 5.32 FMEA 的分析层次

FMEA 分析的详细程度取决于被分析系统的规模和层次。例如，对水泥厂进行故障类型及影响分析时，应着眼于石灰石破碎系统、生料制备系统、熟料烧制系统、水泥粉末系统、包装系统等生产系统和其他辅助系统，对这些系统的故障类型及其对水泥厂的影响进行分析；根据分析结果，当还需进一步对某个生产系统或辅助系统进行分析时，则应对构成该系统的设备的故障类型及其对该生产系统或辅助系统的影响进行分析；以此类推，当还需进一步对某台设备进行分析时，则应对设备各部件的故障类型及其对设备的影响进行分析。当然，分析各层次的故障类型和影响时都要考虑它们对整个工厂的影响。

对于复杂系统，为了便于对系统的故障模式进行分析、跟踪、统计与反馈，应根据系统的工作分解结构或划分的约定层次，选择或制定一种符合系统结构和功能特点且便于应用的编码体系。编码体系应能体现约定层次的上、下级关系，对各功能单元或工作单元编码时应具有唯一、简单、合理、适用等特性。例如，第一层以“01、02、03”进行编码，第二层可以“011、012、013”，“021、022”等进行编码，而第三层可以“0111、0112”“0121、0122、0123”“0211、0212”等进行编码，如图 5.33 所示为某系统编码示例。

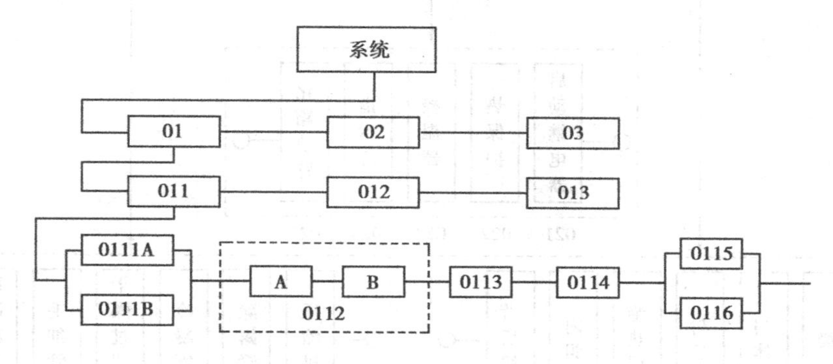

图 5.33　某系统编码示例

图 5.33 中，系统包括 01、02、03 这 3 个子系统；子系统 01 包括构成件 011、012、013；构成件 011 又包括 0111A、0111B、0112、0113、0114、0115、0116 这 6 个组件，其中组件 0111A 和 0111B 相同，是属于冗余设计，组件 0112 是由 A 和 B 两个元件组成，故只用一个编码。

【小贴士】

系统编码一般是在可靠性框图的基础上进行的。

(4)绘制系统功能框图和可靠性框图

为了逐层分析故障模式产生的影响，需要通过调查分析系统各功能单元的工作情况、相互影响及相互依赖关系，绘制研究对象的系统功能框图和可靠性框图。

1)系统功能框图

系统功能框图就是用于表示各子系统及其所包含功能件的功能以及相互关系的框图。通过绘制系统功能框图，能够明确地体现系统的内部组成及其相互关系，使之一目了然且条理化。绘制系统功能框图时需要将系统按照功能进行分解，并表示出子系统及各功能单元之间的输入、输出关系。其绘制步骤参考“第 2 章系统工程方法论”中的“2.4　系统调查分析方法论”。

2)系统可靠性框图

系统功能框图反映了系统的流程，物质从一个部件按顺序流经各个部件，可靠性框图则以功能框图为基础，从可靠性的角度反映各个部件之间的关系。

可靠性框图是从可靠性角度出发研究系统与部件之间的逻辑图，是系统单元及其可靠性意义下连接关系的图形表达，表示单元的正常或失效状态对系统状态的影响。它依靠方框和连线的布置，绘制出系统的各个部分发生故障时对系统功能特性的影响。可靠性框图只反映各个部件之间的串并联关系，与部件之间的顺序无关。通过绘制可靠性框图，可以显示系统中每个元件是如何工作的，以及每个元件是如何影响整体系统运行的，并查明哪些元素处于正常状态或易发生事故状态。其绘制步骤参考"第2章系统工程方法论"中的"2.4 系统调查分析方法论"。

由第2章第4节中的冰箱可靠性框图实例可知，该冰箱系统较为复杂，故可运用前述编码规则对其进行编码，如图5.34所示。

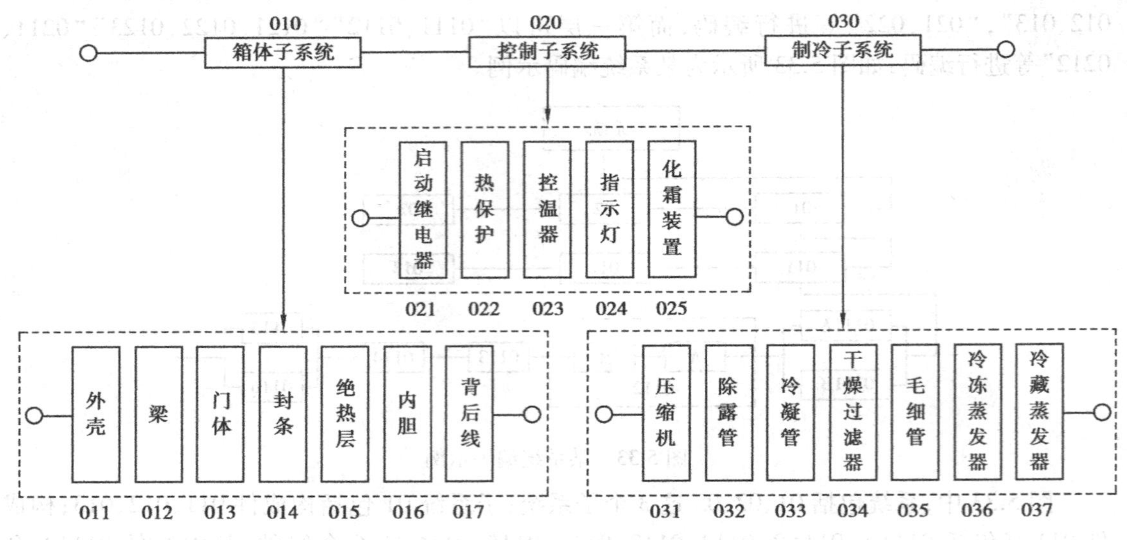

图5.34　冰箱可靠性框图(含编码)

【小贴士】

系统功能框图强调系统的内部组成及其输入、输出关系，可靠性框图强调系统、子系统及部件之间相互的串、并联逻辑关系。

(5)列出所有故障模式

针对框图绘出的与系统功能和可靠性有关的部件、元件，全体工作小组成员可采用头脑风暴等组织形式，根据理论知识、实践经验和有关故障资料数据，整理出所有可能的故障类型，形成故障清单。

故障类型可以依据其特征从功能方面的故障、机械类故障、电气类故障、化学类故障4个方面进行查找。

①常见的功能方面故障模式有：不能动作、提早动作、延迟动作；不能停止、提早停止、延迟停止；动作不稳定、间歇性动作；数值过大、数值过小、无法达到规定值；无法停止在规定位置等。

②常见的机械类故障模式有：磨损、变形、腐蚀、龟裂、破损、脱落、烧损、泄漏、弯曲、凝固、变色、异响、振动、松动、咬合、位置偏移、伤痕、过热、寿命减低等。

③常见的电气类故障模式有：开路、短路、接触不良、过热、电参数漂移、异响、烧损、断线、绝缘性降低、动作不良、异物、无损、杂波等。

④常见的化学类故障模式有：腐蚀、剥落、老化、变色、固化、污染、过热等。

确定系统中的故障模式后将其填写于FMEA表格的第二栏。

(6)分析故障影响并确定严重度(S)

FMEA分析的目的是确定各类可能的故障及其所产生的影响和严重程度,并最终通过预防或改善手段消除这些故障及其影响。

故障模式的影响分析可以结合表5.25所示的9种类别。

表5.25　故障影响种类

分析类别	故障影响
功能、性能方面	故障对产品功能或性能实现方面的影响
可靠性、维护性方面	故障对产品可用性方面的影响
安全性方面	故障对系统以外的使用者人身安全及财物安全方面的影响
经济性方面	故障损失大小及修复成本高低方面的影响
操作性方面	故障对系统操作难易度的影响
修复性方面	故障对系统修复难易度的影响
环境方面	故障对环境所造成的破坏,包括使用环境、操作环境和自然环境
公共安全方面	故障对通信、运输、广播电视设备等造成的影响
废弃方面	故障对系统造成影响后,在处理报废方面的难易度

故障模式的影响也可通过事件树等其他系统分析方法进行确定。根据故障影响分析结果,结合表5.22的严重度评价标准,确定故障模式所产生影响的严重等级,并将分析结果填入FMEA表格第三、第四栏。

【小贴士】

故障影响的分析,应从构成件对相邻构成件、子系统、整个系统及周围环境等方面按层次(由小到大)进行分析。

(7)分析故障原因并确定发生率(O)

故障原因可以根据霍尔三维模型中的时间维,以系统生命周期为引导,从如下几个方面进行分析:

①设计上的缺点:由于设计上的技术先天不足,或者图样不完善等。

②制造上的缺点:加工方法不当或组装方面的失误。

③质量管理上的缺点:检验不够或失误以及管理不当。

④使用上的缺点:误操作或未按设计条件操作。

⑤维修方面的缺点:维修操作失误或检修程度不当。

分析了故障模式发生的原因后,需根据表5.23确定上述故障发生的原因出现的可能性及等级,并将分析结果填入FMEA表格第六、第七栏。

【小贴士】

每一个故障模式的发生可能会有很多个原因,可采用头脑风暴法、原因—后果分析法、事故树分析法等方法进行分析。

(8)明确故障探测手段并确定不易探测度(D)

对每种故障模式,都要明确相应的探测手段或检测方法。对于操作人员在操作过程中无法感知的故障,应考虑制订专门的检测措施。

常见的机械故障探测手段有:

①简易诊断法,如测振仪、声级仪、工业内窥镜等。

②综合分析法,采用精密诊断仪器和各种分析手段(包括计算机辅助分析方法、诊断专家系统等)进行综合分析。

③直接观察法,如"听、摸、看、闻"等。

④无损检测法,包括超声、红外、X射线、γ射线、声发射、磁粉探伤、渗透染色等手段。

⑤机器性能参数测定法,包括显示机器主要功能的一些数据,如泵的扬程,机床的精度,压缩机的压力、流量,内燃机的功率、耗油量,破碎机的粒度等,一般这些数据可以直接从机器的仪表上读出,由此可以判定机器的运行状态是否处于正常范围之外。

在明确了某项故障模式的现有控制措施和探测手段后,需根据表5.25不易探测度的判别标准,分析在采取现行的控制方法实施控制时,故障可被查出的难易程度,并将分析结果填入FMEA表格第八、第九、第十栏。

(9)确定危险优先数RPN

将严重度(S)、发生率(O)和不易探测度(D)取值相乘,即得到危险优先数RPN,并将分析结果填入FMEA表格第十一栏。例如,某故障类型的严重度等级为5,发生率等级为4,不易探测度等级为6,则其危险优先数RPN=5×4×6=120。危险优先数越大的故障模式越应该重视。

(10)提出建议改进措施

FMEA分析所确定的故障模式及原因很多,一般将"危险优先数"较高的故障点作为优先处理对象,制订相应预防或改进措施,预防事故的发生。

一般情况下,必须对满足以下3种情形之一的故障模式提出预防和改进对策:

①RPN排在前30%。

②RPN值大于100。

③严重度、发生率或不易探测度三者中等级有大于8的。

任何建议措施的制订都应按照"严重度>发生率>不易探测度"的优先顺序进行风险控制。

提出改进措施后,须明确落实改进措施的实施方案,并明确责任部门及目标完成日期。同时,需对预防和改进措施的执行情况进行跟踪确认,将实际采用的预防和改进措施填入FMEA表的第十四栏,并重新评估改进后的危险优先数,将结果填入第十五栏。

综上所述,FMEA的分析过程如图5.35所示。

5.6.4 其他FMEA表格的使用

在运用FMEA法进行系统安全分析时,也可选用故障等级来判断故障类型的影响。此时可采用的表格样式见表5.26、表5.27,表格样式根据实际需求可能有所不同,但基本内容相似。

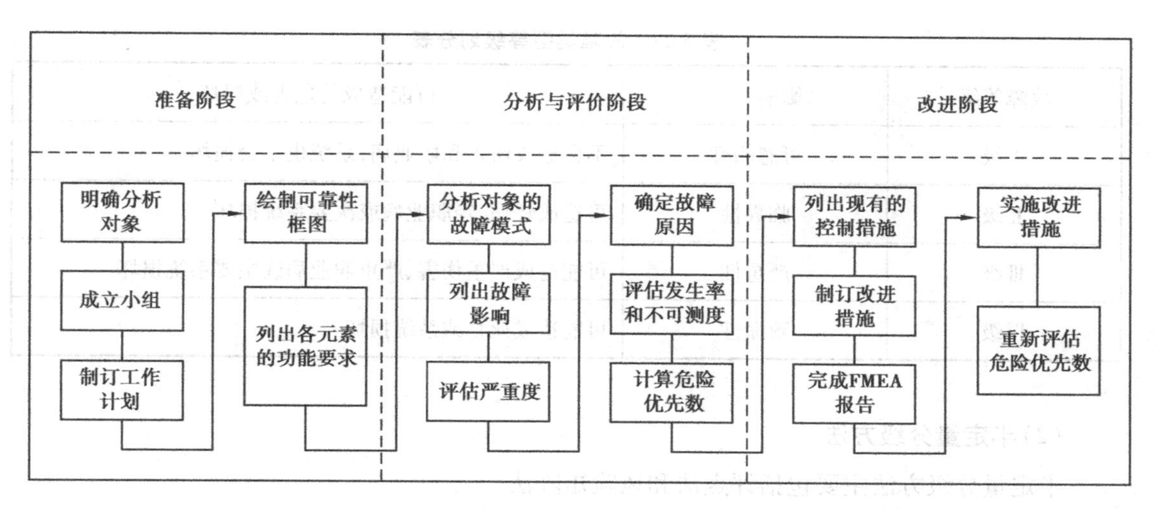

图 5.35 FMEA 分析过程

故障等级就是根据故障类型对系统或子系统的影响程度而划分的分级结果。划分故障等级主要是为了根据故障影响的轻重缓急采取相应的对策措施，与“风险优先数 RPN”的作用类似。其划分方法主要有定性分级方法(也称直接判断法)、半定量分级方法(含评点法和矩阵分析法)。

表 5.26 故障类型及影响分析表格 1

系 统____ 子系统____ 构成件____				故障类型及影响分析						日期_____ 制表_____ 主管_____ 审核_____		
分析项目				功能	故障类型及造成原因	任务阶段	故障影响			故障检测方法	改正处理所需时间	故障等级
名称	项目号	图纸号	框图号				组件	子系统	系统(任务)			

表 5.27 故障类型及影响分析表格 2

系 统____ 子系统____			故障类型及影响分析				日期_____ 制表_____ 主管_____ 审核_____		
项目号	分析项目	功能	故障类型	故障原因	影响		障检测方法	故障等级	备注
					对子系统	对系统			

(1)定性分级方法(即直接判断法)

该方法将故障等级划分为 4 个等级，见表 5.28，简单划分时可使用该方法。

表 5.28　故障类型等级划分表

故障等级	影响程度	可能造成的危害或损坏
Ⅰ级	可忽略性	不会造成伤害和职业病，系统也不会损坏
Ⅱ级	临界性	可造成轻伤、轻职业病或次要系统损坏
Ⅲ级	严重性	可能造成严重伤害、严重职业病或主要系统损坏
Ⅳ级	致命性	可能造成死亡或系统损坏

(2)半定量分级方法

半定量分级方法主要包括评点法和风险矩阵法。

1)评点法

在难以取得可靠性数据的情况下，可以采用评点法。该方法操作简单，划分精确。评点法主要有两种，其中一种求点数的方法是从表 5.30 所示的 5 个方面来考虑故障对系统的影响程度，用一定的点数表示程度的大小，通过计算，求出故障等级。

点数计算公式为：

$$C_s = \sqrt[i]{C_1 \cdot C_2 \cdot \cdots \cdot C_i} \tag{5.18}$$

式中　C_s——总点数，$0<C_s<10$；

C_i——因素系数，$0<C_i<10$。

评点因素和点数 C_i，见表 5.29。

表 5.29　因素和点数

评点因素	点数 C_i
①故障影响大小	$0<C_i<10$ $1<i<5$
②对系统造成影响的范围	
③故障发生的频率	
④防止故障的难易	
⑤是否新设计的工艺	

点数 C_i 的确定，可采取由 3~5 位专家座谈讨论的方法，提出应赋予 C_i 什么数值。也可采取德尔菲法确定，即将提出的问题和必要的背景材料，用通信的方式向有经验的专家提出，然后把他们答复的意见进行整合，再反馈给他们，如此反复多次，直到认为合适为止。

另一种求点数的方法，就是根据表 5.30 求出评点因素的点数，然后相加，计算出总点数 C_s，即：

$$C_s = F_1 + F_2 + F_3 + F_4 + F_5 \tag{5.19}$$

表 5.30　评点参考表

评点因素	内　容	点　数
故障影响大小 F_1	造成生命损失	5.0
	造成相当程度的损失	3.0
	功能损失	1.0
	无功能损失	0.5
对系统造成的影响 F_2	对系统造成两个以上的重大影响	2.0
	对系统造成一个以上的重大影响	1.0
	对系统无太大影响	0.5
故障发生的概率 F_3	易于发生	1.5
	能够发生	1.0
	不太发生	0.7
防止故障的可能性 F_4	不能	1.3
	能够防止	1.0
	易于防止	0.7
是否新设计的工艺 F_5	相当新的内容设计	1.2
	类似的设计	1.0
	同样的设计	0.8

求出总点数 C_s 后，可按表 5.31 评选故障等级。

表 5.31　评点数与故障等级

故障等级	评点数 C_s	内　容	应采取的措施
Ⅰ级小	<2	无影响	无
Ⅱ级轻微	2~4	一部分任务完不成	不必变更设计
Ⅲ级重大	4~7	大部分任务完不成	重新讨论，也可变更设计
Ⅳ级致命	7~10	完不成任务，人员伤亡	变更设计

2）风险矩阵法

风险矩阵法是以故障概率为纵坐标，严重度为横坐标，绘制风险矩阵，以此来判断故障类型风险程度的方法。该方法是故障严重度和故障概率的综合评价。

①严重度。指故障类型对系统功能的影响程度，分为 4 个等级，见表 5.32。

表 5.32　严重度的等级与内容

严重度等级	内　容
Ⅰ低的	(1)对系统任务无影响
	(2)对子系统造成的影响可忽略不计
	(3)通过调整,故障易于消除
Ⅱ主要的	(1)对系统的任务有影响但可忽略
	(2)导致子系统的功能下降
	(3)出现故障,但能够立即修复
Ⅲ关键的	(1)系统的功能有所下降
	(2)子系统的功能严重下降
	(3)出现故障,不能立即通过检修予以修复
Ⅳ灾难性的	(1)系统的功能严重下降
	(2)子系统的功能全部丧失
	(3)出现的故障需经彻底修理才能消除

②故障概率。故障概率指在一特定时间内,故障类型所出现的次数,可为一年、一个月等。具体需根据大修间隔期、完成一项任务的周期或其他被认为适当的期间来决定。

用定性方法给故障概率分类的原则是:

Ⅰ级:故障概率很低,元件操作期间出现机会可以忽略。

Ⅱ级:故障概率低,元件操作期间不易出现。

Ⅲ级:故障概率中等,元件操作期间出现机会可达到50%。

Ⅳ级:故障概率高,元件操作期间易出现。

用定量方法给故障概率分类的原则是(含下限不含上限):

Ⅰ级:在元件工作期间,任何单个故障类型出现的概率少于全部故障概率的0.01。

Ⅱ级:在元件工作期间,任何单个故障类型出现的概率多于全部故障概率的0.01,而少于0.10。

Ⅲ级:在元件工作期间,任何单个故障类型出现的概率多于全部故障概率的0.10,而少于0.20。

Ⅳ级:在元件工作期间,任何单个故障类型出现的概率多于全部故障概率的0.20。

有了严重度和故障概率的数据后就可以运用风险矩阵的评价法。为了综合这两个特性,以故障概率为纵坐标,严重度为横坐标,画出风险矩阵,如图5.36所示。处于右上角方块中的故障类型风险率最高,依次左移逐渐降低。

5.6.5　扩展学习——危害性分析

在前面所介绍的FMEA分析的基础上,对于特别危险的故障类型,如故障等级为Ⅲ级或

Ⅳ级的故障类型，有可能导致人员伤亡或系统损坏，因此，对这类元件要特别注意，一般需采用危害性分析方法（CA）进行进一步分析。危害性分析又称致命度分析，它是故障类型、影响及危害性分析 FMECA 的另一个重要的分析内容。FMECA 分析包括故障类型及影响分析（FMEA）和危害性分析（CA）两个步骤，CA 属于定量分析方法，也可以进行半定量分析。

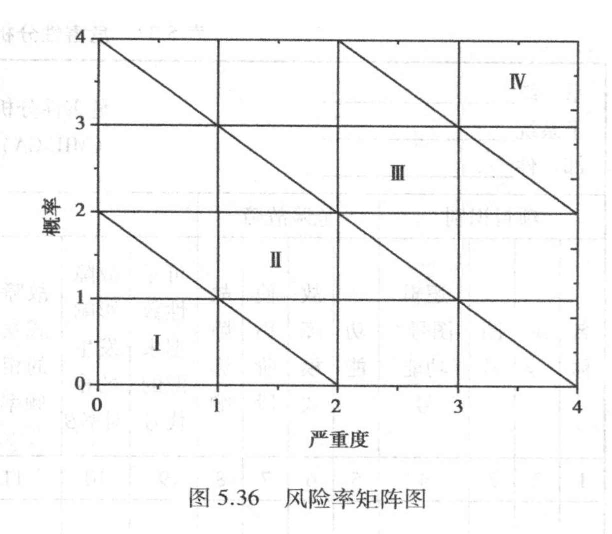

图 5.36　风险率矩阵图

关于 CA 的表格形式可以参照的标准很少，美国军用标准 MIL—STD—1629 中的 CA 标准分析表格式如表 5.34 所示，其他标准的表格形式也大致相同。

表中的（1）~（8）项可从 FMEA 中直接得到，对应地抄入表中，而危害性评价栏目中的各项则是危害性分析的重点。在危害性评价栏目中，首先在（9）栏内记入数据来源（数据来源较少时也可略去），然后填入（10）至（15）栏的数值，将（10）至（15）栏数值的积，乘以 10^6，所得结果记入（16）栏。将部件的全部故障模式的（16）栏结果相加，所得的值就是（17）栏内所要求的部件危害性指数 C_r。危害性指数按下式计算：

$$C_r = \sum_{i=1}^{n} (\beta a k_E k_A \lambda_G t \times 10^6) \tag{5.20}$$

式 5.20 表示的是由 n 个故障模式组成的部件危害性指数。

式中　C_r——危害性指数，表示部件在特定的危害性类别下各故障模式危害性数值的总和；

i——造成特定损失的系统部件的故障模式（的序号）；

n——危害性故障模式的总数；

λ_G——基本故障率，表示故障模式每小时或每次循环的发生率，可参照“5.9 系统可靠性分析”一节确定；

t——部件在每次工作中运行的小时数或循环次数；

k_E——用以修正获得 λ_G 时与实际使用时，两种环境应力差别的环境系数；

k_A——用以修正获得 λ_G 时与实际使用时，两种运行应力差别的运行系数；为了计算简便，应力修正系数 k_E、k_A 可以做省略处理（使其值约等于 1）；

α——危害性故障模式与总故障模式的比，即 λ_G 中危害性故障模式所占的比例（<1）；一个部件的所有故障模式的 α 相加等于 1，α 的数值在没有准确数据时，可依靠主观判断；

β——故障影响的发生率，是当故障模式发生时故障影响造成危害的条件概率（见表 5.34所示），大多数情况下 β 的数据不足，可取其值（约）等于 1；

10^6——单位调整系数，将 C_r 值由每工作一次的损失换算为每工作 10^6 次的损失的换算系数，经过换算 C_r>1。

表 5.33 危害性分析表格样式

系　统＿＿＿＿ 子系统＿＿＿＿ 部　件＿＿＿＿				危害性分析 （MIL-CA）										页号＿＿＿＿ 日期＿＿＿＿ 批准＿＿＿＿		
项目识别				危险故障				危害性评价								
名称	编号	图号	逻辑图号/功能号	功能	故障模式	使用阶段	故障影响	可靠性数据来源的代号	故障影响发生的相对率β	故障模式发生的相对频率α	环境系数k_E	工作系数k_A	基本故障率λ_G	使用总时间t	危害故障模式贡献	部件的危害性指数
1	2	3	4	5	6	7	8	9	10	11	12	13	14	15	16	17

表 5.34 故障影响的发生率β值取值范围

故障影响	发生率β
肯定造成损失	$\beta=1$
很可能造成损失	$0.1\leqslant\beta<1$
可能造成损失	$0<\beta\leqslant 0.1$
没有影响	$\beta=0$

5.6.6 故障类型及影响分析应用实例

【例 5.14】 氨制冷系统的 FMEA 分析。

如图 5.37 所示，为一次节流中间完全冷却双级氨压缩制冷系统的功能图。

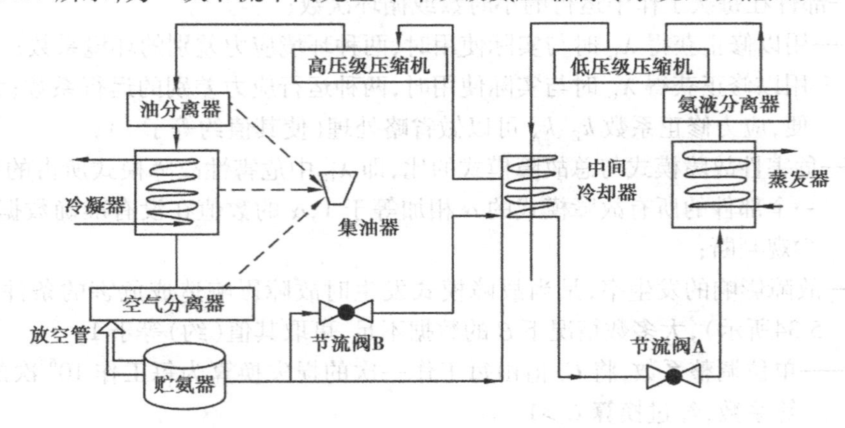

图 5.37 氨压缩制冷系统的功能图

解:通过分析,氨的危险特性主要有:

①扩散速度快。制冷系统中氨的浓度为99.8%,其存在于大于1.0 MPa的高压设备和小于0.35 MPa的低压设备之中,由于氨在正常大气压下的沸腾温度极低,为-33.33 ℃,而且氨与水分可以任何比例相互溶解,所以无论任何部位的设备、管道发生跑氨都可造成剧烈蒸发,强烈渗透,从而导致迅速扩散。

②毒性影响大。氨属毒性二级的物品,跑氨时的毒性对人体影响很大。

③燃爆范围广。氨蒸气在空气中的含量达到一定的比例,当容积比为15%~30%,质量浓度为110~192 pp(g/m^3)时,就与大气构成爆炸性混合气体,遇明火即刻发生爆炸;而且在0.2 s的时间内即可达到最高爆炸压力0.45 MPa。但在此浓度范围外构不成爆炸,超过上限的混合气体遇明火可以燃烧。

冷库氨制冷系统中存在的最大危险就是贮氨器的爆炸事故,氨泄漏造成的中毒伤亡是较为常见的事故。现从系统的角度出发,画出氨压缩制冷系统的可靠性框图,用以描述各个单元之间的依赖关系及相互影响,便于逐层分析各单元之间的故障模式及影响,氨制冷系统的可靠性框图如图5.38所示。

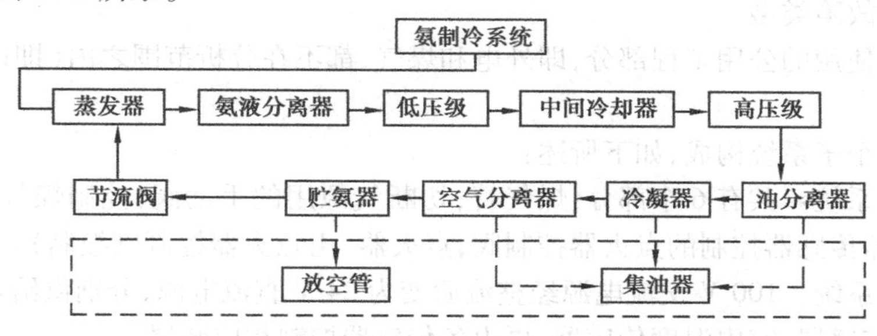

图5.38　氨制冷系统可靠性框图

制作该系统的FMEA分析表见表5.35。

表5.35　氨制冷系统FMEA分析表(部分)

设备	功能	故障模式	故障原因	故障影响	检测方法	补偿措施	严重级别
压缩机	吸入、压缩、输送、制冷剂	泄漏、回霜、液击	压缩机湿行程	压力过高造成弯头阀门损坏	日检	先切断压缩机电源,马上关闭排气阀,吸气阀	Ⅱ
		振动	轴承磨损腐蚀设计安装缺陷	噪声、机械损坏	听	定期润滑,及时更换损坏轴承,注意机器保养	Ⅲ
		防护罩缺失	未安装或擅自拆下	机械伤害	日检	加设防护罩	Ⅳ
		高温	冷却失效	电机烧毁烫伤	日检	冷却系统定期维护,悬挂高温警示标牌	Ⅱ
冷凝器	热交换	泄漏	裂缝部件破损腐蚀	污染中毒	日检	减压、切断阀门	Ⅳ

通过以上综合分析,对冷库氨制冷系统安全管理提出以下建议:

①液氨储罐必须有良好的防腐措施;严格控制液氨储罐充装量,液氨储罐的储存系数不应大于0.9,不要过量充装;储罐防止意外受热或罐体温度过高而致使饱和蒸汽压力显著增加;液氨储罐尽可能保持较低的工作温度,低温储存,并设置喷淋水,遮阳棚;安全阀、压力表

等安全装置必须齐全完好，定期校验，确保灵敏可靠。

②管道和设备的选材必须耐腐蚀以防止产生泄漏，液氨管道及氨气管道必须定期检查，对于易损、易发生泄漏的部件(如阀门、接管、法兰、垫片等)要定期检查维护、维修和更换。

③防止火源、热源发生，定期检查照明电路，防止摩擦、撞击及静电火花产生，机房应设置一定数量的手提式干粉灭火剂，并定期检查，保持有效状态。

【例 5.15】 暖风系统的 FMEA 及 CA 分析。

(1)暖风系统概述

家用暖风系统的任务是完成采暖的需要，每年冬季要工作 6 个月，使室温保持在 22 ℃。系统的使用周期为 10 年。在室外温度降低到-23 ℃，室内温度不变。

暖气系统设置在地下室内，环境温度也是-23 ℃，同时还有相当的粉尘。因此，环境条件修正系数 K_E 定为 0.94，而强度修正系数 K_A 为 1.0。

室内温度达不到 22 ℃时，就认为是系统出了故障，而造成这种故障的元件故障类型就被认为是危害性故障类型。

本系统所使用的公用工程部分，即外电和煤气，都不在分析范围之内(即确定了系统分析的边界)。

系统由 3 个子系统构成，如下所述：

①加热子系统。共有 6 个部分：煤气管；切断气源用的手动阀；控制煤气流量的控制阀；火嘴；由点火器传感器控制的点火器控制阀；点火器(由点火器控制阀控制)。

②控制子系统。100 V 交流电源经整流后变为 24 V 直流电源，分别供给点火器温度传感器、火嘴温度传感器、室内温度传感器，再由各传感器控制相应装置。

③空气分配子系统。室内温度下降时，由传感器将风机停止。送风机转速共有 3 挡，以适应不同风量的需要。

(2)确定分析程度和水平

只分析加热子系统，一直分析到功能元件。

(3)绘制功能图和可靠性框图

采暖系统功能图如图 5.39 所示，可靠性框图如图 5.40 所示。

(4)危害性分析

列出加热子系统的 FMEA 表，对系统造成影响的故障类型进行危害性分析，见表 5.36。

表 5.36 加热子系统危害性分析表

子系统	危险故障				项目数 n	运行系数 k_A	环境系数 k_E	1 000 h 故障率 λ_G/%	数据源	运行时间 t/h	可靠度指数 $nk_Ak_E\lambda_Gt$	故障类型比 α	影响概率 β	危害性指数/%
	元件名称	故障类型	阶段	影响										
加热子系统	煤气管	从裂纹泄漏煤气	停运时	有损失	1	1	0.94	0.05	A	87 600	0.041 17	0.01	0.01	0.00
		从焊缝处泄漏	停运时	有损失	4	1	0.94	0.05	A	87 600	0.164 69	0.01	0.01	0.00
	手动切断阀	阀门打不开	启动时	启动缓慢	1	1	0.94	5.7	A	20	0.001 07	0.01	0.01	0.00

续表

子系统	危险故障				项目数 n	运行系数 k_A	环境系数 k_E	1 000 h故障率 $\lambda_G/\%$	数据源	运行时间 t/h	可靠度指数 $nk_Ak_E\lambda_Gt$	故障类型比 α	影响概率 β	危害性指数/%
	元件名称	故障类型	阶段	影响										
加热子系统	手动切断阀	外泄煤气	停运时	有损失	1	1	0.94	5.7	A	87 600	0.469 36	0.01	0.01	0.00
	安全/控制阀	控制口打不开	运行中	有损失	1	1	0.94	54.4	A	43 800	22.397 57	0.4	1.0	8.96
		控制口关不上	运行中	有损失	1	1	0.94	54.4	A	43 800	22.397 57	0.15	1.0	3.36
		外泄煤气	运行中	有损失	1	1	0.94	54.4	A	43 800	22.397 57	0.03	0.01	0.00
		安全口打不开	启动时	启动缓慢	1	1	0.94	54.4	A	20	0.010 23	0.25	1.0	0.00
		阀打开保持器发生故障	运行中	有损失	1	1	0.94	54.4	A	43 800	22.397 57	0.4	1.0	8.96

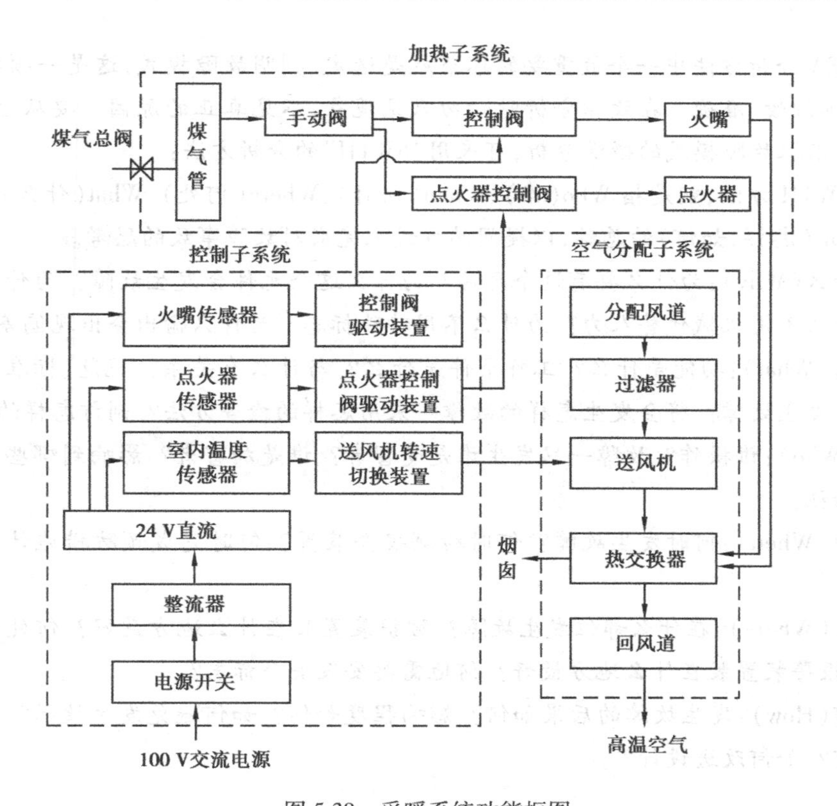

图5.39　采暖系统功能框图

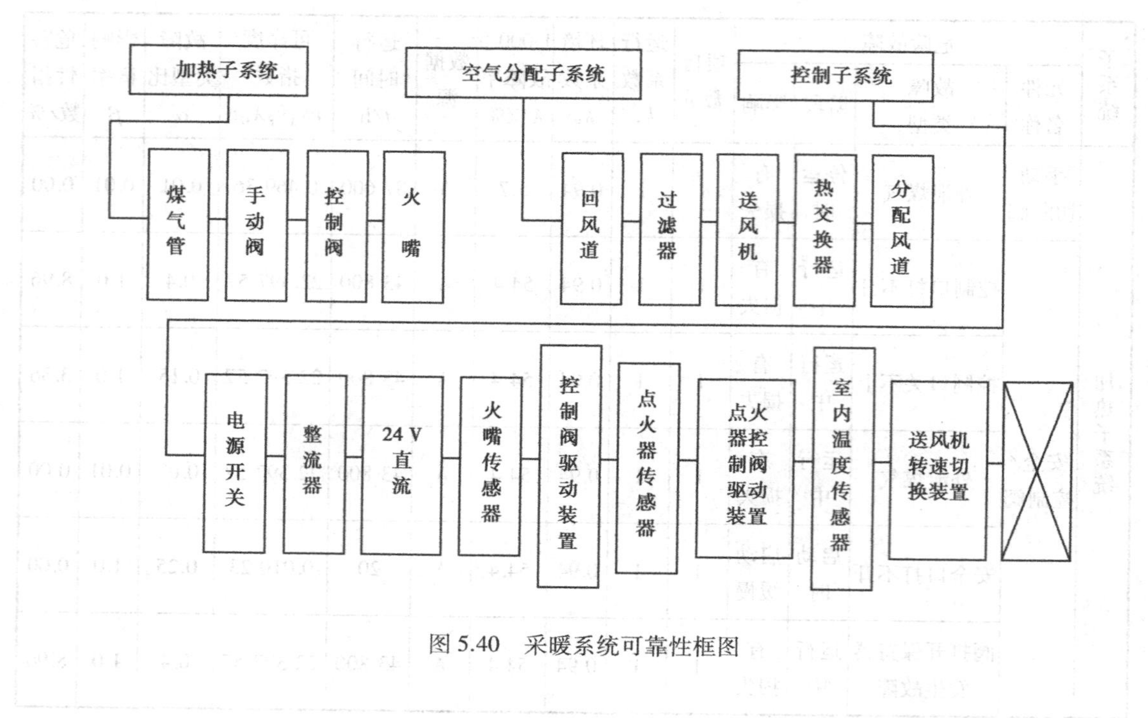

图 5.40　采暖系统可靠性框图

【小贴士】

在 FMEA 分析方法中一个最重要的环节就是选定、判明故障模式，这是一项技术性很强的工作，必须细致、准确。在故障分析时切勿只见现象，不见真正的原因。要从全局出发，综合各种信息采取故障模式的微观分析，可采用“5W1H”的分析方法：

所谓 5W1H 方法，就是指 Who（谁）、When（何时）、Where（何处）、What（什么）、Why（为什么）以及 How（怎样、如何）的总称，以提问的方式来完成对故障事故的思考。

①为什么（Why）：为什么要有这个元件？为什么这个元件会发生故障？为什么不加防护装置？为什么不用机械代替人力？为什么不用特殊标志？为什么输出会出现偏差？

②什么（What）：功能是什么？工作条件是什么？与什么有关系？规范、标准是什么？在什么条件下发生故障？将会发生怎样的故障？采用怎样的检查方法？制订怎样的措施？

③谁（Who）：谁操作？故障一旦发生谁是受害者？谁是加害者？影响到哪些功能？谁来实施安全措施？

④何时（When）：何时发生故障？何时检测安全装置？何时完成预防措施计划？何时完成整改？

⑤何地（Where）：在什么部位发生故障？防护装置装在什么地方最好？何处有同样的装置？监测、报警装置装在什么地方最好？何地需要安装安全标志？

⑥如何（How）：发生故障的后果如何？影响程度如何？如何避免发生故障？安全措施控制能力如何？如何改进设计？

5.7　危险与可操作性分析

危险与可操作性分析（Hazard and Operability Analysis，HAZOP）是一种用于辨识设计缺陷、工艺过程危害和操作性问题结构化的分析方法。它是一种启发性的、实用性的定性分析方法，既适用于设计阶段，又适用于现有的生产阶段。早在20世纪70年代由ICI公司建立提出，应用范围已由最初的化工过程安全分析，扩展至目前的机械、运输、软件开发等领域，同时在实践中形成了多种应用类型。

5.7.1　技能要求

危险与可操作性分析的本质就是由专业人员组成的分析组，通过一系列的会议，按工艺流程（或操作步骤）为主线依次分析各节点的每一个偏差产生的原因及后果，寻求必要对策。

危险与可操作性分析的基本思路是：首先，界定对象，切割系统，明确分析节点；其次，按工艺流程，确定每个节点的可能偏差，形成偏差库；再次，由专业人员组成的分析组，按工艺流程为主线依次分析各节点的每一个偏差的产生原因，可能后果，已有措施及对策建议。最后，根据分析结果，编制分析报告。因此，危险与可操作性分析应掌握如下4个基本技能：

①熟悉系统，划分节点。

②确定偏差，形成偏差库。

③分析各节点偏差的原因、后果，提出措施建议。

④编制报告。

5.7.2　危险与可操作性分析步骤

（1）HAZOP分析过程

HAZOP分析的整个实施过程包括分析准备、HAZOP分析、编制分析结果文件和行动方案4个方面。

1）分析准备

为了有效地进行HAZOP分析，需要做好充分的准备，准备工作包括：确定分析目标和范围，获得必要的资料，选择分析组，整理资料并拟订分析顺序，安排会议和HAZOP培训6个方面。

①确定分析目标和范围。

②获取必要的资料。详细而有效的资料是进行HAZOP分析的基础，资料收集主要分为以下两个方面：

a.用于控制HAZOP分析实施过程的项目管理资料。

b.企业提供的技术资料。

③选择分析组。为了确保HAZOP分析的可靠度和分析深度，要求分析组成员具有较为丰富的专业知识技能和HAZOP分析经验。根据系统的复杂程度，选择适当数量的符合条件的人员组成HAZOP分析组。

④整理资料并拟订分析顺序。对所获取资料中的参数、数据和节点等资料进行统计整

理,列出清单或表格。为了保证 HAZOP 分析的顺利进行,HAZOP 分析的组织者需要提前做出详细的时间、工作结构顺序安排。

⑤安排会议。当完成资料收集步骤后,应立即组织会议对资料进行分析,有序地开展后序工作。

⑥HAZOP 分析培训。HAZOP 分析培训的目的是与企业进一步进行交流沟通的同时使 HAZOP 分析的工作人员具备 HAZOP 分析的基本技能。培训主要分为两个阶段:

第一阶段,对企业管理层和参与 HAZOP 分析的有关部门及人员进行培训,主要培训内容是对 HAZOP 分析的理解、项目管理和控制方面等。

第二阶段,主要对参与 HAZOP 分析工作的具体人员进行培训,主要培训内容是明确 HAZOP 分析的要求和工作流程,明确 HAZOP 分析组成员在组内的角色,培训所需的基本技能(包括 HAZOP 原理、HAZOP 方法介绍、HAZOP 工作组的组成和职责、数据采集、数据审核和缺失数据的处理等)。

2)HAZOP 分析

准备工作完成后,即可开始 HAZOP 分析工作。

HAZOP 分析需要将工艺流程图和操作程序划分为若干工艺单元和操作步骤,HAZOP 分析组对每个分析节点要使用所有引导词进行分析,并得到一系列的结果:偏差、原因、后果、安全保护、建议措施。HAZOP 分析的具体流程如下:

①划分节点。

②解释工艺单元或操作步骤。

③确定有意义的偏差。

④对偏差进行分析。

3)编制分析结果文件

HAZOP 分析结果应及时准确记录,分析完成后汇总结果,同时需确保所有的成员都知道并对采取的措施形成一致意见。为了保障对分析对象的跟踪,应将分析对象标记到 PID 图纸的复印件上。将分析过程中所有的资料、成果整合,形成最终报告。最终报告应包含以下内容:

①参考术语。

②工作范围。

③记录表。

④确认已完成的所有分析节点(或单元)。

⑤其他内容。

4)行动方案的落实

通过 HAZOP 分析装置或设备的改进措施,并进行整改跟踪。在某些适当的阶段应对项目进行进一步的审查,该审查主要有以下 3 个目标:

①确保整改满足分析的要求。

②审查资料,特别是制造商的数据。

③确保所有推荐措施均已得到整改。

(2)实际操作流程

1)成立研究组

实施危险与可操作性分析首先必须成立一个由各方面专家组成的研究组,研究组的每个成员都能为研究的项目提供知识和经验,最大限度地发挥每个成员的作用。

①对于相对较小的工艺过程,研究组由3~4人组成,研究组的构成一般包括HAZOP组长、工艺技术人员和设备技术人员、记录人员等。

②对于大型的、复杂的工艺过程,分析组一般由5~7人组成较为理想,包括设计、工艺或工程、操作、维修、仪表、电气、公用工程等领域的专家。

③为了确保HAZOP分析工作顺利、有序地推进,需要对小组成员分类并划分职责。

a.HAZOP组长是所分析装置或设备的管理者。其主要职责是明确组员,与企业其他相关部门进行协调,保持小组分析工作的方向,控制工作进度,实施质量检查和数据的审核以及停止和提交已完成的项目。

b.工艺技术人员主要负责装置HAZOP研究节点的划分,确定系统和设备的工艺操作条件,根据设备的工艺条件、环境、材质和使用年限等评价失效机理的类型、敏感性和对设备的破坏程度。

c.设备技术人员主要职责是确定设备的条件数据和历史数据,提供所需的装置和设备的设计数据和规范,提供对必要的历史检测数据的比较以及进行偏差的设备方面的原因、后果和措施分析等。

d.记录员主要职责是进行会议记录,记录识别出的危险和问题、提出的建议以及进行后续跟踪的行动,协助分析组长编制计划、履行管理职责,在某些情况下,分析组长可兼任记录员。

2)收集系统资料

收集与研究系统相关的详细资料,主要包括以下内容:

①准备用于控制HAZOP项目实施的项目管理资料。该部分的资料主要包括HAZOP分析的项目工作计划、项目目标和项目策略、项目管理实施细则、项目实施程序、培训材料、会议记录、管理资料等。

②需要企业提供的技术资料。技术资料主要为:工艺仪表流程图(PID)、工艺流程图(PFD)、平面布置图;装置设计工艺包;装置工艺技术规程、装置安全技术规程、装置岗位操作规程;工艺介质数据表、设备数据表、管道数据表;安全附件资料;装置操作与维护手册;历次事故记录;当地天气状况数据等。

【小贴士】

PID:Piping & Instrument Diagram,工艺管道仪表流程图。根据工艺流程图(Process Flow Diagram,PFD)的要求,详细地表示该系统的全部设备、仪表、管道、阀门和其他有关公用工程系统。PID重点表达管道的流程以及过程工艺如何控制,显示管道系统连接结构和方式,同时包括用于监控物料在管道中的流动情况的仪表和阀门。

3)分解系统

将整个研究对象划分为若干个适当的部分。比如根据工艺流程图,按照功能划分的原则将系统进行分解。

4)划分节点

节点就是所分析系统的特定部位或关键部位,如系统的软、硬件组成单元或子系统,如管线、容器、泵、操作说明等。由于HAZOP分析是非常耗时和具体的检查工作,因此必须把装置分解成更小的系统进行分析。

①按照工艺系统划分。对于连续的工艺过程,研究节点一般按照工艺流程进行划分,从

进入的PID管线开始,继续直至设计意图的改变,或继续直至工艺条件的改变,或继续直至下一个设备。上述状况的改变作为一个节点的结束,另一个节点的开始,如蒸馏过程,压缩过程,吸收过程,合成过程等。

对于并联的工艺系统,把其中一个工艺系统作为节点,进行HAZOP分析;完成每一个工艺系统后,再考虑几个系统并联可能产生的问题。

②按照管线和设备划分。对于间歇操作过程来说,工艺单元是指具有确定边界的设备单元。可以把每一根管线作为节点,如传送带等;也可以把每一个主体设备作为一个节点,如反应器等。

5)明确节点功能

在选择研究节点以后,分析组组长应确认该研究节点的关键参数,并确保小组中的每一个成员都知道其设计意图和理想的状态参数。

6)确定偏差

偏差是指设计人员期望或规定的各要素及特性的行为范围的偏离,即偏离了设计意图或设计的规定条件。例如:电压(温度、水压、气压等)不稳,过高或者过低。偏差的形式通常是"引导词+工艺参数=偏差"。

①引导词和工艺参数。引导词是指描述一种特定的对要素设计目的(意图)偏离的词或短语。引导词的作用是激发分析人员的想象性思维,使其专注于分析,提出观点并进行讨论,从而尽可能地使分析完整全面,基本引导词及其含义见表5.37。

表5.37　基本引导词及其含义

引导词	含　义
无,空白(NO或者NOT)	设计目的的完全否定
多,过量(MORE)	量的增加
少,减量(LESS)	量的减少
伴随(AS WELL AS)	定性修改/增加
部分(PART OF)	定性修改/减少
相反(REVERSE)	设计目的的逻辑取反
异常(OTHER THAN)	完全替代

与时间和先后顺序(或序列)相关的引导词及其含义见表5.38。

表5.38　与时间和先后顺序(或序列)相关的引导词及其含义

引导词	含　义
早(EARLY)	相对于给定时间早
晚(LATE)	相对于给定时间晚
先(BEFORE)	相对于顺序或序列提前
后(AFTER)	相对于顺序或序列延后

工艺参数是指与过程有关的物理和化学特性。如流量、时间、次数、混合、压力、组分、黏度、副产物(副反应)、温度、pH值、电压、液位、速率、数据、反应等。

分析组依次运用所有预先给定的引导词,系统地对每个研究节点的工艺参数进行分析,从而发现偏差。比如:

无(引导词)+流量(工艺参数)= 无流量(偏差)

②偏差的确定。偏差的确定应沿着与分析主题相关的流程或顺序进行,并按逻辑顺序进行分析。分析顺序包括"要素优先"和"引导词优先"。"要素优先"顺序可描述如下:

a.分析组长选择系统设计描述的某一部分作为分析起点,并做出标记。随后,解释该部分的设计目的,确定相关要素以及与这些要素有关的所有特性。

b.分析组长选择其中一个要素,与小组商定引导词应直接用于要素本身还是用于该要素的单个特性,并分析组长确定首先使用哪个引导词。

c.将选择的引导词与分析的要素或要素的特性相结合,查找其解释,以确定是否有合理的偏差。

d.分析小组应识别偏差现有的保护、检测和指示装置(措施)。在识别危险或可操作性问题时,不应考虑已有的保护措施及其对偏差发生的可能性或后果的影响。

e.分析组长应对记录员记录的文档结果进行总结。当需要进行额外的后续跟踪工作时,也应记录完成该工作负责人的姓名。

f.对于该引导词的其他解释,重复以上 c~e 过程;然后依次将其他引导词和要素的当前特性相结合,进行分析;接着对要素的每个特性重复 c~e 过程(前提是对要素当前特性的分析达成了一致意见);然后是对分析部分的每个要素重复 b~e 过程。一个部分分析完成后,应标记为"完成"。重复进行该过程,直到系统所有部分分析完毕。

"引导词优先"顺序即是将第一个引导词依次用于分析部分的各个要素。这一步骤完成后,进行下一个引导词分析,再一次把引导词依次用于所有要素。重复进行该过程,直到全部引导词都用于分析对象的所有要素,然后再分析系统下一部分。

7)分析偏差

对于确定出有意义的偏差,应分析导致偏差的原因、偏差所能造成的后果以及应采取的对策措施。

①导致偏差的原因。出现偏差的潜在原因主要包括以下方面:

a.硬件上:设备,管道,仪表,设计,施工,材料。

b.软件上:程序,工作指令,技术参数。

c.人为失误:领导,操作工,维护工。

d.外部因素:公用工程,自然灾害,故意破坏等。

②后果。后果是指确定出的偏差可能导致设备损坏、操作人员人身受到威胁,或者经济受到损失的不良结果。

③对策措施。对有重要影响,且实际存在的原因提出有效的对策措施。主要包括:设计工程系统或调解控制系统的保护措施;修改设计和操作规程,提出进一步分析研究的建议。

在考虑采取某种措施以提高安全性之前,应对与研究节点有关的所有危险进行分析。

8)选择下一研究节点,重复相应步骤,直到所有节点分析完毕

9)编写 HAZOP 报告

①HAZOP 分析表。分析记录是 HAZOP 分析的一个重要组成部分,通常 HAZOP 分析会议以表格形式记录。HAZOP 分析表可以分为以下 4 种:

a.原因到原因分析表。在原因到原因的方法中,原因、后果、安全保护、建议措施之间有准确的对应关系。特点:分析准确,减少歧义,见表5.39。

表5.39 原因到原因HAZOP分析表

<table>
<tr><th>偏 差</th><th>原 因</th><th>后 果</th><th>安全保护</th><th>建议措施</th></tr>
<tr><td rowspan="3">偏差1</td><td>原因1</td><td>后果1
后果2</td><td>安全保护1
安全保护2
安全保护3</td><td>不需要</td></tr>
<tr><td>原因2</td><td>后果1</td><td>安全保护1</td><td>措施1</td></tr>
<tr><td>原因3</td><td>后果2</td><td>无</td><td>措施2</td></tr>
</table>

b.偏差到偏差分析表。对某一个偏差所列出的所有原因并不一定会产生所列出的所有后果,即某偏差的原因—后果—保护设施之间没有对应关系,见表5.40。

c.只有异常情况的HAZOP分析表。表中仅包含分析组认为原因可靠、后果严重的偏差,其优点是分析时间及表格长度大大缩短,缺点是分析不完整。

d.只有建议措施的HAZOP分析表。表中只记录分析组提出的安全建议措施。能最大限度地减少HAZOP分析文件的长度,节省大量时间,但无法显示分析的质量。

表5.40 偏差到偏差HAZOP分析表

偏 差	原 因	后 果	安全保护	建议措施
偏差1	原因1 原因2 原因3	后果1 后果2	安全保护1 安全保护2 安全保护3	措施1 措施2

HAZOP分析表还应具备安全评价组、车间或工段等信息,见表5.41。

表5.41 HAZOP分析表

<table>
<tr><td colspan="2">安全评价组:
可操作性分析:</td><td colspan="2">车间/工段:车间 工段
系 统:
任 务:</td><td colspan="2">日 期: 代 号:
页 码:
设计者:
审核者:</td></tr>
<tr><td>关键词</td><td>偏差</td><td>可能的原因</td><td>后果</td><td>对策措施</td><td>备注</td></tr>
<tr><td></td><td></td><td></td><td></td><td></td><td></td></tr>
</table>

②HAZOP分析报告。在上述工作的基础上,将分析结果进行整理、汇总,提炼出恰当的结果,形成HAZOP分析的最终报告,报告包括以下内容:

A.概要。

B.结论。

C.范围和目标。

D.逐条列出的分析结果,主要包括:

a.识别出的危险与可操作性问题的详情,以及相应的探测和减缓措施的细节。

b.如果有必要,对需要采取不同技术进行深入研究的设计问题提出的建议。

c.对分析期间所发现的不确定情况及时采取处理行动。

d.基于分析小组具有的系统相关知识,对发现的问题提出的减缓措施(若在分析范围内)。

e.对操作和维护程序中需要阐述的关键点的提示性记录。

f.每次参加会议的小组成员名单。

g.所有分析部分的清单以及排除系统某部分的基本原因。

h.分析小组使用的所有图纸、说明书、数据表和报告等的清单(包括引用的版本号)。

E.HAZOP 工作表。

F.分析中使用的图纸和文件清单。

G.在分析过程中用到的以往研究成果、基础数据等。

5.7.3 危险与可操作性分析应用举例

【例 5.16】 假设一座简单的化工厂,如图 5.41 所示。物料 A 和物料 B 通过泵连续地从各自的供料罐输送至反应器,在反应器中合成并生成产品 C。假定为了避免爆炸危险,在反应器中 A 总是多于 B。完整的设计描述将包括很多其他细节,如:压力影响、反应和反应物的温度、搅拌、反应时间、泵 A 和泵 B 的匹配性等,但为简化示例,这些因素将被忽略。工厂中待分析的部分用粗线条表示。

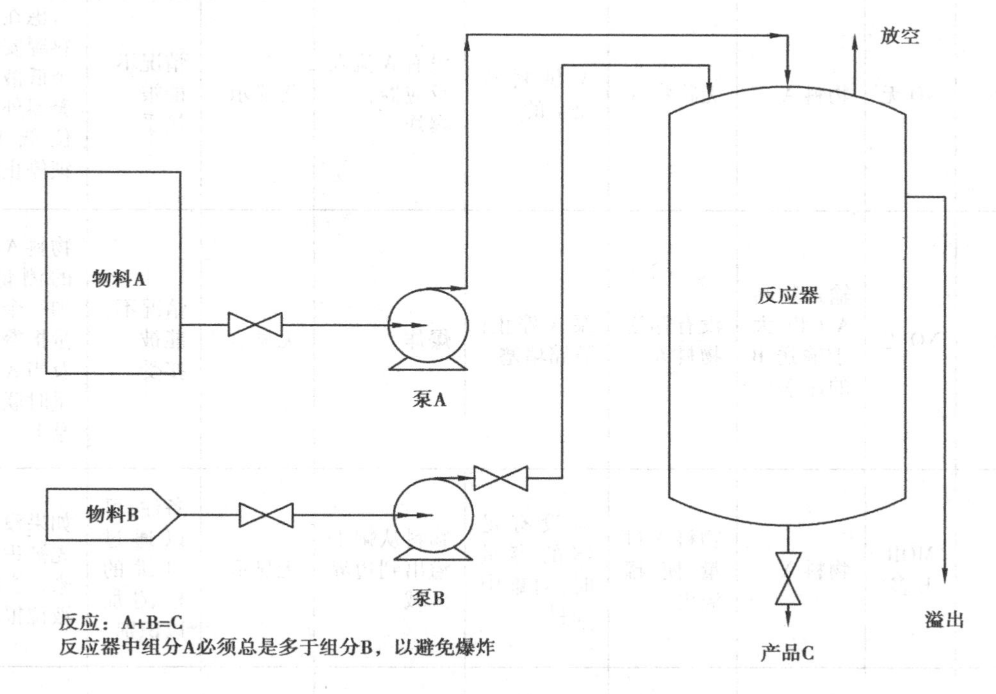

图 5.41 工厂简化流程图

分析部分是从盛有物料 A 的供料罐到反应器之间的管道,包括泵 A。这部分的设计目的是连续地把物料 A 从罐中输送到反应器,A 物料的输送速率(流量)应大于 B 物料的输送速率。根据上述资料,设计目的见表 5.42。

表 5.42　设计目的

物　料	活　动	来　源	目的地
A	输送(转移):(A 速率>B 速率)	盛有物料 A 的供料罐	反应器

依次将引导词用于这些要素上,确定并分析偏差,并将结果记录在 HAZOP 工作表中,见表 5.43。在分析完与系统这部分相关的每个要素的每个引导词后,可以再选取另一部分(如:物料 B 的输送管路),重复该过程。最终,该系统的所有部分都会通过这种方式分析完毕,并对结果进行记录。

表 5.43　HAZOP 工作表

安全评价组: 可操作性分析:			车间/工段:车间　工段 系　　统: 任　　务:			日　期: 代　号: 页　码: 设计者: 审核者:		
设计目的:	物料:A 功能:以大于物料 B 的输送速率连续输送 来源:装有原料 A 的供料罐目的地:反应器							
序号	引导词	要素	偏差	可能原因	后果	安全措施	注释	建议安全措施
1	NO 无	物料 A	无物料 A	A 供料罐是空的	没有 A 流入反应器;爆炸	无显示	情况不能被接受	考虑在 A 供料罐安装一个低液位报警器外加液位低/低联锁停止泵 B
2	NO 无	输送物料 A(以大于输送 B 的速率)	没有输送物料 A	泵 A 停止;管路堵塞	爆炸	无显示	情况不能被接受	物料 A 流量的测量,外加一个低流量报警器以及当 A 低流量时联锁停泵 B
3	MORE 多	物料 A	物料 A 过量使罐溢出	当没有足够的容量时,向罐中加料	物料从罐中溢出到边界区域	无显示	备注:可以通过对罐的检测加以识别	如果没有预先被识别出来,考虑高液位报警
4	MORE 多	输送 A	输送过多;物料 A 流速增大	叶轮尺寸选错;泵选型不对	产量可能减少;产品中将含过量的 A	无	—	在试车时检测泵的流量和特性;修改试车程序

续表

序号	引导词	要素	偏差	可能原因	后果	安全措施	注释	建议安全措施
5	LESS 少	物料A	更少的A	A供料罐液位低	不适当的吸入压头;可能引起涡流并导致爆炸;流量不足	无	同1,不可接受	同1,在A供料罐安装一个低液位报警器
6	LESS 少	输送物料A(以大于输送B的速率)	A的流速降低	管线部分堵塞;泄漏;泵工作不正常	爆炸	无显示	不可接受	同2
7	AS WELL AS 伴随	物料A	在供料罐中除了物料A还有其他流体物料	供料罐被污染	未知	所有罐车装的物料在卸入罐前应接受检查和分析	认为是可接受的	检查操作程序
8	AS WELL AS 伴随	输送A	输送A的过程中,可能发生侵蚀、腐蚀、结晶或分解	根据更具体的细节,对每种潜在的可能都应该加以考虑				
9	AS WELL AS 伴随	目的地反应器	外部泄漏	管线、阀门或密封泄漏	环境污染;可能爆炸	采用可接受的管道规范或标准	接受合格品	将能联锁跳车的流量传感器尽可能靠近反应器安装
10	REVERSE 相反	输送A	反向流动;原料从反应器流向供料罐	反应器压力高于泵出口压力	装有反应物料的供料罐被返回的物料污染	无显示	情况不令人满意	考虑管线上安装一个止逆阀
11	OTHER THAN 异常	物料A	原料A异常;供料罐内物料非A物料	供料罐内原料错误	未知,将取决于原料	在供给物料前对物料进行检验分析	情况可以接受	—

续表

序号	引导词	要素	偏差	可能原因	后果	安全措施	注释	建议安全措施
12	OTHER THAN 异常	目的地反应器	外部泄漏；反应器无物料进入	管线破裂	环境污染；可能爆炸	管道完整性	检查管道设计	建议规定流量联锁跳车应有足够快的响应时间以阻止发生爆炸

5.8 原因—后果分析

原因—后果分析（Cause-Consequence Analysis，CCA），是一种将事件树执因索果的“顺推”特点和事故树执果索因的“逆推”特点融为一体的分析方法，兼有两者的优点。它用事件树做后果分析，用事故树做原因分析，是一种归纳和演绎相结合的方法。

5.8.1 技能要求

原因—后果分析的基本思路是：首先，确定评价事件，绘制事件树；然后，以事件树的起始事件和被识别为失败的环节事件为顶事件分别绘制事故树；其次，根据事故树的定性定量分析结果，得出各顶事件产生的原因及控制方案（即最小割集、最小径集），并计算其发生概率；再次，根据事故树分析结果，计算事件树所归纳出的各种后果的出现概率；最后，采用后果概率与后果损失的乘积评价事件风险，并编制评价成果。因此，原因—后果分析应掌握如下4个基本技能：

①根据初始事件正确绘制事件树（详见“5.4　事件树分析”）。

②正确绘制初始事件和失败环节事件的事故树（详见“5.5　事故树分析”）。

③事件树和事故树的定性定量分析。

④风险评价。

5.8.2 原因—后果分析的基本步骤

（1）选择评价事件

任何需要进一步分析其原因和可能后果的事件，均可作为原因—后果分析法的评价事件。通常应该选取易于引起较大或重大事故后果的系统故障，设备故障，人为失误或工艺异常等事件。如事故树的顶上事件和中间原因事件、事件树的初始事件、故障类型及影响分析法得到的典型故障模式、预先危险性分析法预先识别的典型危险、危险与可操作性分析法得到的典型偏差等都可作为原因—后果分析的评价事件。

（2）绘制事件树

直接将选定的评价事件作为事件树的初始事件。按照事件树分析方法从初始事件开始，按照系统构成要素的时序逻辑，从左向右，分成功与失败两种状态逐一列举后续功能单元，得到所有单元的二值状态组合，最终构造出事件树。

(3)绘制初始事件和失败中间事件的事故树

将原因—后果图的事件树部分的初始事件和安全功能失败的中间事件作为顶上事件，使用事故树分析法分别进行展开。

(4)绘制原因—后果图

把这些事故树与事件树连接起来，形成原因—后果图。

(5)确定基础数据、计算后果事件的概率

通过调研或系统可靠性分析等手段，获取事故树基本事件发生概率及相关数据，利用计算事故树顶事件发生概率的算法，分别计算出事件树起始事件和失败环节事件的发生概率，进而计算出事件树后果的出现概率。

(6)计算风险率

根据各种后果事件的出现概率和所造成的损失综合衡量事故所带来的风险。可以直接采用出现的概率与后果损失的乘积作为风险率，其计算公式如下：

$$\text{风险率} = PU \tag{5.21}$$

式中 P——某一后果事件发生的概率；

U——该后果事件可能造成的损失。

(7)汇总评价成果

评价的成果主要包括：系统分析说明和安全对策措施。其中，系统分析说明包括：

①评价事件的确定依据、分析的假设。

②评价事件的事件树分析成果。

③评价事件和失败中间环节事件的事故树分析成果。

④原因—后果图。

⑤各事故树的最小割集、最小径集及其重要性评价结果。

⑥顶上事件和后果事件发生概率的计算结果。

⑦风险评价结果等。

5.8.3 应用举例

原因—后果分析其实就是事故树与事件树两种分析方法的综合运用，取两者之长，避两者之短。下面通过实例具体讲解原因—后果分析方法在实际生产过程中的运用。

【例5.17】 国内某加工厂由于工艺改进需引进一电机系统，请采用原因—后果分析方法分析该加工厂所面临的使用风险。

假设已知电机过热后散热系统失效的概率：$P(B_0/A)=0.02$；不失效概率：$P(B_1/A)=0.98$。除此之外，起始事件和其他环节事件的发生概率都需要通过FTA加以确定。

解：第一步，调查分析，确定评价事件。

根据“5.4 事件树分析”中例5.5分析可知，系统内可能造成较为严重后果的事件主要有：外壳带电、转动部位裸露、电机过热。三者均可作为原因—后果分析的评价事件。在此，以“电机过热”作为评价事件为例，进行原因—后果分析。

第二步：绘制事件树图（可参照“5.4　事件树分析”中事件树的编制方法）。

围绕“电机过热”这一初始事件展开电机过热安全控制系统原理和安全措施的调查分析，得到电机过热起火系统控制图，如图 5.42 所示。

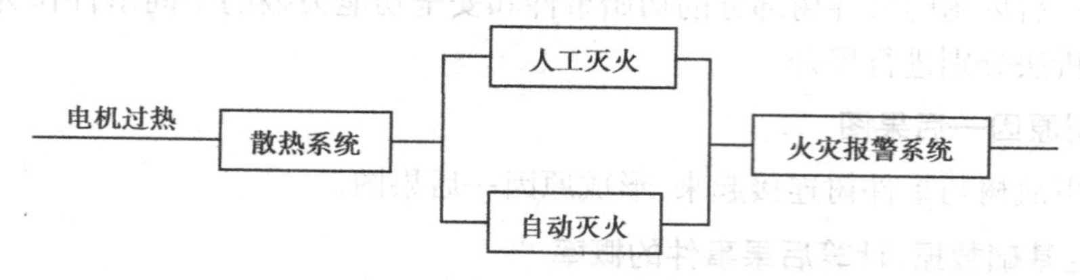

图 5.42　电机过热起火系统控制图

根据该系统控制图绘制事件树图，产生的 5 种后果如图 5.43 所示。

起始事件（A）	散热系统是否正常（B）	操作人员是否成功灭火（C）	自动灭火系统是否成功灭火（D）	火灾报警器是否成功报警（E）	结果

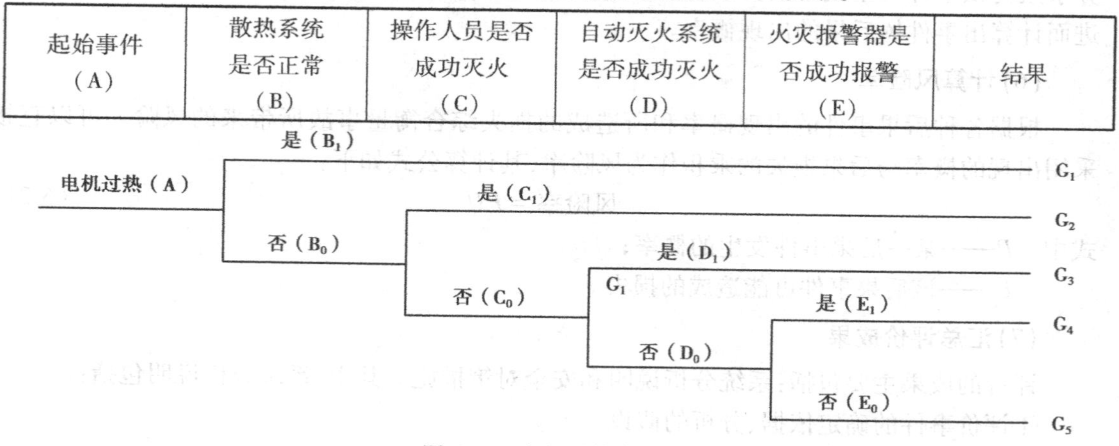

图 5.43　电机过热事件树

第三步：绘制起始事件和中间失败事件的事故树图。

根据图 5.43，将起始事件为电机过热事件和中间失败事件（散热系统失效、操作人员未能成功灭火、自动灭火系统未能成功灭火、火灾报警器未能成功报警）分别作为顶事件，绘制出对应的事故树图，其具体绘制方法可参照第 5 节事故树的编制方法。

第四步：绘制原因—后果图。

将第二步事件树和第三步的事故树连接起来就得到原因—后果图，如图 5.44 所示。

第五步：计算后果事件概率。

首先，根据事故树编制结果，将事故树基本原因事件按系统可靠性分析中人的可靠性和设备可靠性分析理论，开展事故树基本事件发生概率及相关数据调查得到概率数据见表 5.44。

表 5.44　基本事件发生概率及相关数据

事件树起始或环节事件	事故树基本事件	基本事件发生概率或设备故障率
电机过热（A）	电机故障（X_1）	电机故障率：$\lambda_1=1.43\times10^{-5}$/h；设检修周期 $T_1=6$ 个月 $=4\ 320$ h，得最大故障概率 $P(X_1)=1-\exp-\lambda_1T_1\approx\lambda_1T_1=0.062$。

续表

事件树起始或环节事件	事故树基本事件	基本事件发生概率或设备故障率
电机过热(A)	接线缺陷(X_2)	$P(X_2)=0.19$
	电源故障(X_3)	电源故障率 $\lambda_3=2.44\times10^{-5}$/h(检修周期 $T_3=6$ 个月 $=4\ 320$ h)最大故障概率 $P(X_3)\approx\lambda_3 T_3=0.105$
	熔断器未断(X_4)	熔断器故障率 $\lambda_4=1.62\times10^{-4}$/h(检修周期 $T_4=1$ 个月 $=720$ h)最大故障概率 $P(X_4)\approx\lambda_4 T_4=0.117$
操作人员手动灭火未成功(C_0)	操作人员手动灭火失误(X_5)	$P(X_5)=0.1$
	手动灭火器故障(X_6)	手动灭火器故障率 $\lambda_6=10^{-4}$/h(检修周期 $T_6=365$ h)最大故障概率 $P(X_6)\approx\lambda_6 T_6=0.037$
自动灭火系统灭火未成功(D_0)	自动灭火器控制系统故障(X_7)	自动灭火器控制系统故障率 $\lambda_7=10^{-5}$/h(检修周期 $T_7=2\ 190$ h)最大故障概率 $P(X_7)\approx\lambda_7 T_7=0.022$
	自动灭火器故障(X_8)	自动灭火器故障率 $\lambda_8=10^{-5}$/h(检修周期 $T_8=2\ 190$ h)最大故障概率 $P(X_8)\approx\lambda_8 T_8=0.022$
火灾报警系统报警未成功(E_0)	火灾报警器控制系统故障(X_9)	火灾报警器控制系统故障率 $\lambda_9=5\times10^{-5}$/h(检修周期 $T_9=1\ 095$ h)最大故障概率 $P(X_9)\approx\lambda_9 T_9=0.055$
	火灾报警器故障(X_{10})	火灾报警器故障率 $\lambda_{10}=10^{-5}$/h(检修周期 $T_{10}=1\ 095$ h)最大故障概率 $P(X_{10})\approx\lambda_{10} T_{10}=0.011$

确定事故树基本事件的发生概率时可参考“5.9　系统可靠性分析”的表5.51“美国军用手册 MTL-HDBK-217A 标准故障统计数据”和表5.52“美国布朗宁 R.L.Browning 故障率建议值”。

下面以“电机故障(X_1)”这一基本事件为例,展示表中各基本事件发生概率或设备故障率的确定过程为:

电机故障率明显归属于人的操作可靠性和设备可靠性的后者,故可根据设备可靠性的计算方法直接查表5.51或表5.52,初步确定初始可靠性 $\lambda_0=1.43\times10^{-6}$/h,再结合该电机使用环境情况,从表5.53取修正系数 $K=10$,最终得到 $\lambda_1=1.43\times10^{-5}$/h;调查企业电机管理制度可知,其检修周期 $T_1=6$ 个月 $=4\ 320$ h,代入概率计算公式得到最大故障概率

$$P(X_1)=1-\exp-\lambda_1 T_1\approx\lambda_1 T_1=0.062$$

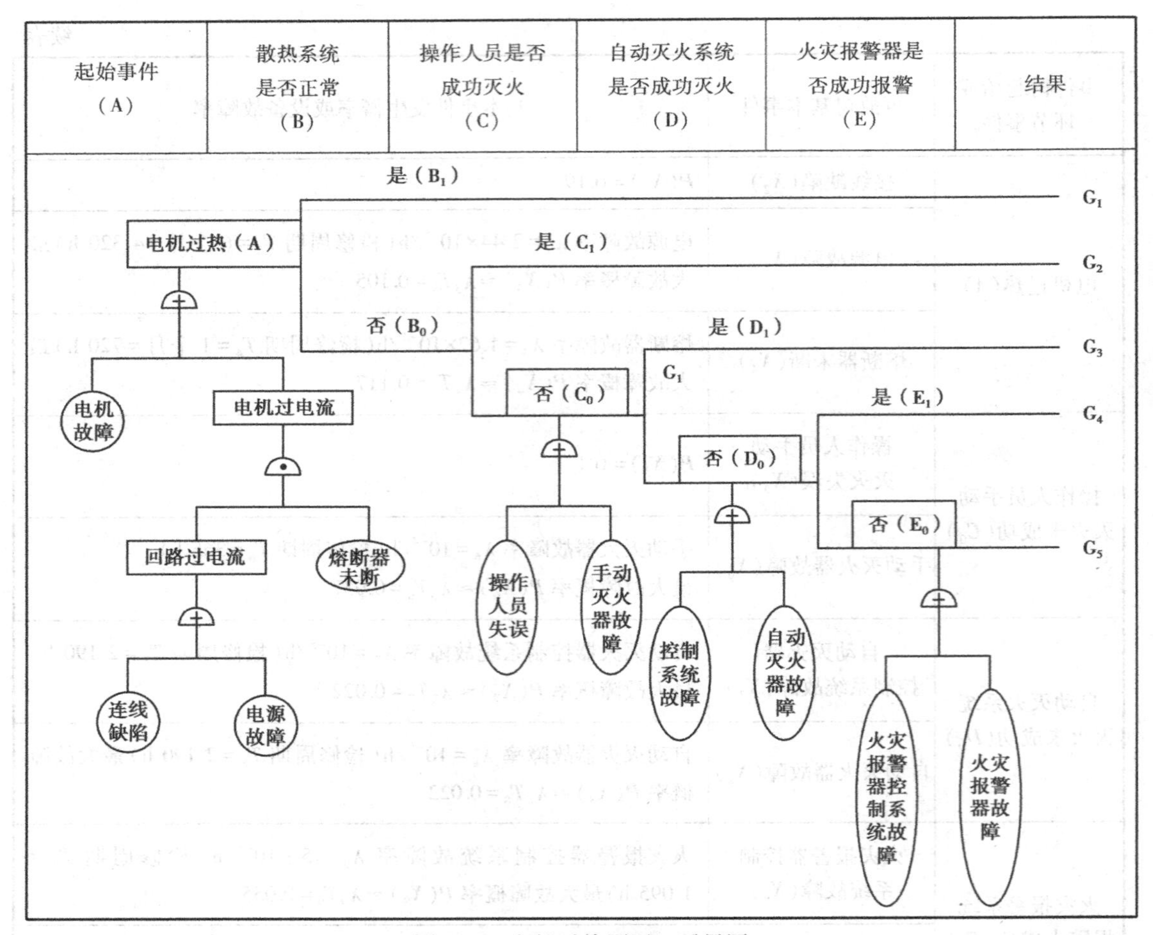

图 5.44 电机过热原因—后果图

按照类似过程可以得到其他基本事件的概率。

其次,根据表中数据,利用计算事故树顶事件发生概率的算法,可分别计算出事件树起始事件和环节事件的发生概率为:

$P(A)=0.092/6$ 个月;

$P(C_0)=0.133/365$ h;

$P(D_0)=0.044/2\ 190$ h;

$P(E_0)=0.065/1\ 095$ h。

则,可计算得 5 种后果事件的出现概率分别为:

$$(1)P(G_1)=P(A)P\left(\frac{B_1}{A}\right)=0.092\times0.98=0.90/6\text{ 个月}$$

$$(2)P(G_2)=P(A)P\left(\frac{B_0}{A}\right)P(C_1)=0.092\times0.02\times(1-0.133)=0.001\ 6/6\text{ 个月}$$

$$(3)P(G_3)=P(A)P\left(\frac{B_0}{A}\right)P(C_0)P(D_1)$$

$$=0.092\times0.02\times0.133\times(1-0.044)=2.3\times10^{-4}/6\text{ 个月}$$

$$(4)P(G_4) = P(A)P\left(\frac{B_0}{A}\right)P(C_0)P(D_0)P(E_1)$$
$$= 0.092 \times 0.02 \times 0.133 \times 0.044 \times (1 - 0.065) = 10^{-5}/6\text{ 个月}$$

$$(5)P(G_5) = P(A)P\left(\frac{B_0}{A}\right)P(C_0)P(D_0)P(E_0)$$
$$= 0.092 \times 0.02 \times 0.133 \times 0.044 \times 0.065 = 7 \times 10^{-7}/6\text{ 个月}$$

第六步:计算风险率。

根据风险率的定义,在此可直接采用后果的出现概率与后果损失的乘积作为风险率。第五步已得到后果的出现概率,下面需要确定后果损失。

事故造成的损失,因企业情形而异,具体调查时应结合企业自身具体情况进行。调查研究得到该企业电机过热的可能后果及其损失,见表 5.45。

根据事件树分析结果列,依次填入表第一列,依次调查每种后果对应的影响(根据维修度调查停产时间或复产时间,人员伤亡和财产损失情况,含直接损失和间接损失等),并将结果填入表格的对应列。

表 5.45　电机过热各种后果及损失表

后　果	说　明	直接损失	停工损失	总损失
G_1	停产 2 h	1 000	2 000	3 000
G_2	停产 24 h	15 000	24 000	39 000
G_3	停产 1 个月	1 000 000	744 000	1 744 000
G_4	无限期停产	10 000 000	10 000 000	20 000 000
G_5	无限期停产,伤亡 10 人	40 000 000	10 000 000	50 000 000

注:①直接损失是指直接烧坏或造成的财产损失。对 G_5 还包括伤亡抚恤费,每人 30 万美元。

②停工损失是指每停工 1 h 损失 1 000 美元。无限期停产损失约 100 万美元。

风险率计算结果见表 5.46。

表 5.46　各种后果的风险率

后　果	风险率(美元/6 个月)
G_1	270
G_2	62.4
G_3	401
G_4	200
G_5	35
累计	968 美元/6 个月=1 936 美元/年

第七步:评价结果。

评价可采用法默风险评价图进行,该图以事故发生概率为纵坐标,以损失价值为横坐标,用一条曲线(即等风险线)作为安全标准,将坐标平面分成左右两部分,等风险线的右上方是高风险区,左下方是低风险区。

【小贴士】

当用对数坐标时,等风险线表现为一条直线。

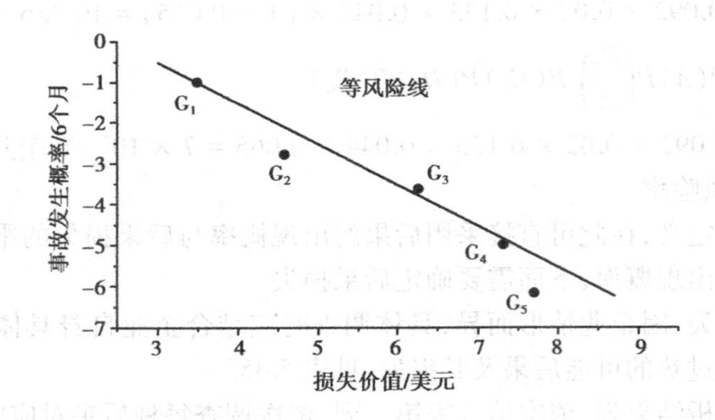

图 5.45　电机过热风险评价图

①安全标准确定:根据实际企业情况,假定以 300 美元/6 个月作为安全标准。

②作出等风险线:作出风险为 300 美元/6 个月的等风险曲线(在对数坐标图中表现为一条直线),如图 5.45 所示。

③后果事故风险点描绘:将事故后果 G_1—G_5 的风险数据以事故发生概率为纵坐标,以损失价值为横坐标描绘于风险分析图中。

④风险评价:选出风险点落在安全标准等风险线右侧的后果事件提出对策措施。从图中可以看出,若以 300 美元/6 个月作为安全标准,则除 G_3 以外,其他后果的风险都是可接受的,针对 G_3 应进一步采取措施降低风险。

当然,在实际过程中,如果安全标准不一样,则分析结果也不相同。例如:若以各种后果的风险率总和不超过 1 000 美元/6 个月作为安全标准,则上述系统也可以认为是安全的。

5.9　系统可靠性分析

在进行系统安全定量分析时,各种事件的发生概率(包括事件树起始事件的发生概率;环节事件成功或失败的概率;事故树基本事件的发生概率;故障类型及影响分析故障发生概率;预先危险性分析事故发生概率等)一般都需要通过分析相关设备和人的可靠性来获得,因此可靠性分析是系统安全定量分析的基础,在安全系统工程中占有重要的位置。

在进行系统可靠性分析时,为了确保分析结果准确可靠,需要按一定流程进行操作,其基本操作流程如下:

①调查收集数据,根据系统特点和分析要求,明确分析深度,正确切割系统,构造可靠性框图。

②基于子系统组成的单个设备和人员操作可靠性计算结果,按照子系统组成逻辑,计算出子系统的可靠度。

③基于系统的子系统构成,计算出整个系统的可靠性。

5.9.1　基本概念

(1)可靠性与可靠度

可靠性是指系统在规定的时间内、规定的条件下完成规定任务的能力。可靠性是一个定性的概念,通常采用可靠度来对其进行度量。可靠度是指系统在规定的时间内、规定的条件下完成规定任务的概率。

在进行可靠性分析时,一般根据系统是否可修复的情况将系统分为可修复系统和不可修复系统。

(2)维修度

维修度是指系统在发生故障后在维修容许时间内修复的概率。系统的某个元件发生故障失效时,大多数情况不会立即发生事故,会存在一定长度的事故演化时间,而这段时间可能是几秒钟、几分钟、几小时或更长。若能在这段时间内将失效元件或系统进行修复,就可以避免事故发生,此时系统仍然是可靠的。维修度主要受以下两个因素的影响:

①故障元件或系统维修的难易程度。

②维修容许时间的长度。

(3)可靠度、维修度常用度量指标

从可靠度、维修度的定义可知,两个量均与概率有直接的关系,可以通过概率来度量。但在实际的生产活动中,不允许进行大量的重复实验来取得概率,所以,需要寻找其他的度量方式来反映这两个量。常用的方式是采用时间频率进行度量,以下就介绍几种常用的度量指标。

1)平均无故障时间

平均无故障时间(MTTF)是指系统在从开始运行到发生故障为止这段时间的平均长度,通常用使用寿命来反映,其一般用于度量不可维修系统的可靠度。如节能灯的平均使用寿命大于6 000 h。此处的6 000 h即为平均无故障时间。如果已知寿命t的概率函数$f(t)$,则可以通过以下公式进行计算平均无故障时间。

$$\mathrm{MTTF} = \int_0^{+\infty} tf(t)\,\mathrm{d}t \tag{5.22}$$

2)平均故障间隔时间

平均故障间隔时间(MTBF)是指可修复系统从一次故障修复后开始到下一次发生故障为止的时间的平均时间长度。如果某一产品从开始运行到某次故障发生为止经过的时间长度为t,在此期间一共发生了n次故障,那么平均故障间隔时间为:

$$\mathrm{MTBF} = \frac{t}{n} \tag{5.23}$$

3)平均故障修复时间

平均故障修复时间(MTTR)是指可修复系统出现故障到恢复正常工作平均所需的时间。它反映出元件或系统修复的难易程度。

$$\mathrm{MTTR} = \frac{\sum_{i=1}^{n} \tau_i}{n} \tag{5.24}$$

4)故障率

某种设备在 t 时间后的单位时间内发生故障的台数相对于 t 时间内还在工作的台数的百分比值,称为该产品的故障率。

其中1)、2)、4)通常用来对可靠度进行度量,3)则用于维修度的度量。

(4)故障浴盆曲线

在产品从投入使用到报废为止的整个寿命周期内,其可靠性呈现出一定的变化规律。提取产品的故障率作为特征值,以时间为横轴,可以得到一条故障 R-t 曲线。由于图形形状像浴盆,所以称其为故障浴盆曲线,如图5.46所示。

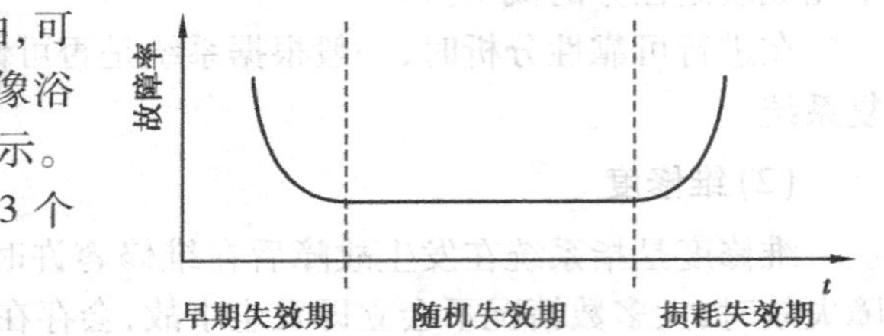

图5.46 故障浴盆曲线

从图5.46可知,故障浴盆曲线可分为3个阶段:

1)早期失效期

早期失效是在生产过程中,系统中的部分元件因受制造、加工中的某些因素影响,从而导致其结构、功能上的缺陷,进而影响整个系统的运行状况的一种现象。而出现早期失效的这一段时间称为早期失效期,一般在产品生产结束后,生产厂商会对其所有的产品进行试运行,以便排除、维修、剔除这一部分不合格产品。度过早期失效期后,产品即可包装上市。

2)随机失效期

随机失效期又称为偶然失效期,在此期间故障率表现为某个固定的常数,系统发生故障是随机的。主要影响故障的因素有以下几点:

①产品设计缺陷。

②产品选用材料缺陷。

③使用人群的操作方式和习惯。

④使用区域的环境条件(如温度、湿度)。

3)损耗失效期

损耗失效期是位于产品生命周期末尾的一段时期,其主要特点为故障发生频率高,平均故障间隔时间短。在此期间,绝大部分产品的元件都已经出现老化、疲劳等现象,系统整体进入衰老、退役阶段。

5.9.2 人的可靠性

(1)人的可靠性涉及的3个环节

人对外界事物做出反应的主要过程可以分为3个阶段:

①信号接收。信号的接收主要是通过人的感受器官(眼、耳、口、鼻、触觉等)来对外界环境信号进行感知,进而通过神经将信号传输给大脑。

②信号处理。大脑接收到信息以后,需要根据个人的认知情况对信号进行判断和处理。

③做出反应。在大脑完成信号判断和处理后,会根据自身习惯、条件反射以及知识经验来做出相应的动作。

信号接收的可靠性主要受两个因素影响,设备系统发出信号的可靠性和人员感受器官的可靠性。

系统发出信号的可靠性与系统设计构造有直接关系，主要表现在以下几个方面：系统是否存在信号发出装置；系统发出的信号或异常现象是否明显；系统是否能发出正确的信号。

人员感受器官的可靠性的影响因素主要有先天性和后天性两个。先天性主要是遗传因素影响；后天性主要是指意外损伤、后天训练以及注意力集中程度等方面。

当人脑接收到外界信号时，会对外界信号进行判断和处理，并对信号进行分类。影响信号处理的因素主要有：

①对信号的了解情况。

②对未知信号的处理方式（如不予理会，分析未知信息）。

信号在大脑经过判断处理后会做出相应的反应，以应对环境的改变。做出反应的可靠性存在很大的个体差异，主要表现在以下几个方面：

①个体习惯。

②条件反射。

③知识和经验。

④动作的合理性和正确性。

⑤身体的协调性。

其中，条件反射的反应速度最快，个人习惯次之。通过知识和经验去判断则相对较慢，一般条件反射和个人习惯虽然反应快，但容易做出错误反应，导致不期望的后果。利用知识和经验去判断做出正确反应的可靠性则较高。

（2）人的操作可靠度的计算方法

1）如何通过人的行动过程来确定人的操作可靠度

一般来讲，人的行动过程是由信号接收、信号处理、做出反应 3 个环节组成。因此，就某一动作而言，其操作可靠度可按式 5.25 进行计算。

$$r = r_1 \times r_2 \times r_3 \tag{5.25}$$

式中　r ——操作可靠度；

r_1——与信号输入有关的可靠度；

r_2——与信号处理有关的可靠度；

r_3——与做出反应有关的可靠度。

r_1, r_2, r_3 的基本可靠度数据可参照表 5.47。

表5.47　基本可靠度 r_1, r_2, r_3 的取值

类别	内　容	r_1	r_2	r_3
简单	变量较少，3~5 个，人机工程学上考虑全面	0.999 5~0.999 9	0.999 0	0.999 5~0.999 9
一般	变量不超过 10 个	0.999 0~0.999 5	0.995	0.999 0~0.999 5
复杂	变量超过 10 个，人机工程学上考虑不完全	0.990~0.995	0.999 0	0.990~0.999 0

人的失误概率受多种因素的影响，求出操作者的基本可靠度 r 后，还需要考虑作业时间、操作频率、危险度、心理状态和生理状况以及周围环境因素等。因此仍需要用修正系数对基

本可靠度 r 进行修正。其修正公式如下：

$$R_H = 1 - bcdef(1 - r) \tag{5.26}$$

式中 $1-r$——操作的基本不可靠度；

b——作业时间修正系数；

c——操作频率修正系数；

d——危险度修正系数；

e——生理与心理条件修正系数；

f——环境条件修正系数。

b,c,d,e,f 各值可由表 5.48 查得。

表 5.48 操作不可靠度修正系数

修正系数	项 目	内 容	取 值
b	作业时间	有充足的空余时间	1.0
		没有充足的空余时间	1.0~3.0
		完全没有空余时间	3.0~10.0
c	操作频率	很少操作	1.0
		频率适度	1.0~3.0
		连续操作	3.0~10.0
d	危害程度	即使误操作也很安全	1.0
		误操作时危险性很大	1.0~3.0
		误操作时有产生重大灾害的危险	3.0~10.0
e	生理心理上的条件（教育训练、健康状况、疲劳、愿望等）	综合条件较好	1.0
		综合条件不好	1.0~3.0
		综合条件较差	3.0~10.0
f	环境条件	综合条件较好	1.0
		综合条件不好	1.0~3.0
		综合条件较差	3.0~10.0

【例 5.18】 求某企业锅炉工观察水位计，操作水阀的可靠度。

解：第一步：锅炉工观察水位计到操作水阀的过程可分为：获取水位信息，判断水位，操作水阀 3 个环节。

第二步：通过分析可知，该操作过程变量较少，属于简单操作，因而可从表 5.51 的第 2 行确定该工人获得水位信息的可靠度为 $r_1 = 0.999\,5$，判断水位的可靠度为 $r_2 = 0.999\,0$，操作水阀的可靠度为 $r_3 = 0.999\,9$。

第三步：进一步调查该企业操作过程的作业时间、操作频率、危险度、心理状态和生理状况以及周围环境等因素的实际情况（有充足的空余时间、很少操作、即使误操作也很安全、该操作工生理综合条件较好、综合环境条件较好），并通过对照表 5.50，得出各修正系数均可直接取值为 1.0。

$$R_H = 1 - bcdef(1 - r) = 1 - (1 - 0.999\,5 \times 0.999\,0 \times 0.999\,9) = 0.998\,4$$

2）如何用统计的方式来确定人的操作可靠度

从可靠度的定义可知，人的操作可靠度与概率有直接的关系。

人的工作可靠度（R_H）和人的工作差错概率是互逆的（互补的），两者之和为1，因此，人的工作可靠度可以通过工作差错概率（*HEP*）来反映。

在人的作业活动过程中，一般分为间歇性操作和连续性操作两种情况。

①间歇性操作。人的差错概率可以通过式5.27进行计算：

$$\text{HEP} = \frac{e}{E} \tag{5.27}$$

$$R_H = 1 - \text{HEP} \tag{5.28}$$

式中　HEP，R_H——人的工作差错概率和人的工作可靠度；

e——某项工作中（操作人员）发生差错的次数；

E——某项工作中（操作人员）可能发生差错的机会次数（即操作总次数）。

在手动控制系统的操作差错实际分析过程中，当无统计数据时，可参照表5.49确定。

表5.49　手动控制系统操作概率

作业差错	HEP
标志识别差错概率	0.003(0.001~0.01)
功能识别差错概率	0.001(0.000 5~0.001)
操作器选择差错概率	0.000 6(0.000 1~0.001)
方向旋转差错概率（按习惯方向旋转）	0.000 6(0.000 1~0.001)
方向旋转差错概率（按习惯反方向旋转）	0.05(0.005~0.1)
高应力状态，方向旋转差错概率（与常识方向相反）	0.01(0.001~0.05)

②连续性操作。连续性操作的可靠性可通过式5.29进行计算。

$$R_H(t) = e - \int_0^t \lambda(t)\,dt \tag{5.29}$$

式中　t——连续工作时间；

$\lambda(t)$——t时间内人的差错概率函数。

【例5.19】　汽车司机在驾驶过程中需要时刻控制方向和监视路面情况，假设某司机连续驾驶4 h，求其可靠度。

分析题目可知，汽车驾驶是一个连续操作过程，其可靠度应该用连续操作可靠度公式进行计算。

针对汽车驾驶，如果能够搜集到汽车司机操作方向盘的恒定差错概率，则可直接采用。如果没有具体的数据，则可考虑通过查表5.1，并结合经验推断，得出汽车司机操作方向盘的恒定差错概率为0.000 1~0.001取值，在此取值为$\lambda(t)$= 0.000 1，则可得，汽车司机连续驾驶4 h的可靠度为：

$$R_H(t) = e^{-\int_0^t \lambda(t)\,dt} = e^{-\int_0^4 0.000\,1 dt} \approx 0.999\,6$$

(3)人操作可靠性的表现(即失误类型)及措施

1)人失误的表现

根据《生产过程危险和有害因素分类与代码》(GB/T 13861—2022)人失误的表现为以下两个方面:

①行为失误。违章指挥;指挥失误;违章操作;误操作;从事禁忌作业;监护失误;其他失误行为。

②心理失误。冒险心理;侥幸心理;省能心理;逆反心理;注意力不集中或过分集中;其他失误心理。

2)提高人的可靠性的措施

①选用生理、心理正常的人员进行工作。

②对人员进行教育和培训。让操作人员熟知各种信号的具体含义,并对每种信号应该做出何种反应做出相应的培训,纠正员工的不良习惯,使其养成正确的操作习惯。

5.9.3 单个机器的可靠度计算

单个机器的可靠度是指设备、部件、元件等在规定的条件下、规定的时间内完成规定功能的概率,用 R_M 表示。

$$R_M(t) = e^{-\int_0^t \lambda(t)dt} = e^{-\lambda t} \qquad [\lambda(t) - \lambda(常数)] \tag{5.30}$$

式中 $R_M(t)$——单个机器的可靠度;

$\lambda(t)$——故障率时间函数;

t——机器的运行时间。

λ 的计算公式如下:

$$\lambda = K\lambda_0 \tag{5.31}$$

式中 λ_0 可从表 5.50 或表 5.51 中查找,系数 K 可从表 5.52 中查找。

表 5.50 美国军用手册 MTL-HDBK-217A 标准故障统计 λ_0 数据 (单位:次/10^6 h)

部件名称	基本故障率	平均故障率	故障率上限值
速度计	0.35	2.8	21.4
应变测量仪	0.388	8.0	21.4
传动仪器	0.104	3.3	18.5
大型	0.60	3.3	18.5
小型	0.17	1.8	9.6
轴承	0.02	0.5	5.5
滚动普通级	0.020	0.65	2.22
滚动载重	0.072	1.8	3.53
滚珠、轻载	0.035	0.875	1.72
传动带(驱动用)	—	3.6	—
鼓风机	0.342	2.4	3.57
电动机	0.342	1.22	2.32

续表

部件名称	基本故障率	平均故障率	故障率上限值
钢丝绳	0.002	0.475	2.20
凸轮	0.001	0.002	0.004
断路器	0.045	0.137 5	0.949
电磁型	—	0.158	—
温度型	0.028	0.3	0.5
接线柱	0.003	0.019	0.043 6
测量仪表	0.135	1.3	15.0
压力	0.135	4.0	7.8
油压压力	—	1.123	—
空气压力	—	1.123	—
变形	1.01	11.6	15.0
轴承　流动润滑轴承	0.02	0.5	1.0
轴承环运动	0.008	0.21	0.42
波纹管　0.5 in 管	0.09	2.237	6.1
圆形管	0.113	2.8	5.478
塑料管	0.121	3.0	5.879
传动皮带	—	3.6	—
接线极	0.01	0.063	1.02
螺栓	10	40	400
制动装配式	0.94	2.10	3.38
电刷(回转装置用)	0.04	1.0	1.11
电刷(其他用)	0.87	1.30	4.11
温度计的真空箱	0.05	1.0	3.3
轴瓦	0.02	0.046	0.08
蜂鸣器	0.05	0.60	1.3
壳体装配式	0.003	0.03	0.33
电缆	0.02	0.475	2.20

表 5.51　美国布朗宁 R.L.Browning 故障率建议值　　(单位:次/10^6 h)

分离元件和组件	故障率	
	测量值	建议值
机械的杠杆、链、托架等	0.001～1	1
电容、电阻、线	0.001～1	1
晶体半导体	0.001～1	1
电气连接　绕线	0.001～1	0.001

续表

分离元件和组件	故障率	
	测量值	建议值
焊接	0.001~0.1	0.01
螺钉	1~100	10
电子管	1~100	10
V形皮带	10~100	100
摩擦制动	10~100	100
管道　断裂	0.000 1~0.001	0.001
焊缝断开	0.000 1~0.01	0.001
法兰处裂口	—	0.1
螺旋结点断裂	—	10
波纹膨胀接口断裂	—	10
不加热的标准结点断裂	—	0.001
装置和子系统	—	—
电动、气动的电磁阀等	0.1~100	10
机电的继电器、开关等	0.1~100	10
短路器(自动故障保护)	1~10	10
配电变压器	0.01~10	10
气动马达控制器	1~1 000	100
安全阀(自动故障保护)	—	1
安全阀(每当过压时)	—	100
仪器换能器	0.1~100	10
仪器指示器、录音机、控制器等气动	10~1 000	100
电动	1~100	10
在响应重复刺激时的人为过失	1 000~10 000	10 000
设备和系统	—	—
离心泵、空压机、制动系统	1~1 000	100
蒸汽透平	1~1 000	100
电动机和发动机	1~1 000	100
往复泵和分配量比	10~1 000	1 000
内燃机火花点火	100~1 000	1 000
内燃机、柴油机	10~1 000	1 000
点燃溢出的可燃气-液混合物	10 000~100 000	—

表 5.52 严重系数 K 的取值

使用场所	K
实验室	1
普通室内	1.1~10
船舶	10~18
铁路车辆	13~30
牵引式公共汽车	13~30
火箭试验	60
飞机	80~150
火箭	400~1 000

5.9.4 系统(子系统)的可靠性

无论是系统还是子系统,一般均可看作由若干单元通过一系列的逻辑关系所构成。系统整体的可靠度取决于各个子系统或元件的可靠度。根据各个子系统或元件在系统中的逻辑关系,对其可靠度进行对应的逻辑运算就可以得到整个系统的可靠度。设备系统一般可简单划分为串联系统、并联系统和复杂系统 3 种类型。

(1)串联系统的可靠度计算

串联系统就是由两个或两个以上的子系统或元件串联而成的简单系统(图 5.47),只有当这些子系统或元件均正常工作时,整个系统才能正常工作。假设每个子系统或元件的可靠度为 R_i(包括 MTTF、MTBF、MTTR 3 种度量方式),则由乘法原理可得:

$$R_M = \prod_{i=1}^{n} R_i \tag{5.32}$$

根据串联系统的特点不难看出,当其中一个子系统或元件出现故障时,整个系统就表现出故障。因此,整个系统的使用寿命等于系统中的子系统或元件的最短寿命。由此可得出串联的系统的可靠性非常低的结论,同时,要提升串联系统的可靠性也需要较高的成本。

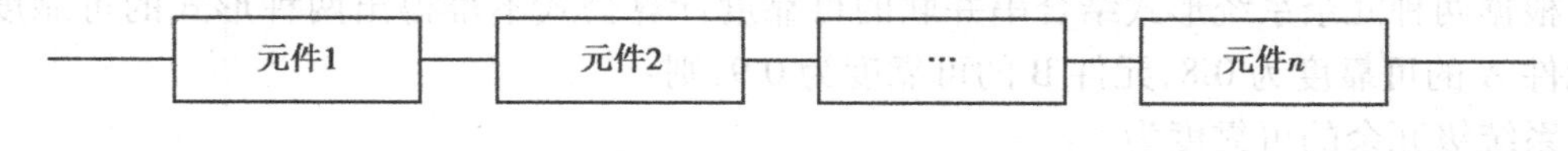

图 5.47 串联系统

(2)并联系统的可靠度计算

由于串联系统只有在每个子系统或元件都成功的状态下才会成功,可靠性太低,因此,在实际的生产过程中,多数系统为了提高系统的可靠性而采用并联系统。常见的并联系统有热贮备系统和冷贮备系统两种。

1)热贮备系统

热贮备系统是指系统的贮备单元均参与工作的一种系统,即参与工作的单元大于系统正常工作所必需的单元数量,这种系统也称为冗余系统,如图 5.48 所示。

假设系统中每个子系统或元件可靠度为 R_i(包括 MTTF、MTBF、MTTR 3 种度量方式),则整个系统的可靠度可用式 5.9 进行计算:

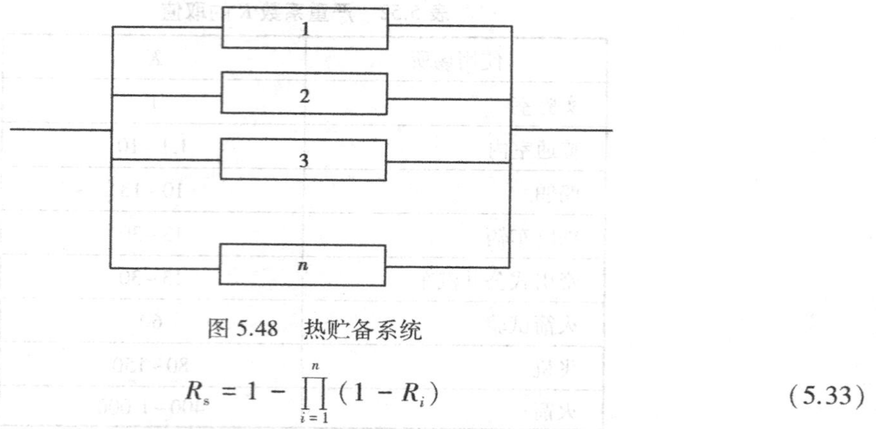

图 5.48　热贮备系统

$$R_s = 1 - \prod_{i=1}^{n}(1 - R_i) \tag{5.33}$$

由式(5.9)可以看出只有当系统中所有的子系统或元件都失效的时候系统才会失效,因此,整个系统的可靠性大于各个子系统或元件的可靠性,适当增加冗余元件数量就可以提高整个系统的可靠性,同时,当系统中某个元件出现故障时,其他元件还可以保证系统正常运行,此时就会有足够的时间来维修这个元件,即提高系统的维修度。

系统冗余从类型上分可以分为系统级冗余和部件级冗余,系统级冗余是指采用功能相同的几个子系统进行并联而形成的冗余形式(图 5.49);部件级冗余是指采用相同的几个元件进行并联接入系统中的一种冗余形式(图 5.50)。

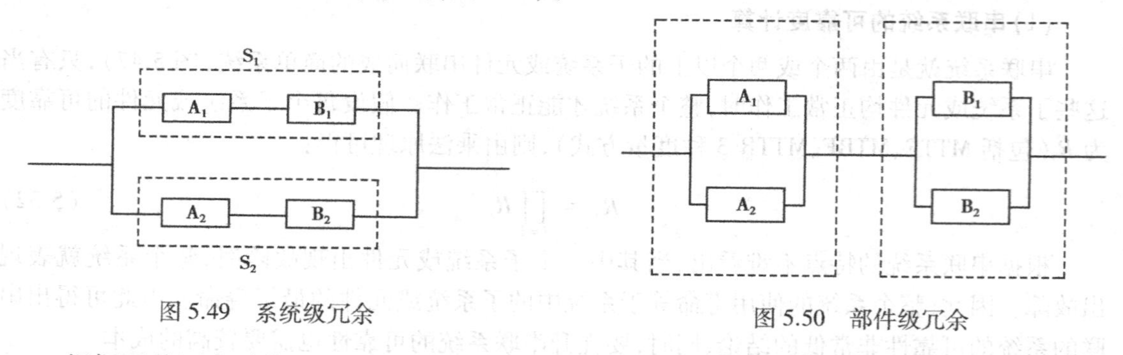

图 5.49　系统级冗余　　图 5.50　部件级冗余

根据两种冗余系统形式结合串并联的可靠度计算公式不难得出两种形式的可靠度。假设元件 A 的可靠度为 0.8,元件 B 的可靠度为 0.9,则:

系统级冗余的可靠度为

$$R_s = 1 - (1 - 0.8 \times 0.9)^2 = 0.921\,6$$

部件级冗余的可靠度为

$$R_b = [1 - (1 - 0.8)(1 - 0.9)]^2 = 0.960\,4$$

经过比较两个计算结果,显然部件级冗余方式的可靠度高于系统级冗余方式。

2)冷储备系统

冷储备系统是指储备单元不参与工作,假定储备单元不因储备时间长度而影响单元的可靠性,在当前工作单元产生故障或失效时才将储备单元接入系统工作的一种系统,如图 5.51 所示。

从系统的结构来看,当第 1 个单元产生故障失效时,立即接入第 2 个单元,当第 2 个单元产生故障失效时,接入第 3 个单元,以此类推,那么整个系统的使用寿命则为各个单元使用寿

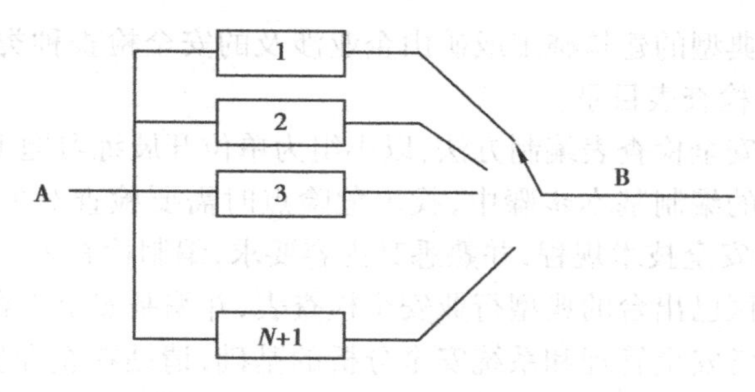

图 5.51 冷储备系统

命的总和。同时也可以极大地延长子系统或元件的可维修时间,提高维修度。

(3)复杂系统的可靠性

在实际的生产系统中,单纯的串联和单纯的并联只有在很小的子系统中才存在,而在大型的系统中,往往是并联和串联共同组合而成,系统显得更加复杂多变。在计算系统的可靠性时,可以将大系统划分为只有串联或并联的子系统,再对子系统划分,直到某个元件(或不需要再划分的单元)。然后根据串联和并联的可靠度计算公式进行分层计算,即可计算出整个系统的可靠度。

(4)提高机器可靠性的措施

根据以上分析,不难发现,设备系统有以下特点:

①若系统中的各个单元的可靠度越高,则系统的可靠性越高。

②并联系统的可靠性比串联系统的可靠性高。

③对于并联系统,并联冗余的单元越多,其可靠性相对越高。

④冷储备系统比热贮备系统的使用寿命更长。

就以上特点,可从以下几个方面提高系统的可靠性:

①合理设计系统单元,选用强度较高的材料,从本质上提高单元的可靠度。

②冗余设计。根据实际需求,合理增加系统单元的冗余数量。

③容错设计。如表决系统,即系统中只有当规定个数以上的单元正常时,才能正常运行。

④维修性设计。当系统某个单元失效时,可以在较短时间内进行修复。

⑤缩短系统单元的连续使用时间。

⑥其他。

思考题

1.请归纳整理典型行业在安全条件论证、安全专篇、安全评价中所适用的系统安全分析方法。

2.系统安全分析的内容有哪些,它与危险源辨识的关系是什么?

3.请结合具体实例阐述选择系统安全分析的方法时,需要考虑哪几个方面的问题。

4.危险源辨识有经验分析法和系统安全分析法两大类型,请分别以露天页岩砖厂和加油站的安全预评价为例,论述如何综合利用两类方法对危险源进行辨识。

5.系统调研一个典型的建筑施工或矿山企业涉及的安全检查种类和检查内容侧重点，并整理出需要编制安全检查表目录。

6.请选择恰当的安全检查表编制方法，以小组为单位开展练习题1的安全检查表编制。

7.在安全检查表的编制基本步骤中，找出危险点时需要检查对象系统安全技术规程，请试着查找建筑行业的安全技术规程，并熟悉其内容要求，编制检查表。

8.查找国家或地区已出台的典型行业安全检查表，并编制安全检查作业指导手册。

9.熟悉系统是日常安全管理和系统安全分析的基础，请站在企业安全主管的角度就企业燃气锅炉安全检查的“不同需求”，设计一个完整的调查工作方案开展调查，并根据调查结果整理出一套完整的企业安全主管检查使用的“燃气锅炉安全检查表”。

10.预先危险性分析方法可应用在哪些方面？要达到的目的是什么？

11.试用预先危险性分析方法对典型行业的典型作业进行分析。

12.试用LEC法量化PHA中的危险等级。

13.采用预先危险性分析方法对下属项目施工过程中存在的危险和有害因素进行分析：

某城市拟对部分供水系统进行改造，改造工程投资2 900万元，改造的主要内容包括：沿主要道路铺设长度为15 km的管线，并穿越道路，改造后的管网压力为0.5 MPa；该项目增设2台水泵，泵房采用现有设施。

改造工程的施工顺序为：先挖管沟，再将管线下沟施焊，然后安装泵房设备，最后将开挖的管沟回填、平整。据查，管线经过的城市道路地下铺设有电缆、煤气管线。管沟的开挖、回填和平整采用人工、机械两种方式进行，管沟深1.5 m，管道焊接采用电焊。

14.为什么例5.5中的目标系统不是“电机系统”而是“电机过热的安全控制系统”？两者有什么区别？

15.参照“5.9　系统可靠性分析”，确定例5.5中各中间事件发生故障的概率。

16.请根据“5.2　安全检查表”章节练习题编制的安全检查表检查结果，确定企业在使用燃气锅炉过程中可作为事件树初始事件的主要故障或隐患，开展事件树分析。

17.根据2014年1月1日起施行的《中华人民共和国特种设备安全法》调查露天矿山常见的特种设备类型，利用“5.6　故障类型及影响分析”确定典型故障，并开展典型故障的事件树分析。

18.某厂工人甲欲从仓库乘升降机上2楼，因不懂开机，请教在场的生产股长乙，乙教甲开机，仓管员丙随机上楼。升降机升至2楼时发生操纵开关失灵，继续上升过5楼，由于升降机没装限位开关，吊钩到极限位置不能停止，甲从吊篮跳出，甲的头、腿被坠吊篮与栏杆剪切死亡。试以事件树进行分析，并编制分析报告。

19.根据《企业职工伤亡事故分类》(GB 6441—1986)，分析某建筑施工企业存在的安全隐患，并利用事故树分析企业安全状况。

20.分析以下案例，完成后面的3个题目。

石棉瓦是一种大量应用于建议房屋、临时工棚的屋顶结构上的轻型建筑材料，它的优点是页面大、质量轻、使用方便、价格便宜、施工速度快、经济效益好，缺点是强度差、质地脆、受压易碎，故在搭建或检修施工中踏在石棉瓦上极易发生坠落伤亡事故。

当踏破石棉瓦坠落且地面状况不好时，则破石棉瓦将导致坠落伤亡事故。踏破石棉瓦坠落是由于安全带不起作用和脚踏石棉瓦造成的。而未用安全带、安全帽损坏、因移位安全带取下、支撑物损坏等是造成安全带不起作用的原因；脚踏石棉瓦发生坠落是由以下几个因素造成：脚下滑动踏空、身体不适或突然生病、身体失去平衡、椽条强度不够、桥板倾翻、未铺桥板、桥板铺设不合理。

（1）画出事故树，求最小割集，并画出事故树等效图。

（2）画出成功树，求最小径集，并画出成功树等效图。

（3）求各基本事件的结构重要度、临界重要度，并求顶事件的发生概率。

表5.53 石棉瓦事故树基本事件的概率

代号	名 称	q_i	代号	名 称	q_i
x_1	未用安全带	0.15	x_7	身体失去平衡	0.005
x_2	安全带损坏	0.000 1	x_8	椽条强度不够	5×10^{-3}
x_3	因移动取下	0.25	x_9	桥板侧翻	1×10^{-4}
x_4	支撑物损坏	0.001	x_{10}	未铺设桥板	0.001
x_5	脚下滑动	0.005	x_{11}	桥板铺设不合理	0.001
x_6	身体不适	1×10^{-5}	x_{12}	高度、地面状况	0.3

21.对矿山存在的“五大伤害”进行事故树分析。

22.从对“掘进工作面瓦斯爆炸事故”分类的角度改写例5.6事故树。

23.“其他门”怎样转化成“与”“或”门。

24.自学《企业职工伤亡事故分类》（GB 6441—1986），《生产安全事故报告和调查处理条例》（国务院第493号令），总结事故调查工作的程序和方法，掌握事故原因调查分析的基本技能。

25.说明系统功能框图与可靠性框图的区别，并举例说明什么时候可以不用绘制可靠性框图，仅用系统功能框图就能满足故障类型及影响分析的要求？

26.参照《电动汽车用驱动电机系统故障分类及判断》（QC/T 893—2011），对典型设备故障类型的分类方法和分类结果进行总结。

27.故障类型、原因及影响分析训练

一电机运转系统如图5.52所示，该系统是一种短时运行系统，如果运行时间过长则可能引起电线过热或电机过热、短路。对系统中主要元素进行故障类型、故障原因和影响分析，并制作故障类型清单。

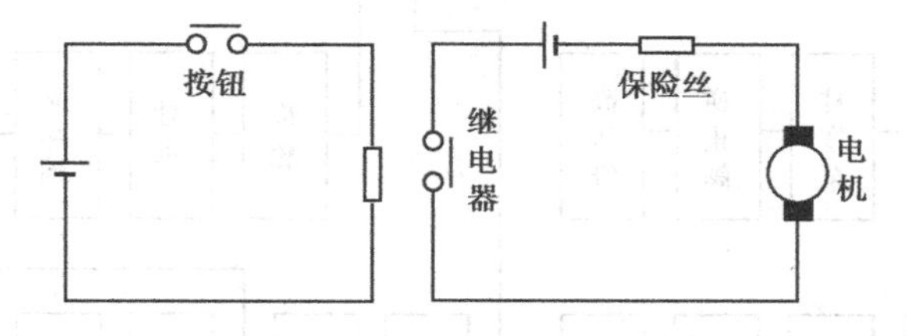

图5.52 电机运行系统示意图

28.空气压缩机的储罐属于压力容器，其功能是储存空气压缩机产生的压缩空气。试绘制空气压缩机的系统功能框图及可靠性框图，并在此基础上对其进行故障类型及影响分析（FMEA）。

29.总结致命度分析中环境系数 k_E、运行系数 k_A 的其他确定方式，并以某厂房内的空气压缩机为例，结合"5.9 系统可靠性分析"确定其基本故障率、环境系数及运行系数。

30.柴油机燃料供应系统的故障类型及影响分析(FMECA)

如图 5.53 所示为一柴油机燃料供应系统示意图。柴油经膜式泵送往壁上的中间储罐，再经过滤器流入曲轴带动的柱塞泵，将燃料向柴油机汽缸喷射。

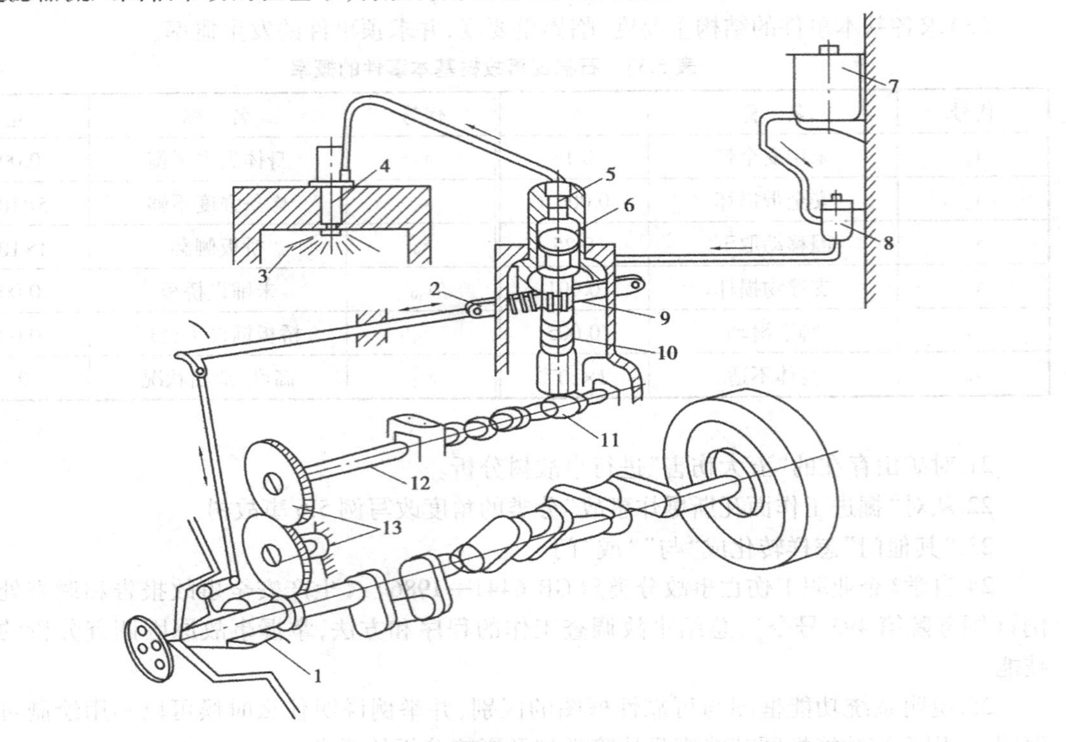

图 5.53　柴油机燃料供应系统示意图

1—调速器；2—齿条；3—汽缸；4—喷嘴；5—逆止阀；6—柱塞泵；7—燃料储槽；8—过滤器；9—小齿轮；10—弹簧；11—凸轮；12—曲轴；13—齿轮

此处共有 5 个子系统，即燃料供应子系统、燃料压送子系统、燃料喷射子系统、驱动装置、调速装置，其可靠性框图如图 5.54 所示。

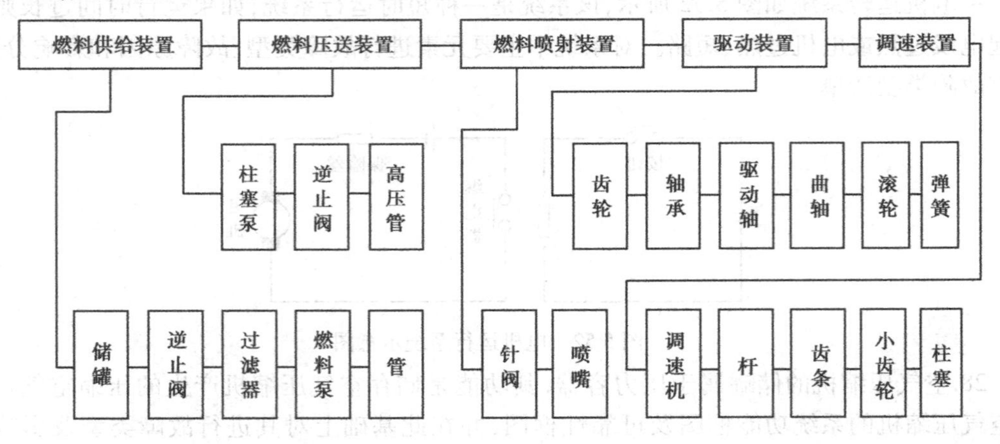

图 5.54　柴油机燃料系统可靠性框图

分小组对燃料供给装置和燃料压送装置两个子系统进行 FMEA 分析，绘制故障类型及影响分析表，并就分析结果提出预防整改措施，形成故障类型及影响分析报告。

31.参照例 5.17 的解题思路，编制需对散热系统失效进行事故树分析的原因—后果分析报告。

32.根据《生产安全事故报告和调查处理条例》（第 493 号令），进行具体事件的直接损失和间接损失调查，分析本例中的 G_1—G_5 的在实际工作中是如何确定直接损失和间接损失数据的。

33.请思考，"表 5.47 电机过热各种后果及损失表"是如何获取的？请结合第 2 章的调查分析方法，设计一个开展此类数据调查分析的工作方案。

34.简述故障浴盆曲线的含义及作用？各阶段的故障表现形式和发生规律？如何判断设备处于哪个阶段？

35.如何综合考虑设备特征、使用年限和环境影响等因素，利用故障浴盆曲线和调查统计数据，确定典型设备（如电机、机床、锅炉、压力容器、气瓶、行车等）的可靠度。

36.列举典型行业中典型作业人员的操作可靠度。

37.哪些系统分析方法需要用到系统可靠性分析确定事件发生的概率？

38.试论证《中华人民共和国道路交通安全法实施条例》规定驾驶 4 h 必须休息 20 min 的原因。

39.试分析如图 5.55 所示的电路的可靠度。假设其中每个电阻的可靠度均为 0.9。

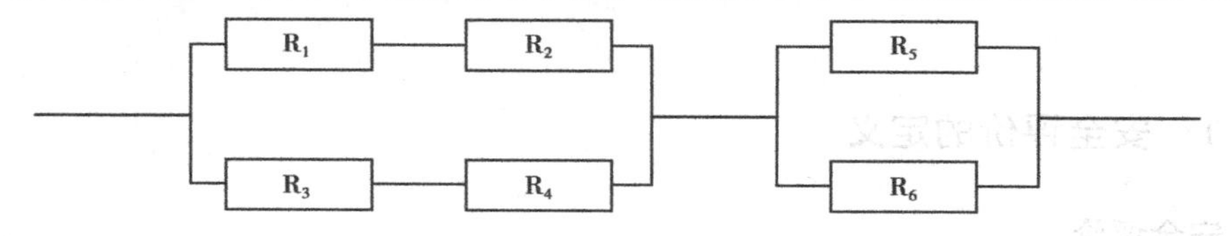

图 5.55　思考题 39 图

第6章 系统安全评价

安全评价也被称为风险评价，是应用安全系统工程的原理和方法，对系统中存在的危险性进行定性和定量分析，得出系统发生危险的可能性及其程度的评价，以寻求最低事故率、最少的损失和最优的安全投资效益。

6.1 安全评价概述

6.1.1 安全评价的定义

(1)安全评价

安全评价就是对系统存在的安全因素进行定性和定量分析，通过与评价标准的比较得出系统的危险程度，提出改进措施。

安全评价同其他工程系统评价、产品评价、工艺评价等一样，都是从明确的目标值开始，对工程、产品、工艺的功能特性和效果等属性进行科学测定，最后根据测定的结果用一定的方法综合、分析、判断，并作为决策的参考。

在上述安全评价的定义中，包含有3层意思：

①对系统存在的不安全因素进行定性和定量分析，这是安全基础，这里面包括有安全测定、安全检查和安全分析。

②通过与评价标准比较得出系统发生危险的可能性或程度的评价。

③提出改进措施，以寻求最低的事故率，达到安全评价的最终目的。

(2)风险的定义

在当前，不论是从事工农业生产，还是承包某项工程，人们都会遇到并必须认真考虑的一个问题，就是做这样的工作将要冒多大的风险，可能会受到多大意想不到的损失。对于安全评价，也就是要测算某个系统潜在的风险率是否超过了允许的限度。为此，首先要弄清楚风险的含义和风险大小用什么量值来表示。

对于风险要同时考虑如下两个方面：

①受害程度或损失大小。有无风险在很大程度上取决于可能造成多大损失。

②造成某种损失或损害的难易程度。损害发生的难易程度一般是用某种损害发生的概率大小来描述。

考虑到上述两个方面的问题，可以用下面象征性的式子来表示风险：

$$风险 = 不可靠性 \times 损害 \tag{6.1}$$

式6.1说明，在没有危险的地方就没有风险；另外，在没有不可靠性的地方也没有风险。

从另一个角度来看，风险也可以用下面的式子来定义：

$$风险 = \frac{危险源}{安全防护} \tag{6.2}$$

例如，船在大海中航行，危险源就是大海。但是，在航海中要冒多大的风险，则要看安全防护的措施和设备。如果采用小帆船航海，风险就大；若用有导航设备的大型船只，风险就小。

一方面，随着安全防护的增大，风险就会减小；另一方面，只要危险源不为零，风险就客观存在，这就说明安全评价过程是个动态的过程。人们希望的当然是尽量减少危险源，通常讲的本质安全正是从这一概念引申出来的。本质安全就是危险源趋近于零的理想状态。

从上述风险的定义可以看出，风险的定量计算问题是比较复杂的。再来看式(6.1)，右边的第一项“不可靠性”，表示人们已经认识到的危险源能够引起的事故不可靠性。对于这个不可靠性，目前多作为概率事件处理，引入概率计算方法来解决。右边的第二项则表示发生某一事故时所造成的各种损害的集合。其中，有的可以用货币来衡量，有的（如人的死亡，环境破坏、污染）是无法用货币来衡量的。即使是对同一个事故结果，通常也可以估计到若干个“损害”。作为这一项的解析指标，在经济学中使用的是效用。“效用”这个词是对各个“损害”总和为单一的尺度来表现的一种方便的指标。所以风险的大小，也可以用如下的风险率来表示：

$$风险率 = PU \tag{6.3}$$

式中　P——某一事项发生的概率；

　　U——该事项发生的效用（一般为负）。

需要说明的是，作为风险评价，效用 U 一般应考虑3个方面，即费用（Cost），包括安全投资、保险费用；利益（Benefit），是指开展安全工作带来的效益；损害（Damage），是指事故造成的损失。在安全评价或风险评价的初级阶段，“效用”一项一般只考虑“损害”，即所谓的严重度，将严重度代入式(6.3)中计算风险率。

【小贴士】

在实际运用过程中，有时还会涉及一种狭义的安全评价，这时的安全评价仅仅指通过与评价标准比较得出系统发生危险的可能性或程度，不包含危险源辨识和对策措施建议的工作内容。例如，按照安全评价通则和安全评价导则，进行三同时评价报告中定性定量评价章节编写时的安全评价；再如，安全系统工程主要工作内容中的安全评价。

6.1.2　安全评价原理

安全评价同其他评价方法一样，都遵循如下的基本原理：

①安全评价是系统工程，因此，从系统的观点出发，以全局的观点、更大的范围、更长的时间、更大的空间、更高的层次来考虑系统安全评价问题，并把系统中影响安全的因素用集合性、相关性和阶层性协调起来。

②类推和概率推断原则。如果已经知道两个不同事件之间的相互制约关系或共同的有联系的规律，则可利用先导事件的发展规律来预测迟发事件的发展趋势，这就是所谓的类推评价，可以看出，这实际是一种预测技术。

③惯性原理。对于同一个事物，可以根据事物的发展都带有一定的延续性即所谓惯性，来推断系统未来发展趋势。所以，惯性原理也可以称为趋势外推原理。应该注意的是，应用此原理进行安全评价是有条件的，它是以系统的稳定性为前提，也就是说，只有在系统稳定时，事物之间的内在联系及其基本特征才有可能延续下去。但是，绝对稳定的系统是不存在的，这就要根据系统某些因素的偏离程度对评价结果进行修正。

6.1.3 安全评价内容和分类

(1)安全评价内容

安全评价是一个利用安全系统工程原理和方法识别和评价系统、工程存在的风险的过程，这一过程包括危险、有害因素识别及危险和危害程度评价两部分。危险、有害因素识别的目的在于识别危险来源；危险和危害程度评价的目的在于确定和衡量来自危险源的危险性及危险程度及应采取的控制措施，以及采取控制措施后仍然存在的危险性是否可以被接受。在实际的安全评价过程中，这两个方面是不能截然分开、孤立进行的，而是相互交叉、相互重叠于整个评价工作中，安全评价的基本内容如图 6.1 所示。

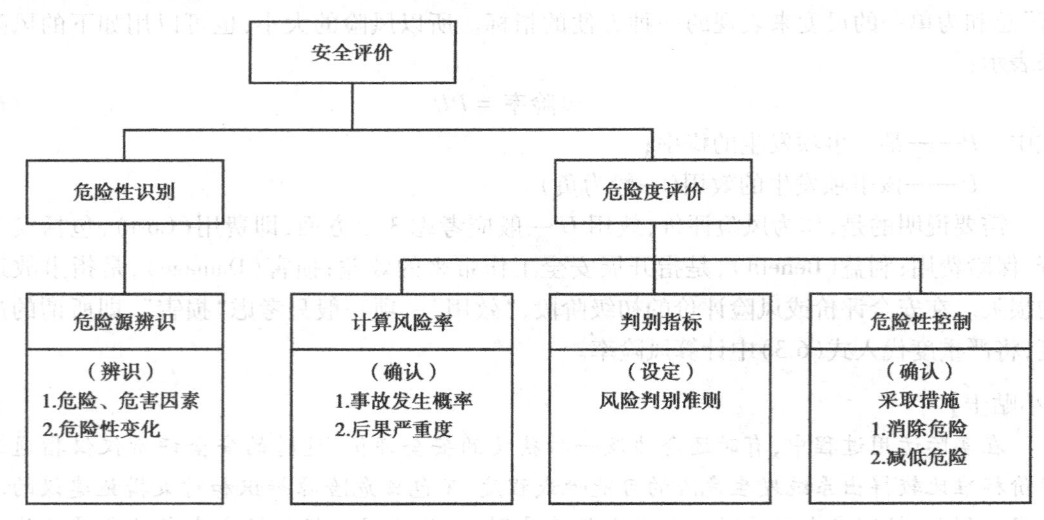

图 6.1 安全评价的基本内容

随着现代科学技术的发展，在安全技术领域里，由以往主要研究、处理那些已经发生和必然发生的事件，发展为主要研究、处理那些还没有发生，但有可能发生的事件，并把这种可能性具体化为一个数量指标，计算事故发生的概率，划分危险等级，制订安全标准和对策措施，并进行综合比较和评价，从中选择最佳方案，预防事故的发生。安全评价通过危险性识别及危险度评价,客观地描述系统的危险程度,指导人们预先采取相应措施,以降低系统的危险性。

(2)分类

目前国内将安全评价根据工程、系统生命周期和评价的目的分为安全预评价、安全验收评价、安全现状综合评价和专项安全评价4类(实际它是三大类,即安全预评价、安全验收评价、安全现状评价,专项评价应属现状评价的一种,属于政府在特定的时期内进行专项整治时开展的评价)。

1)安全预评价

安全预评价是根据建设项目可行性研究报告的内容,分析和预测该建设项目可能存在的危险、有害因素的种类和程度,提出合理可行的安全对策措施及建议。

安全预评价实际上就是在项目建设前应用安全评价的原理和方法对系统(工程、项目)的危险性、危害性进行预测性评价。

安全预评价以拟建建设项目作为研究对象,根据建设项目可行性研究报告提供的生产工艺过程、使用和产出的物质、主要设备和操作条件等,研究系统固有的危险及有害因素,应用系统安全工程的方法,对系统的危险性和危害性进行定性、定量分析,确定系统的危险、有害因素及其危险、危害程度;针对主要危险、有害因素及其可能产生的危险、危害后果提出消除、预防和降低的对策措施;评价采取措施后的系统是否能满足规定的安全要求,从而得出建设项目应如何设计、管理才能达到安全指标要求的结论。概括来说,即是:

①预评价是一种有目的的行为,它是在研究事故和危害为什么会发生、是怎样发生的和如何防止发生这些问题的基础上,回答建设项目依据设计方案建成后的安全性如何、是否能达到安全标准的要求及如何达到安全标准、安全保障体系的可靠性如何等至关重要的问题。

②预评价的核心是对系统存在的危险、有害因素进行定性、定量分析,即针对特定的系统范围,对发生事故、危害的可能性及其危险、危害的严重程度进行评价。

③使用有关标准(安全评价标准)进行衡量,分析、说明系统的安全性。

④采取哪些优化的技术、管理措施,使各子系统及建设项目整体达到安全标准的要求,这是预评价的最终目的。

最后形成的安全预评价报告将作为项目报批的文件之一,同时也是项目最终设计的重要依据文件之一。(具体地说安全预评价报告主要提供给建设单位、设计单位、业主、政府管理部门,在设计阶段必须落实安全预评价所提出的各项措施,切实做到建设项目在设计中的“三同时”。)

2)安全验收评价

安全验收评价是在建设项目竣工验收之前、试生产运行正常后,通过对建设项目的设施、设备、装置实际运行状况及管理状况的安全评价,查找该建设项目投产后存在的危险、有害因素,确定其程度,提出合理可行的安全对策措施及建议。

安全验收评价是运用系统安全工程原理和方法,在项目建成试生产正常运行后,在正式投产前进行的一种检查性安全评价。它通过对系统存在的危险和有害因素进行定性和定量的检查,判断系统在安全上的符合性和配套安全设施的有效性,从而作出评价结论并提出补救或补偿措施,以促进项目实现系统安全。

安全验收评价是为安全验收进行的技术准备,最终形成的安全验收评价报告将作为建设单位向政府安全生产监督管理机构申请建设项目安全验收审批的依据。另外,通过安全验收还可检查生产经营单位的安全生产保障,确认《安全生产法》的落实。(在安全验收评价中要查看安全预评价在初步设计中的落实,初步设计中的各项安全措施落实的情况,以及施工过程中的安全监理记录,安全设施调试、运行和检测情况等,以及隐蔽工程等安全落实情况,同时落实各项安全管理制度措施等。)

3)安全现状综合评价

安全现状综合评价是针对系统、工程的(某一个生产经营单位总体或局部的生产经营活动的)安全现状进行的安全评价,通过评价查找其存在的危险、有害因素,确定其程度,提出合理可行的安全对策措施及建议。

这种对在用生产装置、设备、设施、储存、运输及安全管理状况进行的全面综合安全评价,是根据政府有关法规的规定或是根据生产经营单位职业安全、健康、环境保护的管理要求进行的,主要内容包括:

①全面收集评价所需的信息资料,采用合适的安全评价方法进行危险识别、给出量化的安全状态参数值。

②对于可能造成重大后果的事故隐患,采用相应的数学模型,进行事故模拟,预测极端情况下的影响范围,分析事故的最大损失,以及发生事故的概率。

③对发现的隐患,根据量化的安全状态参数值、整改的优先度进行排序。

④提出整改措施与建议。

评价形成的现状综合评价报告的内容应纳入生产经营单位安全隐患整改和安全管理计划,并按计划加以实施和检查。

4)专项安全评价

专项安全评价是根据政府有关管理部门的要求进行的,是对专项安全问题进行的专题安全分析评价,如危险化学品专项安全评价、非煤矿山专项评价等。

专项安全评价是针对某一项活动或场所,如一个特定的行业、产品、生产方式、生产工艺或生产装置等,存在的危险、有害因素进行的安全评价,目的是查找其存在的危险、有害因素,确定其程度,提出合理可行的安全对策措施及建议。

如果生产经营单位是生产或储存、销售剧毒化学品的企业,评价所形成的专项安全评价报告则是上级主管部门批准其获得或保持生产经营营业执照所要求的文件之一。

6.1.4 安全评价程序

安全评价程序主要包括:准备阶段,危险、有害因素识别与分析,定性定量评价,提出安全对策措施,形成安全评价结论及建议,编制安全评价报告,如图 6.2 所示。

(1)准备阶段

明确被评价对象和范围,收集国内外相关法律法规、技术标准及工程、系统的技术资料。

(2)危险、有害因素识别与分析

根据被评价的工程、系统的情况,识别和分析危险、有害因素,确定危险、有害因素存在的

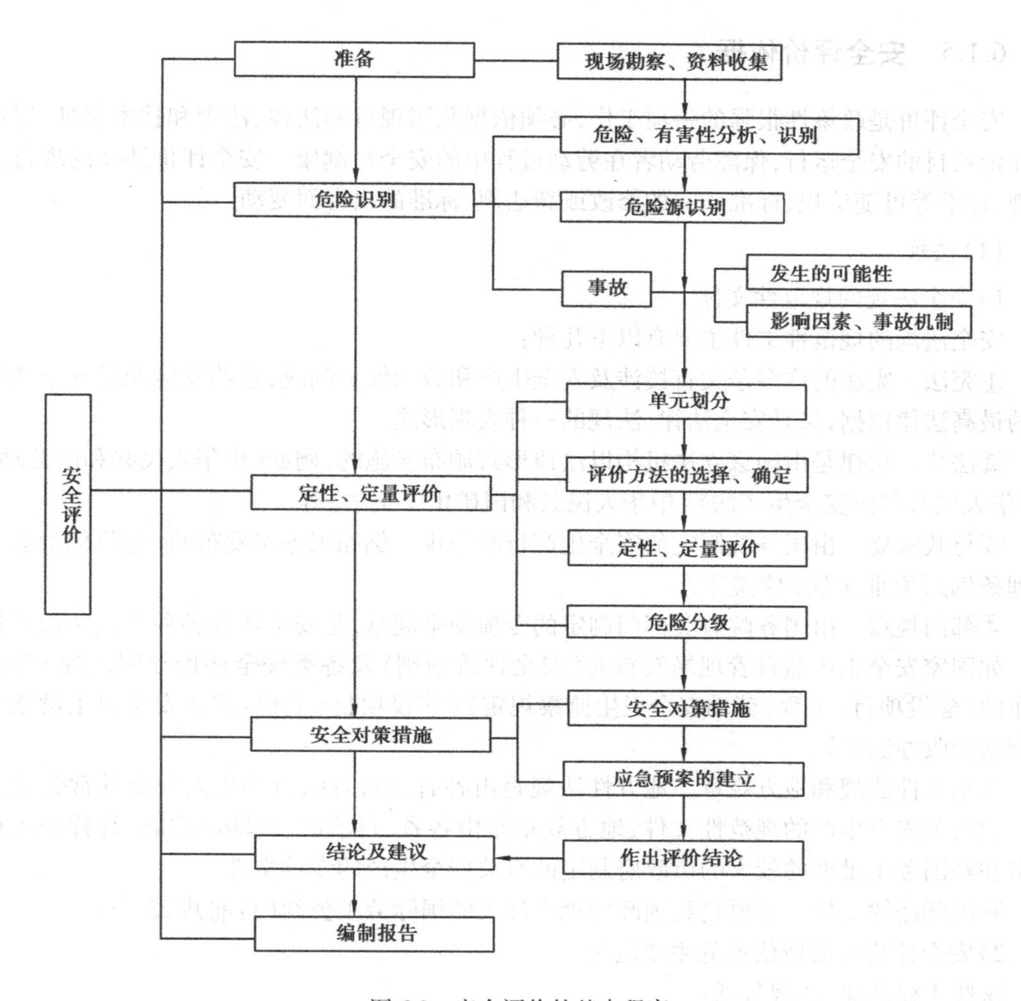

图6.2 安全评价的基本程序

部位、存在的方式、事故发生的途径及其变化的规律。

(3)定性、定量评价

在危险、有害因素识别和分析的基础上,划分评价单元,选择合理的评价方法,对工程、系统发生事故的可能性和严重程度进行定性、定量评价。

(4)安全对策措施

根据定性、定量评价结果,提出消除或减弱危险、有害因素的技术和管理措施及建议。

(5)评价结论及建议

简要地列出主要危险、有害因素的评价结果,指出工程、系统应重点防范的重大危险因素,明确生产经营者应重视的重要安全措施。

(6)安全评价报告的编制

依据安全评价的结果编制相应的安全评价报告。

6.1.5 安全评价依据

安全评价是政策性很强的一项工作,必须依据我国现行的法律、法规和技术标准,以保障被评价项目的安全运行,保障劳动者在劳动过程中的安全与健康。安全评价涉及的现行主要法规、标准等可随法规、标准条文的修改或新法规、标准的出台而变动。

(1)法规

1)安全法规的规范性文件

安全法规的规范性文件主要有以下几种:

①宪法。宪法的许多条文直接涉及安全生产和劳动保护问题,这些规定既是安全法规制定的最高法律依据,又是安全法律、法规的一种表现形式。

②法律。法律是由国家立法机构以法律形式颁布实施的,例如《中华人民共和国劳动法》《中华人民共和国安全生产法》《中华人民共和国矿山安全法》等。

③行政法规。由国务院制定的安全生产行政法规。例如国务院发布的《危险化学品安全管理条例》《女职工保护规定》等。

④部门规章。由国务院有关部门制定的专项安全规章,是安全法规各种形式中数量最多的。如国家安全生产监督管理局发布的《安全评价通则》及各类安全评价导则,(原)劳动部发布的《建设项目(工程)劳动安全卫生监察规定》《建设项目(工程)职业安全卫生设施和技术措施验收办法》等。

⑤地方性法规和地方规章。地方性法规是由各省、自治区、直辖市人大及其常务委员会制定的有关安全生产的规范性文件;地方规章是由各省、自治区、直辖市政府,其首府所在地的市和经国务院批准的较大的市政府制定的有关安全生产的专项文件。

⑥国际法律文件。主要是我国政府批准加入的国际劳工公约(目前共22个)。

2)安全评价目前所依据的主要法规

这些主要法律、法规包括:

①《中华人民共和国劳动法》。本法设立了劳动安全专章,对以下方面提出了明确要求:劳动安全卫生设施必须符合国家规定的标准;劳动安全卫生设施必须与主体工程同时设计、同时施工、同时投入生产和使用的“三同时”原则;从事特种作业的劳动者必须经过专门培训并取得特种作业资格。

②《中华人民共和国安全生产法》。本法涉及的安全评价的规定有:依法设立的为安全生产提供服务的中介机构,依照法律、行政法规和执业准则,接受生产经营单位的委托为其安全生产工作提供技术服务;矿山建设项目和用于生产、储存危险物品的建设项目,应当分别按照国家有关规定进行安全条件论证和安全评价;生产经营单位对重大危险源,应当登记建档,进行定期检测、评估、监控,并制订应急预案,告知从业人员和相关人员在紧急情况下应采取的应急措施;承担安全评价、认证、检测、检验工作的机构违规的处罚原则。

③《中华人民共和国矿山安全法》。本法对矿山建设的安全保障、矿山开采的安全保障、矿山生产经营单位的安全管理、矿山事故处理、矿山安全的行政管理及法律责任等做了明确规定。

④原国家安全生产监督管理局、原国家煤矿安全监督局(安监管技装字〔2002〕45号)《关

于加强安全评价机构管理的意见》。本文件首次明确规定安全评价的主要内容为:安全评价是指运用定量或定性的方法,对建设项目或生产经营单位存在的职业危险因素和有害因素进行识别、分析和评估;安全评价包括安全预评价、安全验收评价、安全现状综合评价和专项安全评价。

⑤国家安全生产监督管理局《安全评价通则》。本通则规定了系统、工程的安全评价的基本原则和要求、评价工作程序、评价报告书的内容及要求、评价方法的选择原则、评价报告书的格式等,是具体进行评价工作的操作依据。

(2)标准

1)标准分类

安全评价相关标准可按来源、法律效力、对象特征等分类。

①按标准来源可分为 4 类。

a.由国家主管标准化工作的部门颁布的国家标准,例如《生产设备安全卫生设计总则》《生产过程安全卫生要求总则》等。

b.国务院各部委发布的行业标准,例如原冶金部的《冶金生产经营单位安全设计卫生设计规定》等。

c.地方政府制定发布的地方标准,例如《不同行业同类工种职工人个人劳动防护用品发放标准》(〔91〕鲁劳安字第 582 号)。

d.国际标准和外国标准。

②按标准法律效力可分为两类。

a.强制性标准,如《建筑设计防火规范(2018 版)》(GB 50016—2014)、《爆炸危险环境电力装置设计规范》(GB 50058—2014)等。

b.推荐性标准,如《汽车运输、装卸危险货物作业规程》(JT 618—2004)。

③按标准对象特征可分为管理标准和技术标准。其中技术标准又可分为基础标准、产品标准和方法标准 3 类。

2)安全评价所依据的标准

安全评价所依据的标准众多,不同行业会涉及不同的标准,难以一一列出。

一些常用标准、规范将在后面作简单介绍。应该注意的是,标准有可能更新,应注意使用最新版本的标准。

(3)风险判别指标

风险判别指标(下简称指标)或判别准则的目标值,是用来衡量系统风险大小以及危险、危害性是否可接受的尺度。无论是定性评价,还是定量评价,若没有指标,评价者将无法判定系统的危险和危害性是高还是低,是否达到了可接受的程度,以及改善到什么程度系统的安全水平才可以接受,定性、定量评价也就失去了意义。

常用的指标有安全系数、安全指标或失效概率等。例如,人们熟悉的安全指标有事故频率、财产损失率和死亡概率等。

在判别指标中,特别值得说明的是风险的可接受指标。世界上没有绝对的安全,所谓安全就是事故风险达到了合理可行并尽可能低的程度。减少风险是要付出代价的,无论减少危险发生的概率还是采取防范措施使可能造成的损失降到最小,都要投入资金、技术和劳务。

通常的做法是将风险限定在一个合理的、可接受的水平上。因此，在安全评价中不是以危险性、危害性为零作为可接受标准，而是以这个合理的、可接受的指标作为可接受标准。指标不是随意规定的，而是根据具体的经济、技术情况和对危险、危害后果、危险、危害发生的可能性（概率、频率）和安全投资水平进行综合分析、归纳和优化，通常依据统计数据，有时也依据相关标准，制定出的一系列有针对性的危险危害等级、指数，以此作为要实现的目标值，即可接受风险。

可接受风险是指在规定的性能、时间和成本范围内达到的最佳可接受风险程度。显然，可接受风险指标不是一成不变的，它将随着人们对危险根源的深入了解、随着技术的进步和经济综合实力的提高而变化。另外需要指出的是，风险可接受并非说放弃对这类风险的管理，因为低风险随时间和环境条件的变化有可能升级为重大风险，所以应不断进行控制，使风险始终处于可接受范围内。

随着与国际并轨的需要，在安全评价中经常采用一些国外的定量评价方法，其指标反映了评价方法制订国家（或公司）的经济、技术和安全水平，一般是比较先进的，采用时必须考虑两者之间的具体差异，进行必要的修正，否则会得出不符合实际情况的评价结果。

6.1.6 安全评价报告

安全评价报告是安全评价工作过程形成的成果。安全评价报告的载体一般采用文本形式，为适应信息处理、交流和资料存档的需要，报告可采用多媒体电子载体。电子版本中能容纳大量评价现场的照片、录音、录像及扫描文件，可增强安全验收评价工作的可追溯性。

目前，国内将安全评价工作根据工程、系统生命周期和评价的目的分为安全预评价、安全验收评价、安全现状评价和专项安全评价 4 类。但实际上可看成 3 类，即安全预评价、安全验收评价和安全现状评价，专项安全评价可看成安全现状评价的一种，属于政府在特定的时期内进行专项整治时开展的评价。本节将简单介绍安全预评价、安全验收评价和安全现状评价报告的要求、内容及格式。

（1）安全预评价报告

1）安全预评价报告的要求

安全预评价报告的内容应能反映安全预评价的任务：建设项目的主要危险、有害因素评价；建设项目应重点预防的重大危险、有害因素；应重视的重要安全对策措施；建设项目从安全生产角度是否符合国家有关法律、法规、技术标准。

2）安全预评价报告内容

安全预评价报告应当包括以下内容：

①概述。

a.安全预评价依据。有关安全预评价的法律、法规及技术标准；建设项目可行性研究报告等相关文件；安全预评价参考的其他资料。

b.建设单位简介。

c.建设项目概况。建设项目选址、总图及平面布置、生产规模、工艺流程、重要设备、主要原材料、中间体、产品、经济技术指标、公用工程及辅助设施等。

②生产工艺简介。

③安全预评价方法和评价单元。

a.安全预评价方法简介。

b.评价单元确定。

④定性、定量评价。

a.定性、定量评价。

b.评价结果分析。

⑤安全对策措施及建议。

a.在可行性研究报告中提出的安全对策措施。

b.补充的安全对策措施及建议。

⑥安全预评价结论。

3）安全预评价报告格式

①封面。

②安全预评价资质证书影印件。

③著录项。

④目录。

⑤编制说明。

⑥前言。

⑦正文。

⑧附件。

⑨附录。

（2）安全验收评价报告

1）安全验收评价报告的要求

安全验收评价报告是安全验收评价工作过程形成的成果。安全验收评价报告的作用：一是为企业服务，帮助企业查出隐患，落实整改措施以达到安全要求；二是为政府安全生产监督管理机构服务，提供建设项目安全验收的依据。

2）安全验收评价报告主要内容

①概述。

a.安全验收评价依据。

b.建设单位简介。

c.建设项目概况。

d.生产工艺。

e.重要安全卫生设施和技术措施。

f.建设单位安全生产管理机构及管理制度。

②主要危险、有害因素识别。

a.主要危险、有害因素及相关作业场所分布。

b.列出建设项目所涉及的危险、有害因素并指出存在的部位。

③总体布局及常规防护设施措施评价。

a.总平面布局。

b.厂区道路安全。
c.常规防护设施和措施。
d.评价结果。
④易燃易爆场所评价。
a.爆炸危险区域划分符合性检查。
b.可燃气体泄漏检测报警仪的布防安装检查。
c.防爆电气设备安装认可。
d.消防检查(主要是检查是否取得消防安全认可)。
e.评价结果。
⑤有害因素安全控制措施评价。
a.防急性中毒、窒息措施。
b.防止粉尘爆炸措施。
c.高、低温作业安全防护措施。
d.其他有害因素控制安全措施。
e.评价结果。
⑥特种设备监督检验记录评价。
a.压力容器与锅炉(包括压力管道)。
b.起重机械与电梯。
c.厂内机动车辆。
d.其他危险性较大设备。
e.评价结果。
⑦强制检测设备设施情况检查。
a.安全阀。
b.压力表。
c.可燃、有毒气体泄漏检测报警仪及变送器。
d.其他强制检测设备、设施情况。
e:检查结果。
⑧电气安全评价。
a.变电所。
b.配电室。
c.防雷、防静电系统。
d.其他电气安全检查。
e.评价结果。
⑨机械伤害防护设施评价。
a.夹击伤害。
b.碰撞伤害。
c.剪切伤害。
d.卷入和绞碾伤害。
e.割刺伤害。

f.其他机械伤害。
g.评价结果。
⑩工艺设施安全连锁有效性评价。
a.工艺设施安全连锁设计。
b.工艺设施安全连锁相关硬件设施。
c.开车前工艺设施安全连锁有效性验证记录。
d.评价结果。
⑪安全生产管理评价。
a.安全生产管理组织机构。
b.安全生产管理制度。
c.事故应急救援预案。
d.特种作业人员培训。
e.日常安全管理。
f.评价结果。
⑫安全验收评价结论。
在对现场评价结果分析归纳和整合基础上,做出安全验收评价结论。
a.建设项目安全状况综合评述。
b.归纳、整合各部分评价结果,提出存在问题及改进建议。
c.建设项目安全验收总体评价结论。
⑬安全验收评价报告附件。
a.数据表格、平面图、流程图、控制图等安全评价过程中制作的图表文件。
b.建设项目存在问题与改进建议汇总表及反馈结果。
c.评价过程中专家意见及建设单位证明材料。
⑭安全验收评价报告附录。
a.与建设信息有关的批复文件(影印件)。
b.建设单位提供的原始资料目录。
c.与建设项目相关的数据资料目录。
3)安全验收评价报告格式
①封面。
②评价机构安全验收评价资格证书影印件。
③著录项目录。
④编制说明。
⑤前言。
⑥正文。
⑦附件。
⑧附录。

(3)安全现状评价报告

1)安全现状评价报告要求
安全现状评价报告要求比安全预评价报告要更详尽、更具体,特别是对危险分析要求较高。因此，整个评价报告的编制，要由懂工艺和操作的专家参与完成。

2）安全现状评价报告内容

安全现状评价报告一般具有如下内容。

①前言。包括项目单位简介、评价项目的委托方及评价要求和评价目的。

②评价项目概况。应包括评价项目概况、地理位置及自然条件、工艺过程、生产运行现状、项目委托约定的评价范围、评价依据（包括法规、标准、规范及项目的有关文件）。

③评价程序和评价方法。说明针对主要危险、有害因素和生产特点选用的评价程序和评价方法。

④危险性预先分析。应包括工艺流程、工艺参数、控制方式、操作条件、物料种类和理化特性、工艺布置、总图位置、公用工程的内容，并运用选定的分析方法，对存在的危险、有害因素逐一分析。

⑤危险度与危险指数分析。根据危险、有害因素分析的结果和确定的评价单元、评价要素，参照有关资料和数据，用选定的评价方法进行定量分析。

⑥事故分析与重大事故模拟。结合现场调查结果以及同行或同类生产的事故案例分析，统计其发生的原因和概率，运用相应的数学模型进行重大事故模拟。

⑦对策措施与建议。综合评价结果，提出相应的对策措施与建议，并按照风险程度的高低进行解决方案的排序。

⑧评价结论。明确指出项目安全状态水平，并简要说明。

3）安全现状评价报告格式

①前言

②目录

③第一章　评价项目概述

第一节　评价项目概况

第二节　评价范围

第三节　评价依据

④第二章　评价程序和评价方法

第一节　评价程序

第二节　评价方法

⑤第三章　危险性预先分析

⑥第四章　危险度与危险指数分析

⑦第五章　事故分析与重大事故的模拟

第一节　重大事故原因分析

第二节　重大事故概率分析

第三节　重大事故预测、模拟

⑧第六章　职业卫生现状评价

⑨第七章　对策措施与建议

⑩第八章　评价结论

6.2　作业条件危险性评价法

美国的格雷厄姆(K.J.Graham)和金尼(G.F.Kinnly)研究了人们在具有潜在危险环境中作业的危险性,提出了以所评价的环境与某些作为参考环境的对比为基础将作业条件的危险性作为因变量(D),事故或危险事件发生的可能性(L)、暴露于危险环境的频率(E)及危险程度(C)为变量,确定了它们之间的函数式。根据实际经验他们给出了3个自变量的各种不同情况的分数值,采取对所评价的对象根据情况进行打分的办法,然后根据公式计算出其危险性分数值,再按经验将危险性分数值划分为危险程度等级表。这是一种简单易行的评价作业条件危险性的方法。

(1)影响危险性的因素

对于一个具有潜在危险性的作业条件,格雷厄姆和金尼认为,影响危险性的主要因素有3个:

①发生事故或危险事件的可能性。

②暴露于这种危险环境的情况。

③事故一旦发生可能产生的后果。

用公式来表示,则为

$$D = L \times E \times C \tag{6.4}$$

式中　D——作业条件的危险性;

L——事故或危险事件发生的可能性;

E——暴露于危险环境的频率;

C——发生事故或危险事件的可能结果(L、E、C 分值见表6.1)。

这种方法即为作业条件危险性分级方法,以此作为危险源(点)危险等级划分依据,表6.2为危险等级划分标准。

表6.1　作业条件危险性分级数据表

事故发生的可能性(L)		暴露于危险环境的频繁程度(E)		事故后果严重程度(C)	
事故发生可能性	分数值	暴露的频繁程度	分数值	后果严重程度	分数值
必然发生	10	连续暴露	10	大灾难,许多人死亡	100
相当可能发生	6	每天工作时间内暴露	6	灾难,数人死亡	40
可能,但不经常	3	每一周一次,或偶然暴露	3	非常严重,一人死亡	15
可能性极小,完全意外	1	每月一次	2	严重,重伤	7
很不可能,可以设想	0.5	每年几次	1	重大,致残	3
极不可能	0.2	罕见	0.5	引人关注,不利于基本的安全健康要求	1
实际不可能	0.1	—	—	—	—

表 6.2 危险性等级划分标准

危险性分数值 R	危险程度	备 注
≥320	极度危险,不能继续作业	Ⅴ级:不容许风险
160~320	高度危险,需立即改进	Ⅳ级:重大风险
70~160	显著危险,需要改进	Ⅲ级:中度风险
20~70	比较危险,可以注意	Ⅱ级:可容风险
≤20	稍有危险,可以接受	Ⅰ级:可忽略风险

(2)优缺点及适用范围

作业条件危险性分级法,是评价人们在某种具有潜在危险的作业环境中进行作业的危险程度,该法简单易行,危险程度的级别划分比较清楚。但是,由于它主要是根据经验来确定3个因素的分数值及划定危险程度等级,因此具有一定的主观性和局限性。而且它是一种作业的局部评价,故不能普遍适用。因此,在具体应用时,应根据已有的经验和具体情况对该评价方法作适当修正。

【例 6.1】 工厂冲床危险分级。

某工厂冲床无红外光电等保护装置,未设计使用安全模,也无钩、夹等辅助工具,因此操作时可能发生冲手事故。危险等级计算方法为:

L 值:属于“可能,但不经常发生”,分数值为3;

E 值:属于“每天工作时间内暴露”,分数值为6;

C 值:较为重大,可能致残,分数值为3;

D 值:$D=L\times E\times C=3\times 6\times 3=54$。

对照表6.2,为20~70,因此,比较危险,需要在操作时多加注意,危险等级为Ⅱ级,属于可容风险。

【例 6.2】 碎石作业危险分级

以碎石作业为例,对其作业条件危险性进行等级划分,目的是更形象地阐释如何利用作业条件危险性评价方法划分危险源等级。如图6.3所示,为碎石作业现场图,利用作业条件危险性评价方法对其危险等级进行划分,表6.3为等级划分结果表。

图 6.3 碎石作业现场

表 6.3 碎石作业危险性等级划分表

项目	工序	危险源/危害	危险值和危险等级					控制或减少风险措施
			L	E	C	D	等级	
土石方开挖	碎石作业	1.机械出现故障; 2.缺少指挥导致飞石伤人	1	6	7	42	Ⅱ级可容风险	1.制订设备日常点检制度; 2.施工现场有人指挥
		高边坡滚石落下伤人	3	10	3	90	Ⅲ级中度风险	作业时下方路段拉警戒线,作业完及时清理危石

6.3 概率评价法

概率评价法是一种定量评价法。此法是先求出系统发生事故的概率,如用故障类型、影响和致命度分析、事故树定量分析、事件树定量分析等方法,在求出事故发生概率的基础上,进一步计算风险率,以风险率大小确定系统的安全程度。系统危险性的大小取决于两个方面,一是事故发生的概率,二是造成后果的严重度。风险率综合了两个方面因素,它的数值等于事故的概率(频率)与严重度的乘积。其计算公式如下:

$$R = SP \tag{6.5}$$

式中 R——风险率,事故损失/单位时间;

S——严重度,事故损失/事故次数;

P——事故发生概率(频率),事故次数/单位时间。

风险率是表示单位时间内事故造成损失的大小。单位时间可以是年、月、日、小时等;事故损失可以用死亡人数、经济损失或是工作日的损失等表示。

计算出风险率就可以与安全指标比较,从而得知风险是否降到人们可以接受的程度。要求风险率必须首先求出系统发生事故的概率,因此下面就概率的有关概念和计算参见系统可靠性分析章节。

6.3.1 元件的故障概率

构成设备或装置的元件,工作一定时间就会发生故障或失效。故障就是指元件、子系统或系统在运行时达不到规定的功能。可修复系统的失效就是故障。根据可靠性工程理论,元件分为可修复系统元件和不可修复系统元件。可修复系统元件的故障概率为 $q=\lambda\tau$,τ 为平均修复时间,不可修复系统元件的故障概率为 $q=\lambda t$,t 为元件运行时间。

元件在两次相邻故障间隔期内正常工作的平均时间,称为平均故障间隔期,用 τ 表示,如某元件在第一次工作时间 t_1 后出现故障,第二次工作时间 t_2 后出现故障,第 n 次工作 t_n 时间后出现故障,则平均故障间隔期为:

$$\tau = \frac{\sum_{i=1}^{n} t_i}{n} \tag{6.6}$$

式中 τ———一般是通过实验测定 n 个元件的平均故障间隔时间的平均值得到。

元件在单位时间(或周期)内发生故障的平均值称为平均故障率,用 λ 表示,单位为故障次数/时间。平均故障率是平均故障间隔期的倒数,即:

$$\lambda = \frac{1}{\tau} \tag{6.7}$$

故障率是通过实验测定出来的,实际应用时受到环境因素的不良影响,如温度、湿度、振动、腐蚀等,故应给予修正,即考虑一定的修正系数(严重系数 k)。部分环境下严重系数 k 的取值见表6.4。

表 6.4　严重系数取值表

使用场所	k
实验室	1
普通室内	1.1～10
船舶	10～18
铁路车辆	13～30
牵引式公共汽车	13～30
火箭试验	60
飞机	80～150
火箭	400～1 000

元件在规定时间内和规定条件下完成规定功能的概率称为可靠度,用 $R(t)$ 表示。元件在时间间隔 $(0,t)$ 内的可靠度符合下列关系:

$$R(t) = e^{-\lambda t} \tag{6.8}$$

式中　t——元件运行时间。

元件在规定时间内和规定条件下没有完成规定功能(失效)的概率就是故障概率(或不可靠度),用 $P(t)$ 表示。故障是可靠的补事件,用下式得到故障概率:

$$P(t) = 1 - R(t) = 1 - e^{-\lambda t} \tag{6.9}$$

式(6.8)和式(6.9)只适用于故障率 λ 稳定的情况。许多元件的故障率随时间而变化,显示出如图 6.4 所示的浴盆曲线。

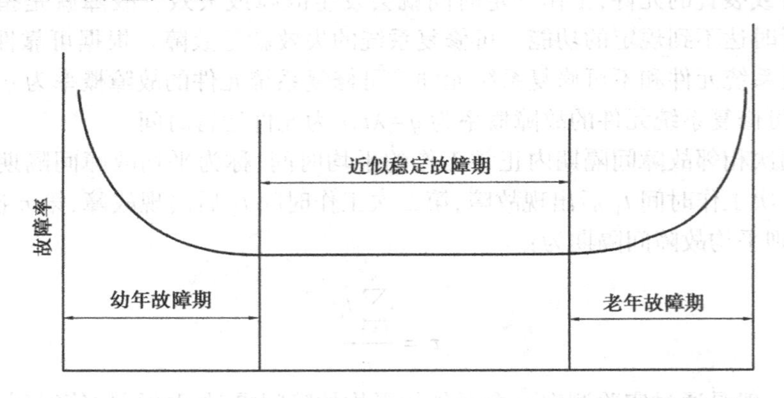

图 6.4　故障率曲线图(浴盆曲线)

由图 6.4 可见,元件故障率随时间变化有 3 个时期,即幼年故障期(早期故障期)、近似稳定故障期(偶然故障期)和老年故障期(损耗故障期)。元件在幼年期和老年期故障率都很高。这是因为元件在新的时候可能内部有缺陷或调试过程被损坏,因而开始故障率较高,但很快就呈下降趋势。当使用时间长了,由于老化、磨损,功能下降,故障率又会迅速提高。如果设备或元件在老年期之前,更换或修理即将失效部分,则可延长使用寿命。在幼年和老年两个周期之间(偶然故障期)的故障率低且稳定,式(6.8)和式(6.9)都适用。

表6.5　列出部分元件的故障率

元件	故障/(次·年$^{-1}$)	元件	故障/(次·年$^{-1}$)
控制阀	0.60	压力测量	1.41
控制器	0.29	泄压阀	0.022
流体测量(液体)	1.14	压力开关	0.14
流体测量(固体)	3.75	电磁阀	0.42
流量开关	1.12	步进电动机	0.044
气液色谱	30.6	长纸条记录仪	0.22
手动阀	0.13	热电偶温度测量	0.52
指示灯	0.044	温度计温度测量	0.027
液位测量(液体)	1.70	阀动定位器	0.44
液位测量(固体)	6.86		
氧分析仪	5.65		
pH计	5.88		

6.3.2　元件的连接及系统故障(事故)概率

生产装置或工艺过程是由许多元件连接在一起构成的,这些元件发生故障常会导致整个系统故障或事故的发生。因此,可根据各个元件故障概率,依照它们之间的连接关系计算出整个系统的故障概率。

元件的相互连接有串联和并联两种情况。

①串联连接的元件用逻辑或门表示,意思是任何一个元件故障都会引起系统发生故障或事故,串联元件组成的系统,其可靠度计算公式如下:

$$R = \prod_{i=1}^{n} R_i \tag{6.10}$$

式中　R_i——每个元件的可靠度;

n——元件的数量;

$\prod$——连乘。

系统的故障概率 P 由下式计算:

$$P = 1 - \prod_{i=1}^{n} (1 - P_i) \tag{6.11}$$

式中　P_i——每个元件的故障概率。

只有 A 和 B 两个元件组成的系统,式6.11展开为

$$P(A \cup B) = P(A) + P(B) - P(A)P(B) \tag{6.12}$$

如果元件的故障概率很小,则 $P(A)P(B)$ 项可以忽略。此时式(6.11)可简化为

$$P(A \cup B) = P(A) + P(B) \tag{6.13}$$

式(6.10)则可简化为:

$$p = \sum_{i=1}^{n} P_1 \tag{6.14}$$

当元件的故障率不是很小时,不能用简化公式计算总的故障概率。

②并联连接的元件用逻辑与门表示，意思是并联的几个元件同时发生故障，系统就会故障。并联元件组成的系统故障概率 P 计算公式是：

$$P = \prod_{i=1}^{n} P_i \tag{6.15}$$

系统的可靠度计算公式如下：

$$R = 1 - \prod_{I=1}^{n} (1 - R_i) \tag{6.16}$$

系统的可靠度计算出来后，可由式(6.8)求出总的故障率。

6.3.3 系统故障概率的计算举例

【例 6.3】 某反应器内进行的是放热反应，当温度超过一定值后，会引起反应失控而爆炸。为及时移走反应热，在反应器外面安装了夹套冷却水系统。由反应器上的热电偶温度测量仪与冷却水进口阀连接，根据温度控制冷却水流量。为防止冷却水供给失效，在冷却水进水管上安装了压力开关并与原料进口阀连接，当水压小到一定值时，原料进口阀会自动关闭，停止反应，装置组成如图 6.5 所示。试计算这一装置发生超温爆炸的故障率、故障概率、可靠度和平均故障间隔期，假设操作周期为 1 年。

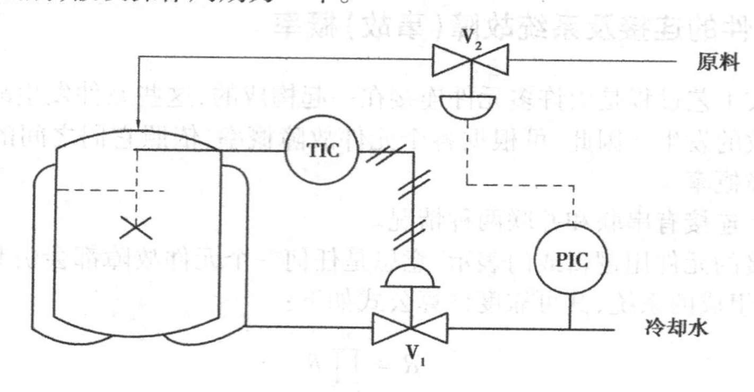

图 6.5 反应器的超温防护系统

解：由图 6.5 可知，反应器的超温防护系统由温度控制和原料关闭两部分组成。温度控制部分的温度测量仪与冷却水进口阀串联，原料关闭部分的压力开关和原料进口阀也是串联的，而温度控制和原料关闭两部分则为并联关系。

由表 6.5 查得热电偶温度测量、控制阀、压力开关的故障率分别是 0.52 次/年、0.60 次/年、0.14 次/年。首先，根据式(6.8)和式(6.9)计算各个元件的可靠度。

热电偶温度测量仪：$R_1 = e^{-0.52\times1}$；$P_1 = 1-R_1 = 1-0.59 = 0.41$

控制阀：$R_2 = e^{-0.60\times1} = 0.55$；$P_2 = 1-R_2 = 1-0.55 = 0.45$

压力开关：$R_3 = e^{-0.14\times1} = 0.87$；$P_3 = 1-R_3 = 1-0.87 = 0.13$

温度控制部分：$R_A = R_1R_2 = 0.59\times0.87 = 0.32$；$P_A = 1-R_A = 1-0.32 = 0.68$

原料关闭部分：$R_B = R_3R_2 = 0.55\times0.87 = 0.48$；$P_A = 1-R_A = 1-0.48 = 0.52$

$$\lambda_A = -\frac{\ln R_B}{t} = 0.73$$

$$\tau_B = \frac{1}{\lambda_B} = 1.37$$

超温防护系统：$P_A = P_A P_B = 0.68 \times 0.52 = 0.35$；$R = 1 - P = 1 - 0.35 = 0.65$

$$\lambda = -\frac{\ln R}{t} = 0.43$$

$$\tau_A = \frac{1}{\lambda_A} = 2.3 \text{ 年}$$

$$\lambda_A = -\frac{\ln R_A}{t} = -\frac{\ln 0.32}{1} = 1.14$$

$$\tau_B = \frac{1}{\lambda_B} = 0.88$$

由计算说明，预计温度控制部分每 0.88 年发生 1 次故障，原料关闭部分每 1.37 年发生 1 次故障。两部分并联组成的超温防护系统，预计 2.3 年发生 1 次故障，防止超温的可靠性明显提高。

计算出安全防护系统的故障率，就可进一步确定反应器超压爆炸的风险率，从而可比较它的安全性。

在事故树分析中，若知道了每个基本事件发生的概率，就可求出顶上事件发生概率，根据概率或风险率评价系统的安全性。

【例 6.4】　下面以如图 6.6 所示的事故树为例，说明顶上事件发生概率的计算。

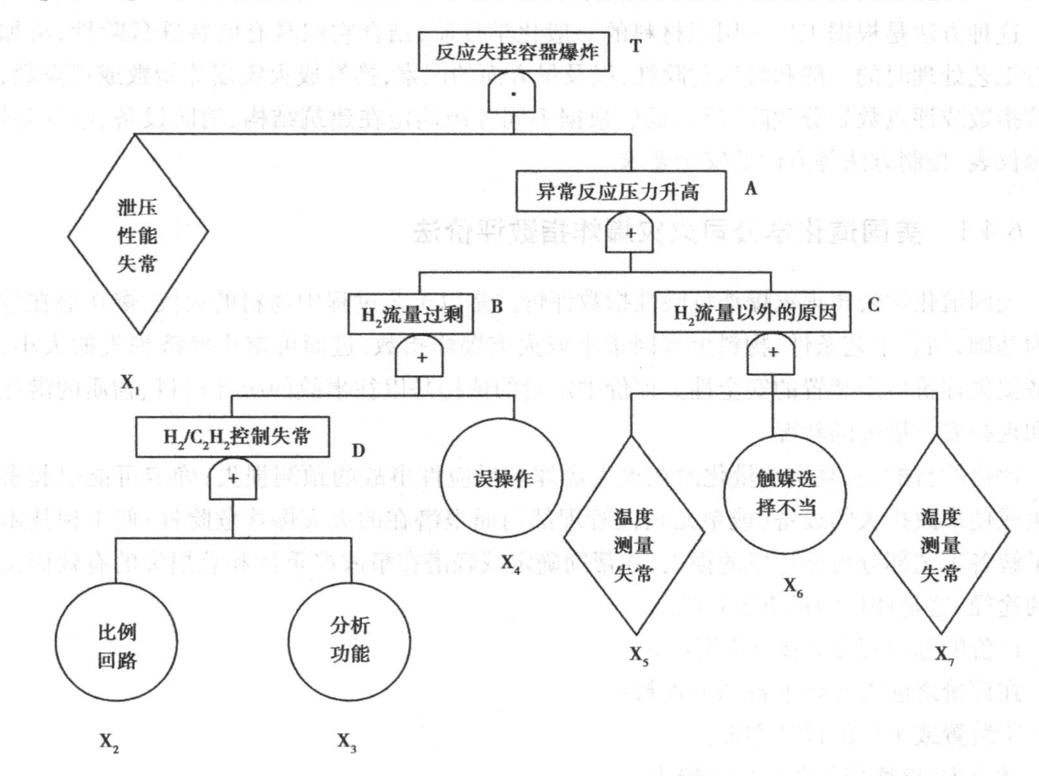

图 6.6　反应失控容器爆炸事故树图

假设事故树中基本事件的故障概率分别是：

$$P(X_1)=0.01;P(X_2)=0.02;P(X_3)=0.03;P(X_4)=0.04;$$
$$P(X_5)=0.05;P(X_6)=0.06;P(X_7)=0.07$$

首先求出中间事件 D 的故障概率，逐层向上推算，最后可计算出顶上事件的发生概率。

$$P(D)=P(X_2)+P(X_3)=0.02+0.03=0.05$$
$$P(B)=P(D)+P(X_4)=0.05+0.04=0.09$$
$$P(C)=P(X_5)+P(X_6)+P(X_7)=0.05+0.06+0.07=0.18$$
$$P(A)=P(B)+P(C)=0.09+0.18=0.27$$
$$P(T)=P(X)P(A)=0.01\times 0.27=0.002\ 7$$

以上是近似计算的结果，各基本事件的故障概率都很小，且事故树中没有重复事件出现。当各基本事件故障概率比较大时，使用式(6.11)应将括号展开计算。

6.4 指数评价法

指数法是用火灾爆炸指数作为衡量一个化工企业安全评价的标准，其以物质系数法为基础。

这种方法是根据工厂所用原材料的一般化学性质，结合它们具有的特殊危险性，再加上进行工艺处理时的一般和特殊危险性，以及量方面的因素，换算成火灾爆炸指数或评点数，然后按指数或评点数划分危险等级，最后根据不同等级确定在建筑结构、消防设备、电气防爆、检测仪表、控制方法等方面的安全要求。

6.4.1 美国道化学公司火灾爆炸指数评价法

美国道化学公司火灾爆炸危险性指数评价法是以工艺过程中物料的火灾、爆炸潜在危险性为基础，结合工艺条件、物料量等因素求取火灾爆炸指数，进而可求出经济损失的大小，以经济损失评价生产装置的安全性。评价中定量的依据是以往事故的统计资料、物质的潜在能量和现行安全措施的状况。

评价的目的是：真实地量化潜在火灾爆炸和反应性事故的预测损失；确定可能引起事故发生或使事故扩大的设备（或单元）；向管理部门通报潜在的火灾爆炸危险性；使工程技术人员了解各工艺部分可能造成的损失，并帮助确定减轻潜在事故严重性和总损失的有效而又经济的途径，这是评价的最重要目的。

评价的基本程序如图 6.7 所示。

在评价之前首先要准备如下资料：

①装置或工厂的设计方案。

②火灾、爆炸指数危险度分级表。

③火灾、爆炸指数计算表（表 6.6）。

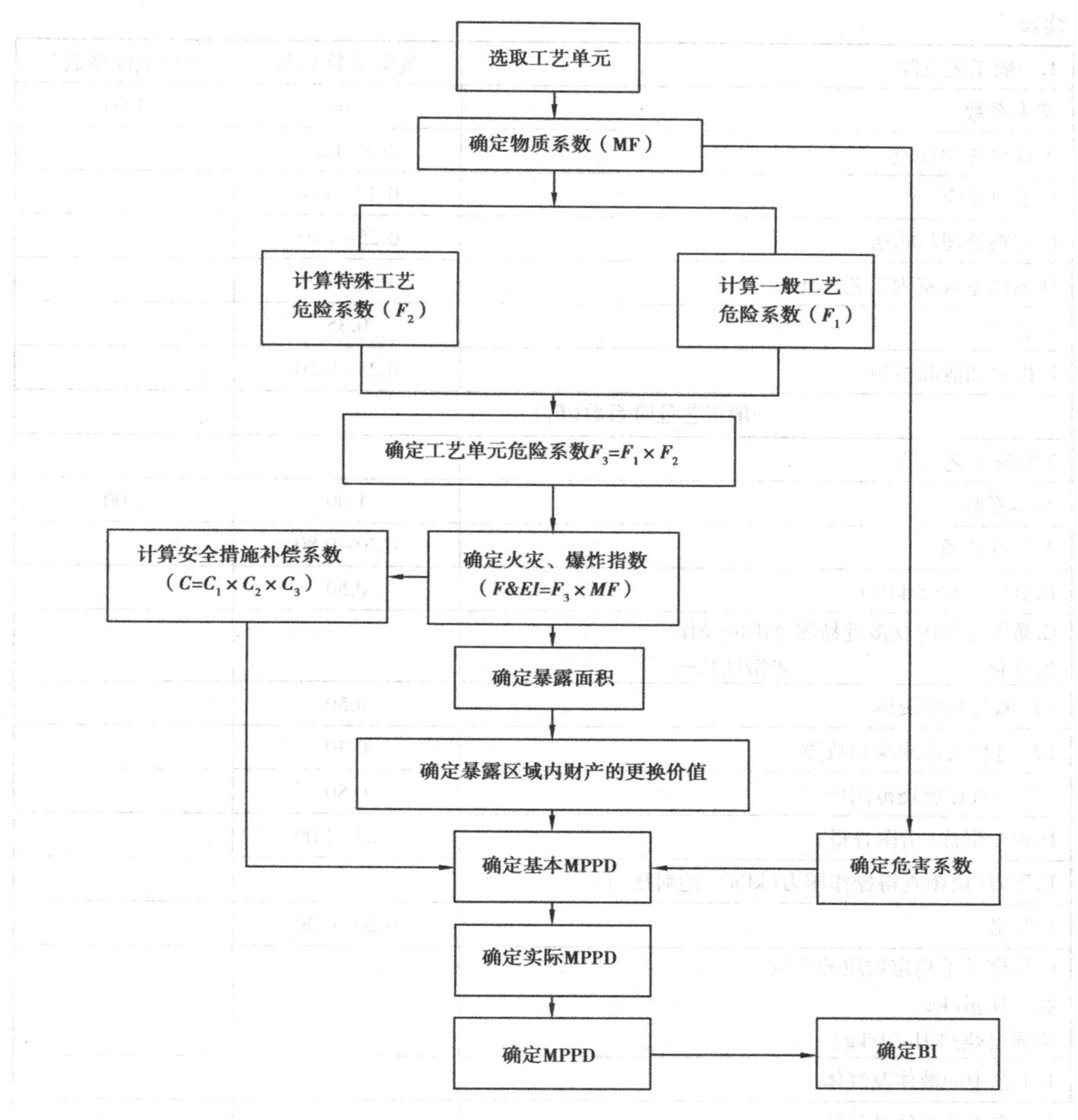

图 6.7　道化学公司火灾爆炸危险性指数评价基本程序(第七版)

表 6.6　火灾爆炸指数(F＆EI)表

<table>
<tr><td>地区/国家：</td><td colspan="2">部门：</td><td colspan="2">场所：</td><td>日期：</td></tr>
<tr><td colspan="2">位置：</td><td colspan="2">生产单元：</td><td colspan="2">工艺单元：</td></tr>
<tr><td colspan="2">评价人：</td><td colspan="2">审定人(负责人)：</td><td colspan="2">建筑物：</td></tr>
<tr><td colspan="2">检查人(管理部)：</td><td colspan="2">检查人(技术中心)：</td><td colspan="2">检查人(安全和损失预防)：</td></tr>
<tr><td colspan="6">工艺设备中的物料：</td></tr>
<tr><td colspan="3">操作状态：设计—开车—正常操作—停车</td><td colspan="3">确定 MF 的物质</td></tr>
<tr><td colspan="6">物质系数(附录)(当单元温度超过 60 ℃时注明)</td></tr>
</table>

续表

1.一般工艺危险	危险系数范围	采用危险系数*
基本系数	1.00	1.00
A.放热化学反应	0.3~1.25	
B.吸热反应	0.20~0.40	
C.物料处理与输送	0.25~1.05	
D.密闭室或室内工艺单元	0.25~0.9	
E.通道	0.35	
F.排放和泄漏控制	0.25~0.50	
一般工艺危险系数(F_1)		
2.特殊工艺危险		
基本系数	1.00	1.00
A.毒性物质	0.20~0.80	
B.负压(<66.5 kPa)	0.50	
C.易燃范围内及接近易燃范围的操作 惰性化— 未惰性化—		
(1)灌装易燃液体	0.50	
(2)过程失常或吹扫故障	0.30	
(3)一直在燃烧范围内	0.80	
D.粉尘爆炸(由图查得)	0.25~2.00	
E.压力(由图查得操作压力(kPa)(绝对压力)		
F.低温	0.20~0.30	
G.易燃及不稳定物质的质量 物质质量/kg 物质燃烧热 He(J/kg)		
1.工艺中的液体及气体		
2.储存中的液体及气体		
3.储存中的可燃固体及工艺中的粉尘		
H.腐蚀与磨蚀	0.10~0.75	
I.泄漏—接头和填料	0.10~1.50	
J.使用明火设备		
K.热油热交换系统	0.15~1.15	
L.转动设备	0.50	
特殊工艺危险系数(F_2)		
工艺单元危险系数($F_1 \times F_2 = F_3$)		
火灾、爆炸指数($F_3 \times MF = F\&EI$)		

④安全措施补偿系数表(表 6.7)。

表 6.7　安全措施补偿系数

1.工艺控制安全补偿系数(C_1)					
项目	补偿系数范围	采用补偿系数(无补偿系数时取 1.00)	项目	补偿系数范围	采用补偿系数(无补偿系数时取 1.00)
(1)应急电源	0.98		(6)惰性气体保护	0.94~0.96	
(2)冷却装置	0.97~0.99		(7)操作规程/程序	0.91~0.99	
(3)抑爆装置	0.84~0.98		(8)化学活泼性物质检查	0.91~0.98	
(4)紧急切断装置	0.96~0.99				
(5)计算机控制	0.93~0.99		其他工艺危险分析	0.91~0.98	
C_1 值(所采用安全补偿系数的乘积)					
2.物质隔离安全补偿系数(C_2)					
项目	补偿系数范围	采用补偿系数	项目	补偿系数范围	采用补偿系数
(1)遥控阀	0.96~0.98		(3)卸料/排空装置	0.91~0.97	
(2)排放系统	0.96~0.98		(4)连锁装置	0.98	
C_2 值(所采用安全补偿系数的乘积)					
3.防火措施安全补偿系数(C_3)					
项目	补偿系数范围	采用补偿系数	项目	补偿系数范围	采用补偿系数
(1)泄漏检测装置	0.94~0.98		(6)水幕	0.97~0.98	
(2)结构钢	0.95~0.98		(7)泡沫灭火装置	0.92~0.97	
(3)消防水供应系统	0.94~0.97		(8)手提式灭火器材/喷水枪		
(4)特殊灭火系统	0.91			0.93~0.98	
(5)洒水灭火系统	0.74~0.97		(9)电缆防护	0.94~0.98	
C_3 值(所采用安全补偿系数的乘积)					
安全措施补偿系数 $C=C_1 \cdot C_2 \cdot C_3$					

注:①无安全补偿系数,填入 1.00。

②所采用安全补偿系数的乘积。

⑤工艺单元风险分析汇总表。

⑥工厂风险分析汇总表。

⑦有关装置的更换费用数据。

在资料准备齐全和充分熟悉评价系统的基础上再按如图 6.7 所示的程序进行。

(1)选择工艺(评价)单元

一套生产装置包括许多工艺单元,但计算火灾、爆炸指数时,只评价那些从损失预防角度来看影响比较大的工艺单元,这些单元称为评价单元。工艺单元的划分要根据设备间的逻辑关系。如在氯乙烯单位或二氯乙烷工厂的加热炉或急冷区中可以划分为二氯乙烷预热器、二氯乙烷蒸发器、加热炉、冷却塔、二氯乙烷吸热器和脱焦槽。仓库的整个储存区不设防火墙,可划分为一个单元。

选择评价单元时可从以下几个方面考虑:

①潜在化学能(物质系数)。

②工艺单元中危险物质的数量。

③资金密度(每平方米美元数)。

④操作压力和操作温度。

⑤导致火灾、爆炸事故的历史资料。

⑥对装置操作起关键作用的单元,如热氧化器。

一般情况下,这些方面的数值越大,该工艺单元越需要评价。

(2)确定物质系数

在火灾爆炸指数的计算和其他危险性评价时,物质系数(MF)是最基础的数值,它是表示物质由燃烧或其他化学反应引起的火灾、爆炸中释放能大小的内在特性。

物质系数根据由美国消防协会规定的物质可燃性 N_f 和化学活性(或不稳定性)N_r,可从表 6.8 中求取。评价方法附录中提供了许多物质的物质系数,可直接查得。

表 6.8 物质系数确定表

液体、气体的易燃性或可燃性	NFPA325M 或 49	反应性或不稳定性				
		$N_r=0$	$N_r=1$	$N_r=2$	$N_r=3$	$N_r=4$
不燃物	$N_f=0$	1	14	24	29	40
$F.P.>93.3$ ℃	$N_f=1$	4	14	24	29	40
37.8 ℃ $\leqslant F.P.\leqslant$ 93.3 ℃	$N_f=2$	10	14	24	29	40
22.8 ℃ $\leqslant F.P.\leqslant$ 37.8 ℃或 $F.P.<$ 22.8 ℃并且 $B.P.\geqslant$ 37.8 ℃	$N_f=3$	16	16	24	29	40
$F.P.<22.8$ ℃并且 $B.P.>37.8$ ℃	$N_f=4$	21	21	24	29	40
可燃性粉尘或烟雾						
S_t-1[$K_{st}\leqslant 200$ (Pa·m·s^{-1})]		16	16	24	29	40
S_t-2[$K_{st}=201\sim300$ (Pa·m·s^{-1})]		21	21	24	29	40
S_t-3[$K_s>300$ (Pa·m·s^{-1})]		24	24	24	29	40
可燃性固体						

续表

液体、气体的易燃性或可燃性	NFPA325M 或 49	反应性或不稳定性				
		$N_r=0$	$N_r=1$	$N_r=2$	$N_r=3$	$N_r=4$
厚度>40 mm 紧密的	$N_f=1$	4	14	24	29	40
厚度<40 mm 疏松的	$N_f=2$	10	14	24	29	40
泡沫材料、纤维、粉状物等	$N_f=3$	16	16	24	29	40

表中 N_r 值可按下述原则确定：

$N_r=0$，燃烧条件下仍能保持稳定的物质；

$N_r=1$，加温加压条件下稳定性较差的物质；

$N_r=2$，加温加压下易于发生剧烈化学反应变化的物质；

$N_r=3$，本身能发生爆炸分解或爆炸反应，但需强引发源或引发前必须在密闭状态下加热的物质；

$N_r=4$，在常温常压下自身易于引发爆炸分解或爆炸反应的物质。

(3)计算一般工艺危险系数(F_1)

一般工艺危险性是确定事故损害大小的主要因素，共包括 6 项内容，即放热反应、吸热反应、物料处理和输送、封闭单元或室内单元、通道、排放和泄漏。

一个评价单元不一定每项都包括，要根据具体情况选取恰当的系数，填入表 6.6 中，并将这些危险系数相加，得到单元一般工艺危险系数。

(4)计算特殊工艺危险系数(F_2)

特殊工艺危险性是影响事故发生概率的主要因素，共包括 12 项内容，即毒性物质、负压物质、在爆炸极限范围内或其附近的操作、粉尘爆炸、释放压力、低温、易燃和不稳定物质的数量、腐蚀、泄漏、明火设备、热油交换系统、转动设备。

每一个评价单元不一定每项都要取值，有关各项按规定求取危险系数。如“易燃和不稳定物质的数量”分 3 种情况确定危险系数：

①工艺过程中的液体和气体，求出评价单元中可燃或不稳定物质总量后乘以燃烧热 H_c (J/kg)，得到总热量，然后从图 6.8 中查得危险系数。

②储存中的液体和气体，求得总燃烧热，由图 6.9 查得危险系数。

③储存中的可燃固体和工艺过程中的粉尘，则用储存固体总量(kg)或工艺单元中粉尘总量(kg)，由图 6.10 查得危险系数。

将各项取值填入表 6.6 中，相加后即为单元特殊工艺危险系数。

(5)确定单元危险系数(F_3)

单元危险系数(F_3)等于一般工艺危险系数(F_1)和特殊工艺危险系数(F_2)的乘积。

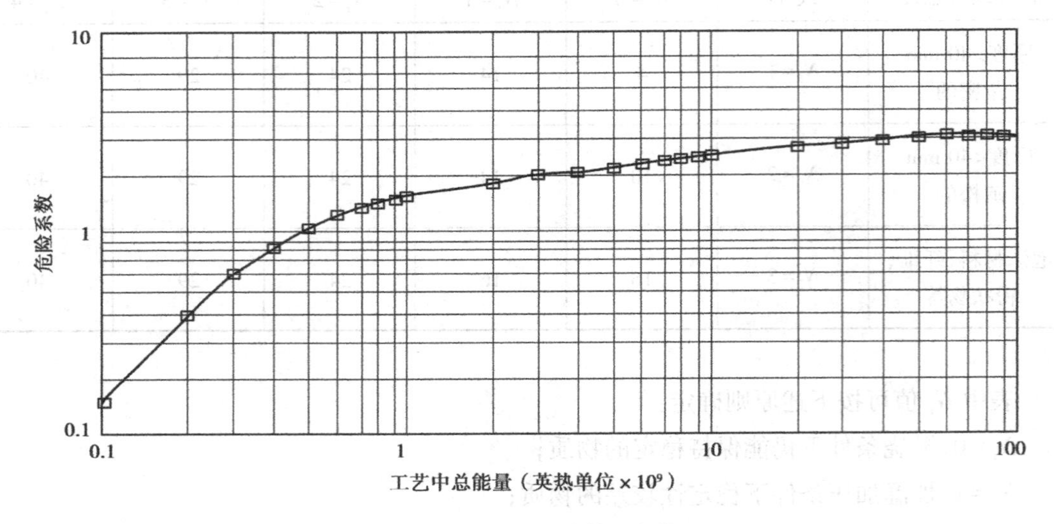

图 6.8 工艺中的液体和气体

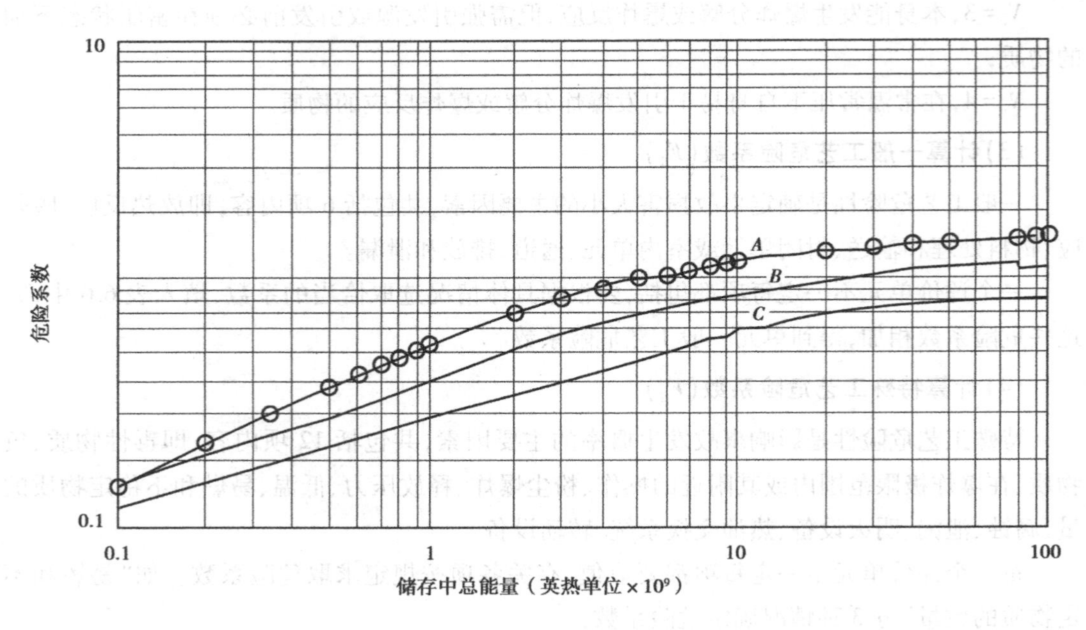

图 6.9 储存的液体和气体

(6)计算火灾、爆炸指数(F&EI)

火灾、爆炸指数用来估算生产过程中事故可能造成的破坏情况，它等于物质系数(MF)和单元危险系数(F_3)的乘积。

道七版还将火灾、爆炸指数划分成5个危险等级(表6.9)，以便了解单元火灾、爆炸的严重度。

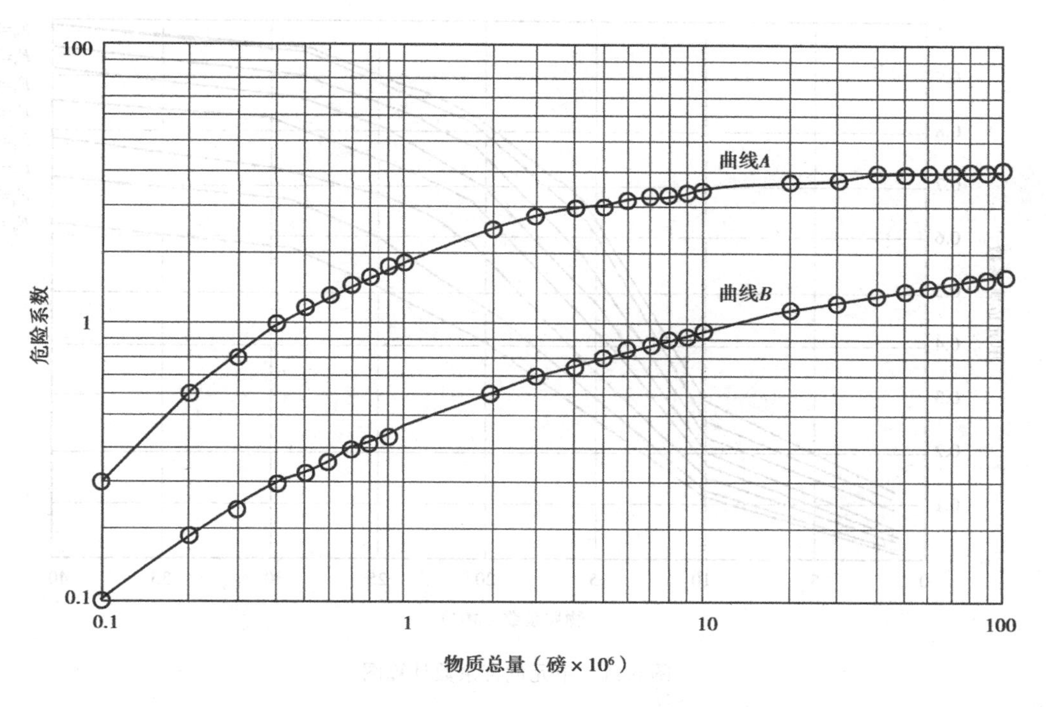

图 6.10 工艺中的可燃固体/工艺中的粉尘

表 6.9 F&EI 及危险等级

F&EI 值	危险等级
1~60	最轻
61~96	较轻
97~127	中等
128~158	很大
>159	非常大

(7) 确定暴露面积

用火灾、爆炸指数乘以 0.84，即可求出暴露半径 R(英尺)。根据暴露半径计算出暴露区域面积。

(8) 确定暴露区域内财产的更换价值

更换价值=原来成本×0.82×价格增长系数式中系数

式中 0.82——考虑事故时有些成本不会被破坏或无须更换，如场地平整、道路、地下管线和地基、工程费等。如果更换价值有更精确的计算，这个系数可以改变。

(9) 危害系数的确定

危害系数由单元危险系数(F_3)和物质系数(MF)按图 6.11 来确定。如 F_3 数值超过 8.0，以 8.0 来确定危害系数。

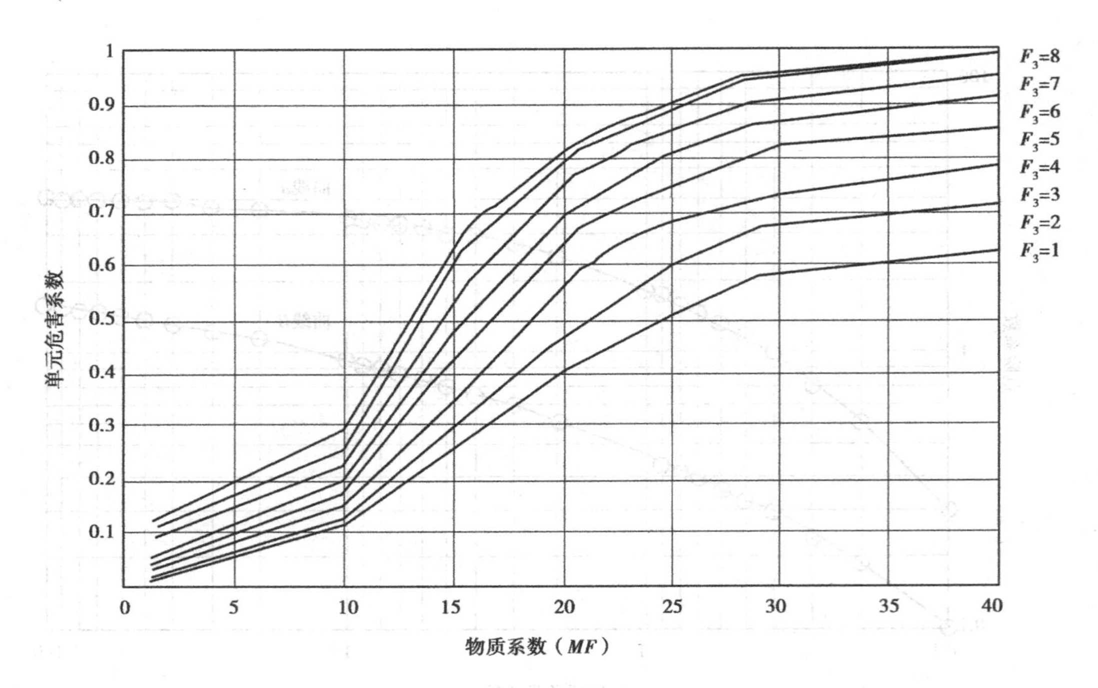

图 6.11　单元危害系数计算图

(10)计算最大可能财产损失(基本 MPPD)

确定了暴露区域面积(实际为体积)和危害系数后,就可以计算事故造成的最大可能财产损失。

基本 MPPD=暴露区域的更换价值×危害系数

(11)安全措施补偿系数(C)的计算

道七版考虑的安全措施分成 3 类:工艺控制(C_1)、物质隔离(C_2)、防火措施(C_3)。每一类的具体内容及相应补偿系数见表 6.7,其总的补偿系数是该类中所有选取系数的乘积。

$$C = C_1 \cdot C_2 \cdot C_3 \tag{6.17}$$

(12)确定实际最大可能财产损失(实际 MPPD)

基本最大可能财产损失与安全措施补偿系数的乘积就是实际最大可能财产损失。它表示采取适当的(但不完全理想)防护措施后事故造成的财产损失。

(13)最大可能工作日损失(MPDO)

估算最大可能工作日的损失是为了评价停产损失(BI)。最大可能工作日损失的求法:以实际最大可能财产损失值(实际 MPPD),根据图 6.12 即可求出。图中 MPPD(X)与停工日 MPDO(Y)之间的方程式为:

上限 70%的斜线为:$\log Y = 1.550\ 233 + 0.598\ 416 \log Y$

正常值的斜线为:$\log Y = 1.325\ 132 + 0.592\ 471 \log Y$

下限 70%的斜线为:$\log Y = 1.045\ 515 + 0.610\ 426 \log Y$

在大多数情况下,一般从中间线直接读出 MPDO。若某设备事故存在备件时,可以取下线(下限)值;若影响生产时间较长或难以恢复生产的故障,就取上线(上限)值。

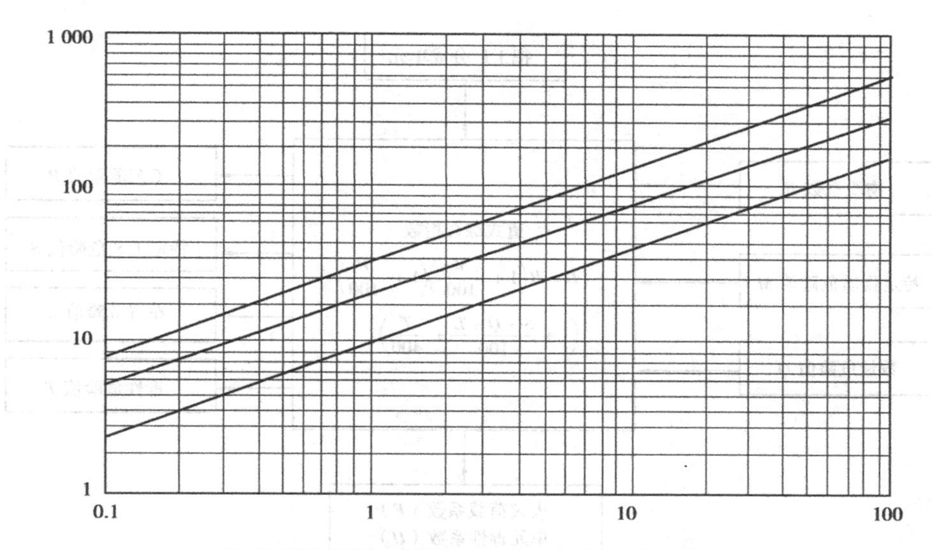

图 6.12　最大可能停工天数(MPDO)计数表

(14)停产损失(BI)估算

$$BI = \frac{MPDO}{30} \times VPM \times 0.7 \tag{6.18}$$

式中　VPM——月产值；

0.7——固定成本和利润。

最后根据造成损失的大小确定其安全程度。

6.4.2　英国帝国化学公司蒙特法

英国帝国化学公司(ICI)蒙特(Mond)工厂，在美国道化学公司安全评价法的基础上，提出了一个更加全面、更加系统的安全评价法，称为 ICIMond 法，或英国帝国化学公司蒙特法。

该方法与道化学公司的方法原理相同，都是基于物质系数。在肯定道化学公司的火灾、爆炸危险指数评价法的同时，又在其定量评价基础上对道三版作了重要的改进和扩充。其中在考虑对系统安全的影响因素方面考虑得更加全面、更注意系统性，而且注意到在采取措施、改进工艺以后根据反馈的信息修正危险性指数，突出了该方法的动态特性。扩充内容主要有以下几点。

①增加毒性的概念和计算。

②扩展了某些补偿系数。

③增加了几个特殊工程类型的危险性。

④能对较广范围内的工程及存储设备进行研究。

改进和扩充后的蒙德法(Mond)评价的基本程序如图 6.13 所示。

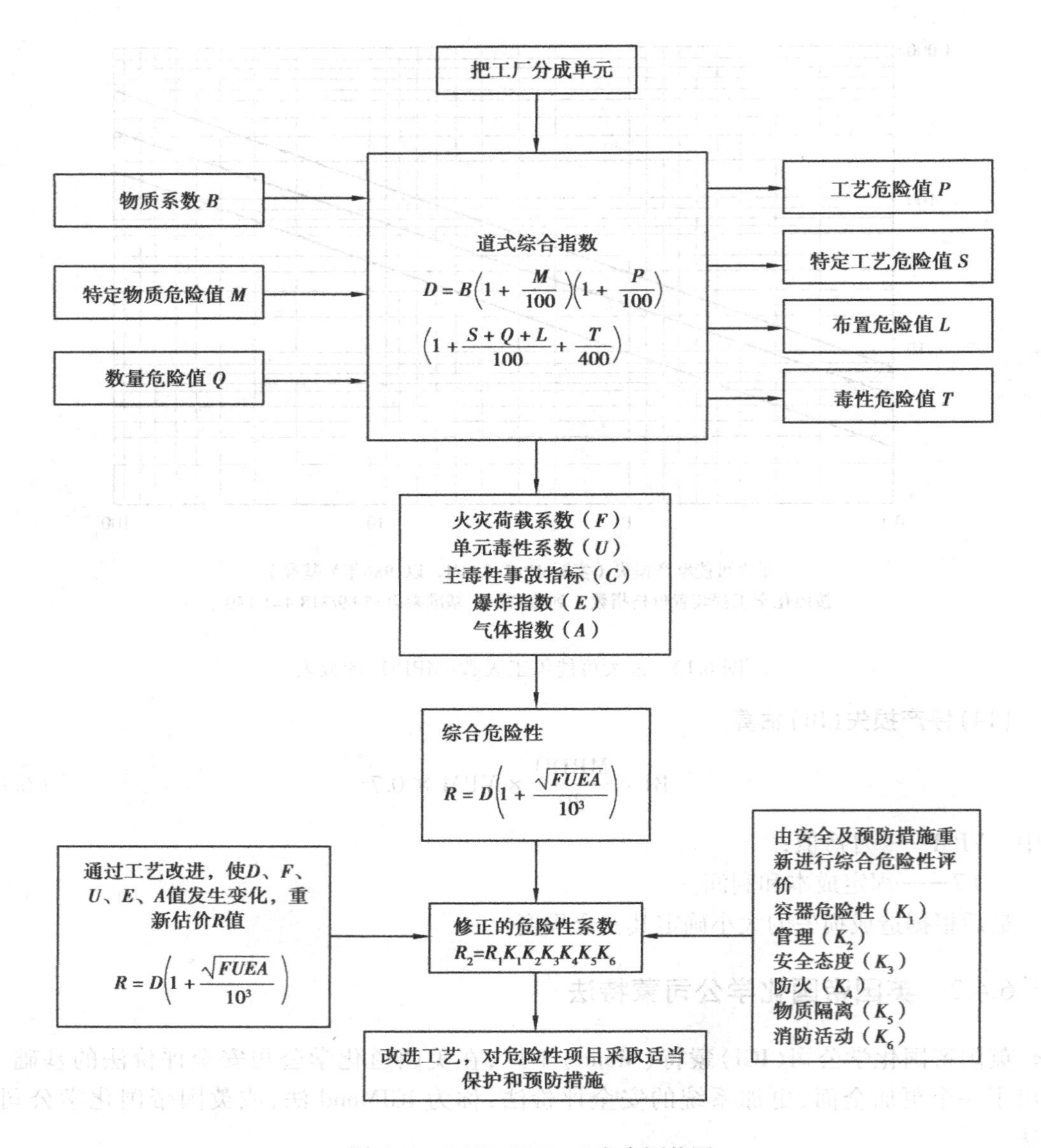

图 6.13　DOW/ICIMond 安全评价图

其评价步骤可以归纳为如下几个方面：

(1)确定需要评价的单元

根据工厂的实际情况，选择危险性比较大的工艺生产线、车间或工段确定为需要评价的单元或子系统。

(2)计算道氏综合指数 D

$$D=B\left(1+\frac{M}{100}\right)\left(1+\frac{P}{100}\right)\left(1+\frac{S+Q+L}{100}+\frac{T}{100}\right) \tag{6.19}$$

式中　B——物质系数，也写作 MF，一般是由物质的燃烧热值计算得来的；

M——特殊物质危险值，即 SMH；

P———一般工艺危险值，即 GPH；
S——特殊工艺危险值，即 SPH；
Q——量危险值；
L——设备布置危险值；
T——毒性危险值。

各项包含的因素及取值见表 6.10。

表 6.10　火灾、爆炸、毒性指标

场所		
装置		
单元		
物质		
反应		
1. 物质系数		
燃烧热 $H_C/(kJ \cdot kg^{-1})$		
物质系数 B $\left(B=\frac{\Delta H_C \times 1.8}{1\,000}\right)$		
2. 特殊物质危险性	建议系数	采用系数
(1)氧化性物质	0~20	
(2)与水反应生成可燃气体	0~30	
(3)混合及扩散特性	-60~60	
(4)自然发热性	30~250	
(5)自然聚合性	25~75	
(6)着火敏感度	-75~150	
(7)爆炸的分解性	125	
(8)气体的爆炸性	150	
(9)凝聚层爆炸性	20~1 500	
(10)其他性质	0~150	
特殊工艺危险性合计 M		
3. 一般工艺危险性	建议系数	采用系数
(1)使用与仅物理变化	10~50	
(2)单一连续反应	0~50	
(3)单一间断反应	10~60	
(4)同一装置内的重复反应	0~75	
(5)物质移动	0~75	
(6)可能输送的容器	10~100	

续表

一般工艺危险性合计 P		
4.特殊工艺危险性	建议系数	采用系数
(1)低压(<103 kPa 绝对压力)	0~100	
(2)高压	0~150	
(3)低温(碳钢-10~10 ℃)	15	
(碳钢-10 ℃以下)	30~100	
其他物质	0~100	
(4)高温:①引火性	0~40	
②构造物质	0~25	
工程温度(K)		
(5)腐蚀和侵蚀	0~150	
(6)接头和垫圈泄漏	0~60	
(7)振动负荷、循环等	0~50	
(8)难控制的工程或反应	20~300	
(9)在燃烧范围或其附近条件下操作	0~150	
平均爆炸危险以上	40~100	
(10)粉尘或烟雾的危险性	30~70	
(11)强氧化剂	0~300	
(12)工程着火敏感度	0~70	
(13)静电危险性	0~200	
特殊工艺危险性系数合计 S		
5.量的危险性	建议系数	采用系数
物质合计/m^3		
密度		
量系数 Q	1~1 000	
6.配置危险性	建议系数	采用系数
单元详细配置		
高度 H/m		
通常作业区域/m^3		
(1)构造设计	0~200	
(2)多米诺效应	0~250	
(3)地下	0~150	
(4)地面排水沟	0~100	
(5)其他	0~250	

续表

配置危险性合计 L		
7.毒性危险性	建议系数	采用系数
(1)TLV 值	0～300	
(2)物质类型	25～200	
(3)短期暴露危险性	-100～150	
(4)皮肤吸收	0～300	
(5)物理性因素	0～50	
毒性危险性合计 T		

ICIMond 法的特殊工艺危险值除包括道氏法中的几项指标外,又增加了腐蚀、接头和垫圈造成的泄漏、振动和基础。使用强氧化剂、泄漏易燃物的着火点、静电危害等因素。

量危险值是生产过程中与物质状态无关的、单元中关键材料的量,以质量表示,这个数值与物质系数中单位质量物质产生的燃烧热或反应热是一致的。

设备布置危险值是指当设备发生事故时,对其临近设备所造成的影响。这种影响有火灾爆炸、设备倒塌、倾覆以及设备喷出的有害物等。其影响大小与设备形状、高度与基础比以及支撑情况有关。毒性危险值是 ICIMond 法的一个指数。毒性的大小用毒物的阈限值(TLV)表示。在计算时,主要用单元毒性指数即单元中物质的毒性(TLV)和主毒性指数即单元毒性指数乘以量危险值。虽然由毒性造成的事故比较少,但在有爆炸危险的设备内限制毒物的量是必要的。

ICIMond 法对特殊物质危险值也有明确规定。对一般工艺危险值除道氏法规定的几种外,还有物质输送方式、可移动的容器、特殊工艺危险值包括腐蚀、泄漏、振动、基础、使用高浓度气体氧化剂、着火感度较高的工艺材料及静电危害。量危险值可以从图查出。设备布置危险值包括结构设计、通风情况、多米诺效应、地下结构、下水道收集溅出的污染物以及厂房与主控制室、办公室的距离等。毒性危险值是由于维修、工艺过程失控、火灾、各种泄漏而引起毒物外漏,关键阈限值、暴露时间、暴露方式、物理因素确定其危险值。

(3)计算综合危险性指数 R

$$R = D\left(1 + \frac{\sqrt{FUEA}}{10^3}\right) \tag{6.20}$$

式中 D——道氏综合指数;

R——综合危险性指数;

F——火灾荷载系数;

U——单元毒性指数;

E——爆炸指数;

A——空气爆炸指数(易爆物从设备内泄漏到本车间内与空气混合引起爆炸)。

计算综合危险指数后按表 6.11 判断危险程度。

根据火灾荷载判断火灾危险性类别见表 6.12。

爆炸指数与危险性分类见表 6.13。

毒性指数分为单元毒性指数 U 和主毒性指数 C。U 表示对毒性的影响和有关设备控制监督需要考虑的问题。C 是由单元毒性指数 U 乘以量危险值 Q 得到。Q 是毒物的量，U 是单元中毒物得出的指数。毒性指数与危险性分类见表 6.11。

表 6.11　D 值与危险程度判断表

道式综合指数（D）范围	危险程度	道式综合指数（D）范围	危险程度
0～20	缓和	90～115	极端
20～40	轻微	115～150	非常严重
40～60	中等	150～200	可能是灾难性的
60～75	中等偏大	200 以上	高度灾难性的
75～90	大		

表 6.12　火灾荷载与火灾类别判别表

正常工作区域的火灾荷载 /（$kcal \cdot m^{-2}$）	危险性分类	与其火灾持续时间/h	备　注
0～1 022	轻微	1/4～1/2	—
1 022～2 044	低	—	住宅
2 044～4 088	中等	1～2	工厂
4 088～8 176	高	2～4	工厂
8 176～20 440	很高	4～10	占建筑物量大
20 440～40 880	强烈	10～20	—
40 880～102 200	极端	20～50	—
102 200～204 400	极端严重	50～100	—

表 6.13　爆炸指数与危险性分类

设备内爆炸指数 E	空气爆炸指数 A	危险性分类
0～1	0～10	轻微
1～2.5	10～30	低
2.5～4	30～100	中等
4～6	100～500	高
6 以上	500 以上	很高

表 6.14　毒性指数与危险性分类

主毒性事故指数 C	单元毒性指数 U	危险性分类
0～20	0～1	轻微
20～50	1～3	低
50～200	3～6	中等
200～500	6～10	高
500 以上	10 以上	很高

综合危险性指数 R 与危险性分类见表 6.15。在 R 值的计算中,如其中任一影响因素为 0,则计算时以 1 计。

表 6.15　综合危险性指数 R 和危险性分类

综合危险性指数 R	综合危险性分类	综合危险性指数 R	综合危险性分类
1~20	缓和	1 100~2 500	高(第一类)
20~100	低	2 500~12 500	很高
100~500	中等	12 500~65 000	极端危险
500~1 100	高(第二类)	65 000 以上	极端严重

(4)采取安全措施后对综合危险性重新进行评价

在设计中采取的安全措施分为降低事故率和降低严重度两种,后者是指一旦发生事故可以减轻后果和损失,因此对应于各项安全措施分别给出了抵消系数,使综合危险值指数下降。

采取的措施主要有改进容器设计(K_1)、加强工艺过程的控制(K_2)、安全态度教育(K_3)、防火措施(K_4)、隔离危险的装置(K_5)、消防(K_6)等。每项都包括数项安全措施,根据其降低危险所起的作用给予小于 1 的补偿系数。各类安全措施补偿系数等于各项取值之积。安全措施补偿系数见表 6.16。

计算抵消后的综合危险性指数 R_2 的公式为:

$$R_2 = R_1 K_1 K_2 K_3 K_4 K_5 K_6 \tag{6.21}$$

式中　R_2——抵消后的综合危险性指数;

R_1——通过工艺改进 D,F,U,E,A 之值发生变化后重新计算的综合危险性指数,其值为:

$$R_1 = D\left(1 + \frac{\sqrt{F_1 U_1 E_1 A_1}}{10^3}\right) \tag{6.22}$$

式中　K_1——容器抵消系数(改进压力容器和管道设计标准等);

K_2——工艺控制抵消系数;

K_3——安全态度抵消系数(安全法规、安全操作规程的教育等);

K_4——防火措施抵消系数;

K_5——隔离危险性抵消系数;

K_6——消防协作活动抵消系数。

其中,容器抵消系数包括设备设计、解决泄漏、检测系统、废料处理等因素造成的影响;工艺过程控制措施包括采用报警系统、备用施工电源、紧急冷却系统、情报系统、水蒸气灭火系统、抑爆装置、计算机控制等;安全态度包括企业领导人的态度、维修和安全规程,事故报告制度等;防火措施包括建筑防火、设备防火等;隔离措施包括隔离阀、安全水池、单向阀等;消防活动包括与友邻单位协作,消防器材、灭火系统、排烟装置等。

以上每项措施在 ICIMond 工厂的火灾爆炸毒性指数技术手册中都列出具体的抵消系数。

通过反复评价,确定经补偿后的危险性降到了可接受的水平,则可以建设或运转装置,否则必须更改设计或增加安全措施,然后重新进行评价,直至达到安全为止。

上述各步骤,可以汇总用图 6.13 表示。

表 6.16 安全措施补偿系数

	用的系数		用的系数
1.容器危险性		(2)安全训练	
(1)压力容器		(3)维修及安全程序	
(2)非压力立式储罐		安全态度的合计 K_3=	
(3)输送配管:①设计应变		4.防火	
②接头和垫圈		(1)检查结构的防火	
(4)附加的容器及防护圈		(2)防火墙、障碍等	
(5)泄漏检查和响应		(3)装置火灾的预防	
(6)排放物质的废弃		5.物质隔离	
容器系数乘积的合计 K_1=		(1)阀门通风	
2.工艺管理		(2)通风	
(1)警报系统		6.灭火行动	
(2)紧急用店里供给		(1)火灾报警	
(3)工程冷却系统		(2)手动灭火器	
(4)惰性气体系统		(3)防火用水	
(5)危险性研究活动		(4)洒水器及水枪系统	
(6)安全停止活动		(5)泡沫剂惰性化设备	
(7)计算机管理		(6)消防队	
(8)爆炸及不正常反应的预防		(7)灭火活动的低于合作	
(9)操作指南		(8)排烟换气装置	
(10)装置监督		灭火活动系数乘积的合计 K_6=	
工艺管理的合计 K_2=			
3.安全态度			
(1)管理者参加			

6.5 单元危险性快速排序法

国际劳工组织在《重大事故控制实用手册》中推荐荷兰劳动总管理局的单元危险性快速排序法。该法是道化学公司的火灾爆炸指数法的简化方法,使用起来简捷方便。该法主要用于评价生产装置火灾、爆炸潜在危险性大小,找出危险设备、危险部位。

其主要程序为:

①单元划分。

②确定物质系数和毒性系数。
③计算一般工艺危险系数。
④计算特殊工艺危险系数。
⑤计算火灾、爆炸指数。
⑥评价危险等级。

6.5.1 单元划分

首先将生产装置划分成单元,该法建议按工艺过程可划分成如下单元:
①供料部分。
②反应部分。
③蒸馏部分。
④收集部分。
⑤破碎部分。
⑥泄料部分。
⑦骤冷部分。
⑧加热/制冷部分。
⑨压缩部分。
⑩洗涤部分。
⑪过滤部分。
⑫造粒塔。
⑬火炬系统。
⑭回收部分。
⑮存储装置的每个罐、储罐、大容器。
⑯存储用袋、瓶、桶盛装的危险物质的场所。

6.5.2 确定物质系数和毒性系数

根据美国防火协会的物质系数表直接查出被评价单元内危险物质的物质系数,并由该表查出健康危害系数,按表6.17转换为毒性指数。

表6.17 健康危害系数与毒性系数

健康危害系数	毒性系数 T_n
0	0
1	50
2	125
3	250
4	325

6.5.3 计算一般工艺危险性系数(*GPH*)

由以下工艺过程对应的分数值之和求出一般工艺危险性系数：

①放热反应：表6.18列出了各种放热反应及其相应的系数值。

②吸热反应：燃烧(加热)、电解、裂解等吸热反应取0.20；利用燃烧为煅烧、裂解提供热源时取0.40。

表6.18 放热反应危险性系数

系数	0.2	0.3	0.5	0.75	1.0	1.25
放热反应	固体、液体、可燃性混合气体燃烧	加氢 水解 烷基化 异构化 磺化 中和	酯化 氧化 聚合 缩合 异物化(不稳定) 强反应性物质	酯化(较不稳定、较强反应性物质)	卤化 氧化 (强氧化剂)	硝化 酯化 (不稳定、强反应性物质)

③存储和输送。

a.危险物质的装卸取0.50。

b.在仓库、庭院用桶、运输罐储存危险物质：储存温度在常压沸点之下取0.30，储存温度在常压沸点以上取0.60。

④封闭单元。

a.在闪点之上、常压沸点下的可燃液体取0.30。

b.在常压沸点之上的可燃液体或液化石油气取0.50。

⑤其他方面：用桶、袋、箱盛装危险物质，使用离心机，在敞口容器中批量混合，同一容器用于一种以上反应等取0.50。

6.5.4 计算特殊工艺危险性系数(SPH)

由下列各种工艺条件对应的分数值之和求出工艺危险性系数。

(1)工艺温度

①在物质闪点之上取0.25。

②在物质常压沸点以上取0.60。

③物质自燃温度低，且可被热供气管引燃取0.75。

(2)负压

①向系统内泄漏空气无危险不考虑。

②向系统内泄漏空气有危险取0.50。

③氢收集系统取0.50。

④绝对压力0.67 kPa以下的真空蒸馏，向系统内泄漏空气或污染物有危险取0.75。

(3)在爆炸范围内或爆炸极限附近操作

①露天储存罐可燃物质,在蒸汽空间中混合气体浓度在爆炸范围内或爆炸极限附近取0.50。

②接近爆炸极限的工艺或需用设备和氮或空气清洗、冲淡以维持在爆炸范围以外的操作取0.75。

③在爆炸范围内操作的工艺取1.00。

④操作压力:操作压力高于大气压力时需考虑压力系数。

可燃或易燃液体查图6.14或按下式计算相应系数:

$$y = 0.435\ 1 \log p \tag{6.23}$$

式中　p——减压阀确定的绝对压力,bar。

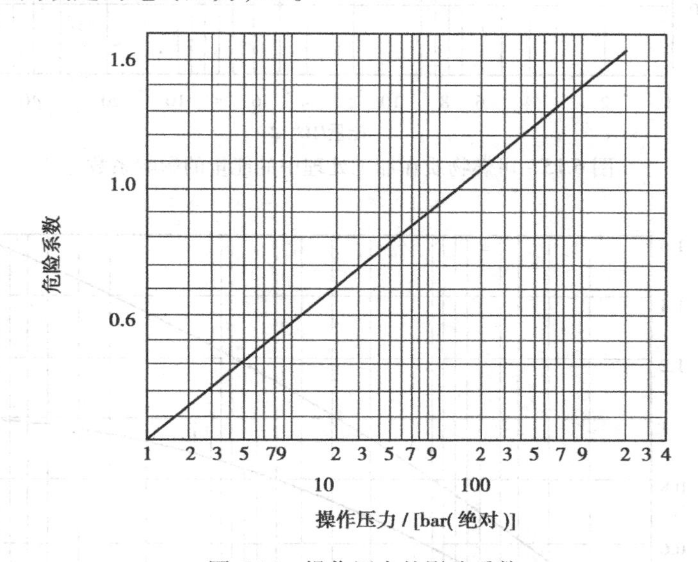

图6.14　操作压力的影响系数

高黏滞性物质:0.7y;

压缩气体:1.2y;

液化可燃气体:1.3y;

挤压或模压不考虑。

⑤低温。

a.-30~0 ℃的工艺取0.30。

b.低于-30 ℃的工艺取0.50。

⑥危险物质的数量。

a.在加工处理工艺中,由图6.15查出相应的系数。

在计算时应考虑事故发生时容器或一组相互连接的容器的物质可能全部泄出。

b.储存中,由图6.16查出加压液化气体(A)和可燃液体(B)的相应系数。

⑦腐蚀。

腐蚀分为装置内部腐蚀和外部腐蚀两类,如加工处理液体中少量杂质的腐蚀,油层和涂层破损而发生的外部腐蚀,衬的缝隙、接合或针洞处的腐蚀等。

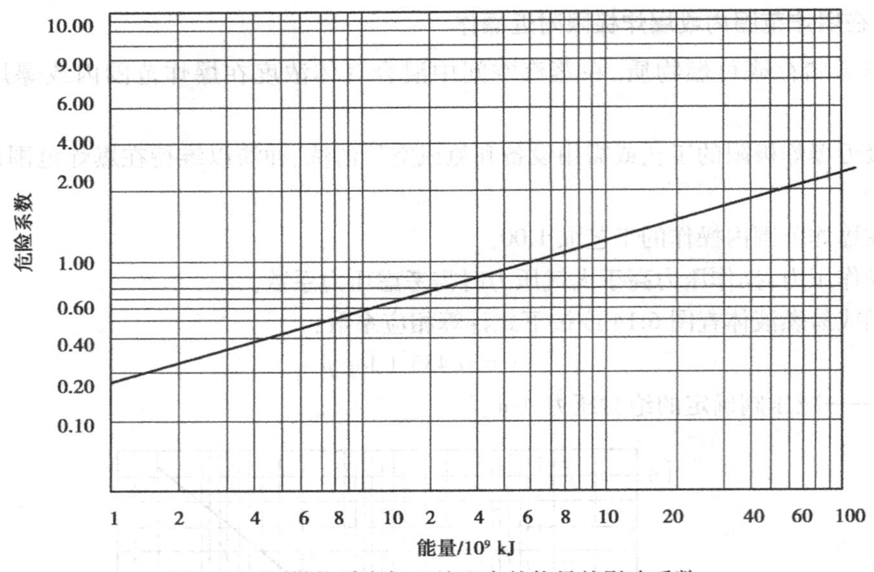

图 6.15　可燃物质在加工处理中的能量的影响系数

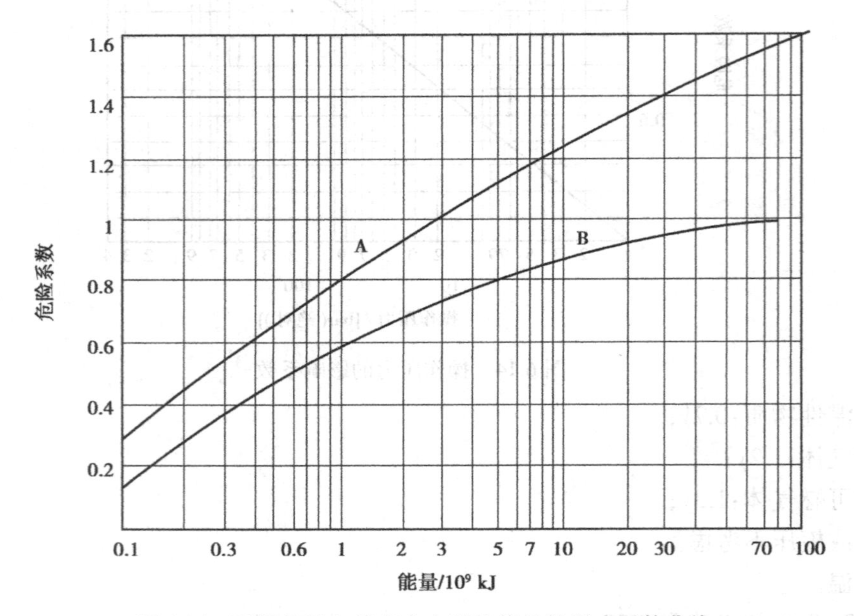

图 6.16　可燃物质在储存中出现的能量的影响系数曲线

a.局部剥蚀,腐蚀率为 0.5 mm/年时取 0.10。

b.腐蚀率大于 0.5 mm/年、小于 1 mm/年时取 0.20。

c.腐蚀率大于 1 mm/年时取 0.50。

⑧接头或密封处泄漏。

a.泵和密封盖自然泄漏取 0.10。

b.泵和法兰定量泄漏取 0.20。

c.液体透过密封泄漏取 0.40。

d.观察玻璃、组合软管和伸缩接头取 1.50。

6.5.5 计算火灾、爆炸指数

(1)火灾、爆炸指数 F

$$F = MF(1 + GPH)(1 + SPH) \tag{6.24}$$

式中 MF——物质系数;

GPH——一般工艺危险性系数;

SPH——特殊工艺危险性系数。

(2)毒性指标 T

$$T = \frac{T_n + T_s}{100}(1 + GPH + SPH) \tag{6.25}$$

式中 T_n——物质毒性系数;

T_s——考虑有毒物质 MAC 值(最高容许浓度)的系数,见表6.19。

表6.19 有毒物质 MAC 的系数

MAC 值/($mg \cdot m^{-3}$)	T_s
<5	125
5	75
>50	50

6.5.6 评价危险等级

该方法把单元危险性划分为3级,评价时取火灾、爆炸指数和毒性指标相应的危险等级中最高的作为单元危险等级,表6.20为单元危险等级划分情况。

表6.20 单元危险性等级

等级	火灾爆炸系数	毒性指数
Ⅰ	$F<65$	$T<6$
Ⅱ	$65 \leqslant F<95$	$6 \leqslant T<10$
Ⅲ	$F \geqslant 95$	$T \geqslant 10$

6.6 机械工厂安全性评价

机械工厂安全性评价是国家机械行业制订的,对机械类工厂进行部分或全厂安全性评价的定性评价方法。

6.6.1 安全性评价的内容

机械工厂安全性评价不是评价企业安全技术职能机构及单一的安全管理工作,而是对企业的安全工作的可行性与可靠性、经济性、时间性、安全本质进行全过程、全面、全员的评价。因此,安全评价远不同于安全检查,安全评价标准是一个科学性、技术性、连贯性以及逻辑性很严密的程序分析与综合会诊。

安全性评价的具体内容包括以下3个方面。

1)综合管理评价

综合管理评价主要评价安全管理体系、安全管理工作的有效性和可靠性、预防事故发生的组织措施的完善性、操作者和管理者的安全素质高低及对不安全行为的控制。

综合管理评价设置了14项评价指标,给定分值240分,采用了10个安全性评价检查表和用查证、抽样等方式进行评分。

2)危险性评价

危险性评价主要评价生产设备、设施、物品等危险性大小,以及评价预防事故发生的技术措施的可靠程度。

危险性评价设置了40项评价指标,给定分值600分,采用37个安全性检查表和现场查证测定的方法进行评分。

3)作业环境评价

作业环境评价主要评价生产作业环境带来的危险或引起事故可能性的大小。

作业环境设置了11项安全评价指标,给定分值160分,采用5个安全性检查表和现场测定的方法进行评分。

6.6.2 安全性评价的方法

综合管理、危险性、作业环境三方面的评价总共65项安全指标,总分值为1 000分,具体内容均列于表6.21中。

表6.21中各项指标的计算方法分列于52个安全性评价检查表(101,102,检查表)中,可查机械委《机械工厂安全性评价标准》。

总分计算出之后,再按表6.21分值范围做出工厂的安全性评级。

6.7 综合评价法

6.7.1 日本劳动省化工厂安全评价六阶段综合评价

日本劳动省公布的化工厂安全评价指南,分6个阶段进行定性定量的综合评价。六阶段评价法的程序和内容如图6.17所示。

6.21 机械工厂安全性评价表

序号	评价项目	查证、测定方法	指标			应得分	评分标准	实得分	抽查数量
			单位	目标值	实测值				
一	综合管理评价		分			240			
1	现代安全科学管理方法管理生产，有内容，有形式，有效果	按No.101表查证，查看资料，看现场，抽查有关部门和人员	种	10		40	少1种扣4分		
2	企业长远工作规划，年度计划，安全技术措施计划，厂长任职目标，且保证上级目标实现。有落实情况	按No.102表查证 查资料、文本、检查落实	种	4		12	有文本每种1分，如期实现每种2分，如有1种未达到目标扣3分		
3	职能部门有安全责任分解目标	按No.103表查证 查资料、文本、检查落实情况		100%		5	每少10%扣1分		
4	坚持8种安全教育形式 其中： 新职工进厂三级教育； 中层及中层以上干部教育； 特种作业人员培训教育； 全员教育； 复训教育； 变换工种教育； 班组长教育； 复工教育	按No.104表、No.105表查证	种	8 100% 100% 100% 80% 100% 100% 100% 100%		57 10 4 7 12 6 8 4 6	少1人扣全分 少10%扣全分 少1人扣2分 少5%扣3分 少5%扣2分 少1个扣全分 少5%扣2分 少1个扣全分		
5	各职能部门有明确的安全生产责任制，有执行效果	按No.106表查证，查制度文本，抽查有关部门执行情况及效果抽查	分			15	每少一个部门扣2分		
6	有各种安全生产规章制度，并执行	按No.107表查证 查制度文本，抽查执行记录	种	12		12	少3种制度文本扣全分，制度文本与执行情况有2处不符合扣2分，累计6处不符扣全分		

续表

序号	评价项目	查证、测定方法	指标			应得分	评分标准	实得分	抽查数量
			单位	目标值	实测值				
7	各种操作规程,并坚持执行 其中:违规操作文本; 现场违章操作; 防护用品穿戴不合格率; 特种作业人员持证率; 安全知识抽查考试合格率		分	0 5% 100% 80%		6 12 8 8 4	每1%扣2分; 每超1%扣1分; 少10%扣2分; 不足80%扣全分		
8	安全档案完全	按 No.108 表查证	种	10		5	少一种扣1分,少3种扣全分		
9	安全管理图表齐全	按 No.109 表查证	种	9		5	少一种扣1分,少3种扣全分		
10	安全部门参加“三同时”审批	查上一年新、改、扩项目总数,看安技部门参加审批数和竣工验收数比例		100%		10	有一项未参加扣全分		
11	按“三不放过”原则处理事故(含人身险肇事故)	查一个年度事故报告,看坚持“三不放过”数占事故总数百分比	分			15	事故统计与报告不符扣2分		
12	各级能坚持“五同时”	查全厂文件、记录(包括车间、分厂、部门),口试有关人员	分			8	按月考核,每少1个部门扣1分,厂部少1次或3个以上部门少1次扣全分		
13	按比例提取安全措施费和合理使用,并按计划完成安全措施项目	按 110 检查表查证	分			10	提取比例不足10%,使用不合理或没按计划实施均扣分		
14	机构人员配备符合规定	查安全技术干部实有人数(不含环保、劳保用品、保健食品、交通人员、含车间专职)		0.2%~0.5%		8	不足0.2%扣全分		
二	危险性评价					600			
1	高压气瓶不合格率 按 201 号评价检查表检查	不合格率 $=\dfrac{\text{不合格个数}}{\text{拥有总数}}\times 100\%$		0		22	每1%扣0.66分		

2	化学危险品库	按202评价检查表检查，加权平均	分			8	按检查表实得分		
3	油库	按203评价检查表检查，加权平均	分			22	按检查表实得分		
4	液化气站（天然气、煤气站）	按204评价检查表检查，加权平均	分			22	按检查表实得分		
5	制氧站	按205评价检查表检查，加权平均	分			10	按检查表实得分		
6	木制品、材料库（场、站、房）	按206评价检查表检查，加权平均	分			8	按检查表实得分		
7	锅炉不合格率	按207号评价检查表检查，公式与序1同		0		22	每1%扣0.66分		
8	热交换器不合格率	按208号评价检查表检查，公式与序1同		0		10	每1%扣0.30分		
9	空压站	按209号评价检查表检查，公式与序1同		0		8	每1%扣0.24分		
10	起重机械不合格率	按210号评价检查表检查，公式与序1同		0		32	每1%扣0.96分		
11	机动车辆不合格率	按211号评价检查表检查，公式与序1同		0		24	每1%扣0.72分		
12	乙炔发生器不合格率	按212号评价检查表检查，公式与序1同		0		12	每1%扣0.36分		
13	各种电焊机不合格率	按213号评价检查表检查，公式与序1同		0		8	每1%扣0.24分		
14	冲压机械不合格率	按214号评价检查表检查，公式与序1同		0		24	每1%扣0.72分		
15	木工机械不合格率	按215号评价检查表检查，公式与序1同		0		18	每1%扣0.54分		
16	酸碱油槽设施不合格率	按216号评价检查表检查，公式与序1同		0		5	每1%扣0.15分		
17	炼钢炉	按217号评价检查表检查，加权平均	分			10	按检查表实得分		
18	冲天炉及其装置	按218号评价检查表检查，加权平均	分			10	按检查表实得分		

续表

序号	评价项目	查证、测定方法	指标			应得分	评分标准	实得分	抽查数量
			单位	目标值	实测值				
19	工业炉窑	按219号评价检查表检查，加权平均	分			12	按检查表实得分		
20	锻造机械	按220号评价检查表检查，公式与序1同	分			12	按检查表实得分		
21	金属切削机不合格率	按221号评价检查表检查，公式与序1同		0		25	每1%扣0.75分		
22	砂轮机不合格率	按222号评价检查表检查，公式与序1同		0		8	每1%扣0.24分		
23	风动工具不合格率	按223号评价检查表检查，公式与序1同		0		12	每1%扣0.36分		
24	建筑机械不合格率	按224号评价检查表检查，公式与序1同		0		12	每1%扣0.36分		
25	碾砂机不合格率	按225号评价检查表检查，公式与序1同		0		12	每1%扣0.36分		
26	皮带运输机不合格率	按226号评价检查表检查，公式与序1同	分			12	每1%扣0.36分		
27	破碎机不合格率	按227号评价检查表检查，公式与序1同				12	每1%扣0.36分		
28	炊事机械不合格率	按228号评价检查表检查，公式与序1同				12	每1%扣0.36分		
29	登高梯台不合格率	按229号评价检查表检查，固定梯台全检移动梯台最少抽检20%				12	每1%扣0.36分		
30	厂房建筑耐火等级不合格	按《工厂设计规范》耐火条款检查，易燃易爆库房全检耐火等级不合格 $不合格率=\frac{防火标准面积}{厂区建筑总面积}$				10	每1%扣0.30分		

31	临时用电线路不合格率	按230号评价检查表检查，公式与序1同				12	每1%扣0.36分		
32	变配电站	按231号评价检查表检查，实得分为：实得分 $=40\times\frac{检查表总分}{100}$	分			40			
33	车间动力照明箱(板、柜)不合格率	按232号评价检查表检查，公式与序1同		0		24	每1%扣0.72分		
34	电网接地系统接地点不合格率	按233号评价检查表检查，不合格率 $=\frac{不合接地点数地点数}{应有接地点数}$		0		20	每1%扣0.60分		
35	防雷接地不合格率	按234号评价检查表检查，公式与序1同		0		13	每1%扣0.39分		
36	手持电动工具不合格率	按235号评价检查表检查，公式与序1同		0		22	每1%扣0.66分		
37	移动电扇不合格率	按236号评价检查表检查，公式与序1同		0		15	每1%扣0.45分		
38	管道泄漏率	每1 000 m管道泄漏点不得多于3处	处/km			8	超过3处/km全扣		
39	危险建筑面积比例	危险建筑面积比例 $=\frac{已鉴定危险建筑物面积}{厂区建筑物总面积}\times100\%$		0		8	每1%扣0.24分		
40	油漆作业场所	按237号评价检查表检查				12	按检查表实得分		
三	劳动卫生与作业环境评价		分			170			
1	有害作业点达标率	按《有害作业点划分准则》(机部发)计算作业点数，按《工业企业设计卫生标准》判断达标点数 达标率 $=\frac{测定达标点数}{全场作业点数}$		80%		40	每低2%扣3分		

续表

序号	评价项目	查证、测定方法	指标			应得分	评分标准	实得分	抽查数量
			单位	目标值	实测值				
2	防尘、防毒设备合格率	按301号检查表查证是否合格 $合格率=\frac{合格防尘、防毒设备数}{全场防毒防尘设备数}$		85%		30	每低5%扣6分		
3	特种作业人机匹配不合格率	按302检查表查证不匹配人数 $不合格率=\frac{不匹配人数}{特种作业人数}$		0		10	每多1%扣3分		
4	接触Ⅰ、Ⅱ级毒物危害工人比率	按《职业接触毒物危害程度分级》确定Ⅰ,Ⅱ级毒物人数 $接触比率=\frac{接触Ⅰ,Ⅱ级毒物人数}{全场人数}$		3%		10	每多1%扣3分		
5	接触Ⅳ级粉尘危害等级工人比率	按《生产性粉尘危害程度分级》确定接触Ⅳ级粉尘危害等级工人数 $接触比率=\frac{接触Ⅳ级粉尘人数}{全场人数}$		10%		10	每多1%扣3分		
6	车间安全通道占道率	$占道率=\frac{被占(放有物件)通道长度}{各车间安全主通道总长度}$		5%		10	每多5%扣5分		
7	厂区主干道占道率	$占道率=\frac{被占主干道长度}{全场各主干道总长度}$		5%		10	每多5%扣5分		
8	车间设备、设施布局不合格率	按303号检查表查证 $不合格率=\frac{不合格点数}{检查总点数}$		0		10	每1%扣0.3分		
9	工位器具、工件、材料摆放不合格率	按304号检查表查证 $不合格率=\frac{不合格点数}{检查总点数}$	分	0		10	每1%扣0.3分		

10	生产区域地面状态	按 305 检查表查证				10	按检查表计分		
11	生产场地采光合格率	按厂房设计规范确定合格厂房数 $合格率=\frac{合格厂房数}{厂房个数}$		100%		10	每少 10%扣 3 分		

说明:1.复评时,在检查项目中,10 台以下应全部进行检查;10~500 台抽查率大于 10%,但不得少于 10 台;500 台以上抽查 5%。

2.对于评价表中有量值项目,必须用相应的仪器仪表等器具进行检测。

3.复评时,应根据企业系统总图和一个周期的资料数据,全面抽样,以保证要抽检的代表性。

4.在评价检查过程中不跨项扣分。

5.由于评价项目较多,因此在本表“单位”一栏中采用了“分”“种”等形式。

注:公式与序 1 同,即为:不合格率×100%。

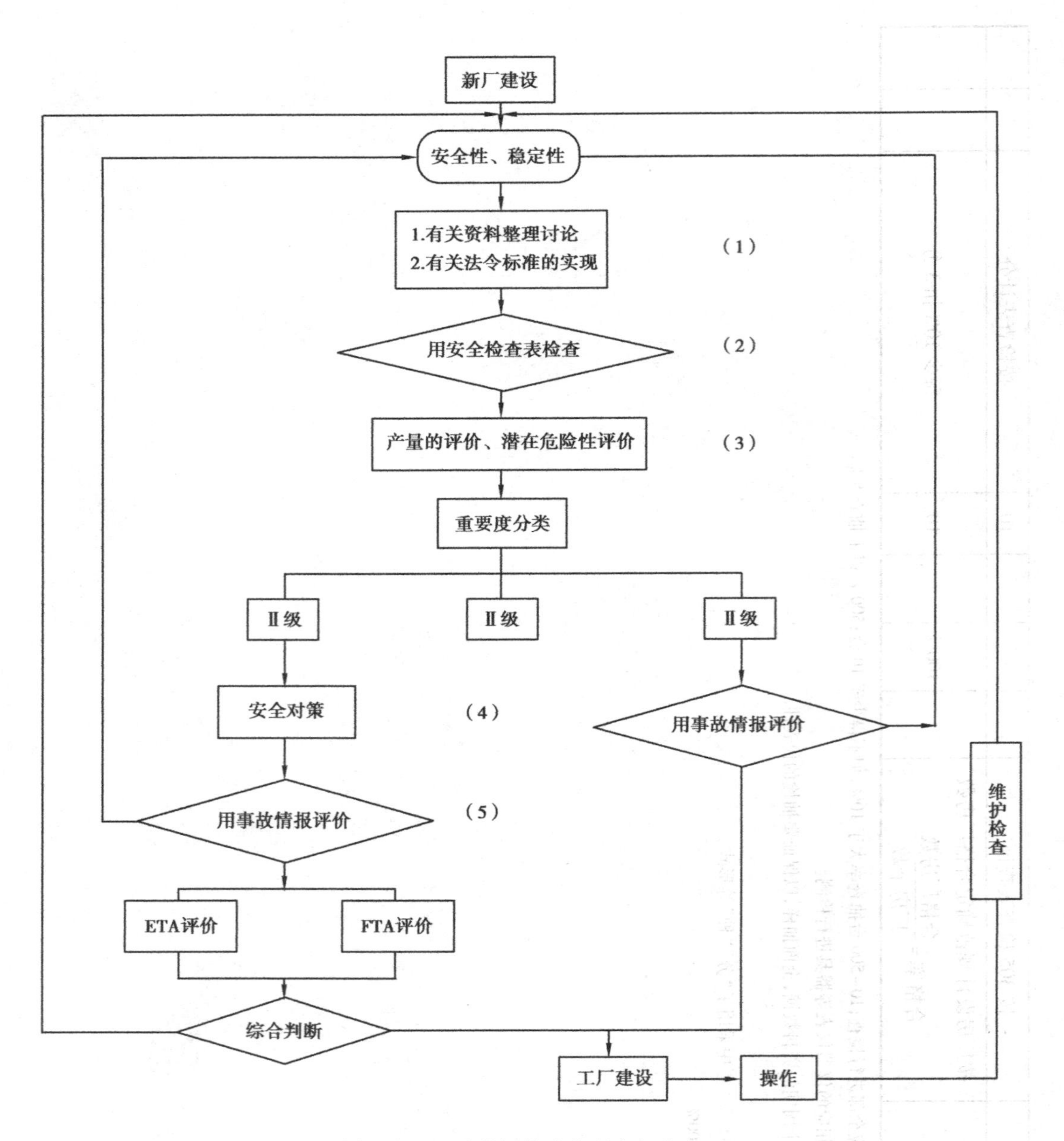

图 6.17　六阶段评价法的程序与内容

第一阶段：资料准备和整理，包括建厂条件、平面布置、工艺流程及设备配置方式、原材料、中间产品、产品的物化性能及对人体的影响、运输方式、安全设备的种类及设置地点、安全教育计划、人员配备及组织结构。

第二阶段：定性评价，采用安全检查表进行审核。

第三阶段：将工艺流程分成单元，每个单元按物质、容量、温度、压力和操作 5 个项目计分，分值均为 0~10，5 个项目总分，即为单元总分，划定 3 个危险等级：16 分以上为Ⅰ级；11~15 为Ⅱ级；1~10 分为Ⅲ级。

$$\begin{bmatrix}\text{物质}\\0\sim10\end{bmatrix}+\begin{bmatrix}\text{容量}\\0\sim10\end{bmatrix}+\begin{bmatrix}\text{温度}\\0\sim10\end{bmatrix}+\begin{bmatrix}\text{压力}\\0\sim10\end{bmatrix}+\begin{bmatrix}\text{操作}\\0\sim10\end{bmatrix}=\begin{cases}16\text{ 以上}\rightarrow\text{Ⅰ 级}\\11\sim15\rightarrow\text{Ⅱ 级}\\1\sim10\rightarrow\text{Ⅲ 级}\end{cases}$$

各评分标准取值见表 6.22。

表 6.22　日本劳动省化工厂评分准则

项　目	评分条件			
	A	B	C	D
	10	5	2	0
物质	爆炸压力>2 MPa	可燃性气体着火点	引燃物	
装置容量/m^3				
（气）	>1 000	500~1 000	100~500	<1 000
（液）	>100	50~100	10~50	<10
温度/℃	1 000 以上高于着火点	1 000 以上高于着火点		
压力/MPa	>100	20~100	1~20	<1
操作	爆炸范围内操作	爆炸范围内操作		

表中 Q 值表示伴随操作的化学反应强度。定义为：

$$Q=\frac{Q_r}{C_p\rho V}\tag{6.26}$$

式中　Q_r——反应发热速度，kcal/min；

C_p——反应物质比热容，kcal/kgT；

ρ——反应物质密度，kg/m^3；

V——装置容量，m^3。

例如：10 t 以下的锅炉压力为 2 MPa，按表 6.22 评分为：

$$F=0+0+0+2+0=2$$

式中　F——危险度。

危险等级为Ⅲ级。

第四阶段：根据求得的危险度等级拟定措施。

第五阶段：由事故报告进行再评价，根据设计要求和同类设备、装置的事故经验或实验进行再评价。

第六阶段：用 ETA、FTA 进行再评价，以便提出降低风险和概率的措施。

以上介绍的各种安全评价方法都不是唯一的固定的评价模式，各种新的评价方法在探索和发展中不断涌现，如模糊评价法、检查表—FMEA—ETA、FTA—综合安全管理与风险评价四阶段评价法、等级系数法等都在不断完善，逐渐适应生产实践。

6.7.2　金属矿山井下开采生产过程危险性综合评价法

以某金属矿山井下开采生产过程的危险性评价为例，简要介绍其综合评价方法与内容。

(1)评价对象及单元划分

评价对象为某金属矿山井下主要工艺系统及安全管理系统,评价单元划分如下:

①主要生产工艺系统。包括凿岩爆破、铲装运输、支护充填、破碎、提升等。

②辅助设施系统。包括炸药库、机电硐室、排水、压气、通风等。

③安全管理系统。包括管理方法、规划与计划、职责、教育与培训、责任制、压力容器管理、规章制度、事故档案、管理图表等。

(2)评价方案

采用SCL—FMEA—ETA—FTA—风险率及综合安全管理四个阶段综合评价法。

(3)评价内容

1)采矿工艺及主要辅助设施安全评价

采用安全检查表对该矿凿岩爆破、铲装运输、支护、充填、破碎、提升等主要工艺及炸药库、机电硐室、排水、压气、通风等辅助设施进行危险性评价。针对该矿的实际情况,制订上述工艺及设施的检查表共12种,并采用评分方法,确定其危险级别及其相对应的危险性评价等级。

①安全检查表的评分标准。安全检查表评分采用千分制计分。工艺系问题包含凿岩爆破、采场运输、顶板管理与充填、中段运输、井下破碎与竖井提升及溜井检查表。辅助设施系统共有5种安全检查表74个问题,它们是井下机电、井下炸药库、压气、排水及通风。工艺和辅助设施共190个问题,共计1 000分。

根据统计结果可知,采场发生事故占59%,中段运输、破碎、提升及其他工艺发生事故约为30%,其余11%则为辅助系统发生的事故。所以,将此结果用于给各检查表赋分。其分数分配见表6.23。

各检查表中各项目的分数按其平均分数分配。

表6.23 工艺及辅助设施安全检查评分标准

序号	工艺、设施	检查项目	事故比例	分数分配
1	凿岩爆破	24	59%	280
2	采场运输	13		150
3	顶板管理与充填	13		160
4	中段运输	29	30%	140
5	破碎	8		30
6	提升	24		80
7	溜井	5		50
8	机电	11	11%	20
9	炸药库	22		30
10	空压机	17		20
11	排水	13		20
12	通风	11		20
合计		190		1 000

②危险程度及评价标准的确定。根据国内外评价方法中确定评价指标，针对该矿实际情况，制订了安全检查表评分及险性级别，见表6.24。

表6.24　危险等级及评分标准

危险等级	评分标准	措　施
Ⅰ(特级)	950分以上	可忽略
Ⅱ(安全级)	800~949	加强现代安全管理
Ⅲ(临界级)	500~799	制订措施，消除隐患，推动现代安全管理
Ⅳ(危险级)	500分以下	停产或部分停产整顿，制订防范措施，消除重大隐患

③评价结果。按照以上评价方法，该矿采用安全检查表方式进行了评分，得到总分为579。查表6.23可知，其危险等级为500~799分，属Ⅲ级(临界级)，其主要问题在凿岩爆运输和顶板管理及支护工艺过程中，应立即制订措施，消除隐患，加强安全管理。

2)故障类型影响分析(FMEA)

故障类型影响分析是对工艺系统中出现的故障及其故障因素、危险程度进行判定分析的一种系统安全分析方法。针对该矿具体情况，对凿岩爆破、充填支护、铲装运输、破碎、提升系统等进行FMEA研究，这一研究将有助于管理者对设备设施管理等方面存在的问题有更明确的认识，对控制故障发生有更具体的措施，其中危险等级及严重程度按表6.25确定。

表6.25　危险等级及严重程度

危险等级	严重程度
Ⅰ(安全)	无损失
Ⅱ(临界)	轻微伤或部件损坏
Ⅲ(危险)	重伤或重大损失、重要功能损坏
Ⅳ(非常危险)	多人死亡或系统功能全部损坏

3)系统安全分析及事故控制措施

系统安全分析对象的确定：在采用FTA,ETA分析时，应根据该矿安全状况与事故情况，针对危险性最大、事故的可能性最大的原则选定冒顶片帮、中毒、坠落和车辆伤害等事故作为分析对象，根据统计分析得知这类事故占整个重伤死亡事故的81.4%。所以，如将这4类事故分析后得出较正确的分析结果和控制措施，而在实施过程中严格执行这些措施，死亡、重伤事故将会大幅度减少。

①冒顶片帮伤亡事故树分析。冒顶片帮伤亡事故主要是由于顶板或巷壁冒片，且人在冒片地点引起的。经过该矿冒片伤亡事故的调查分析，得出冒顶片帮伤亡事故树，如图6.18所示。

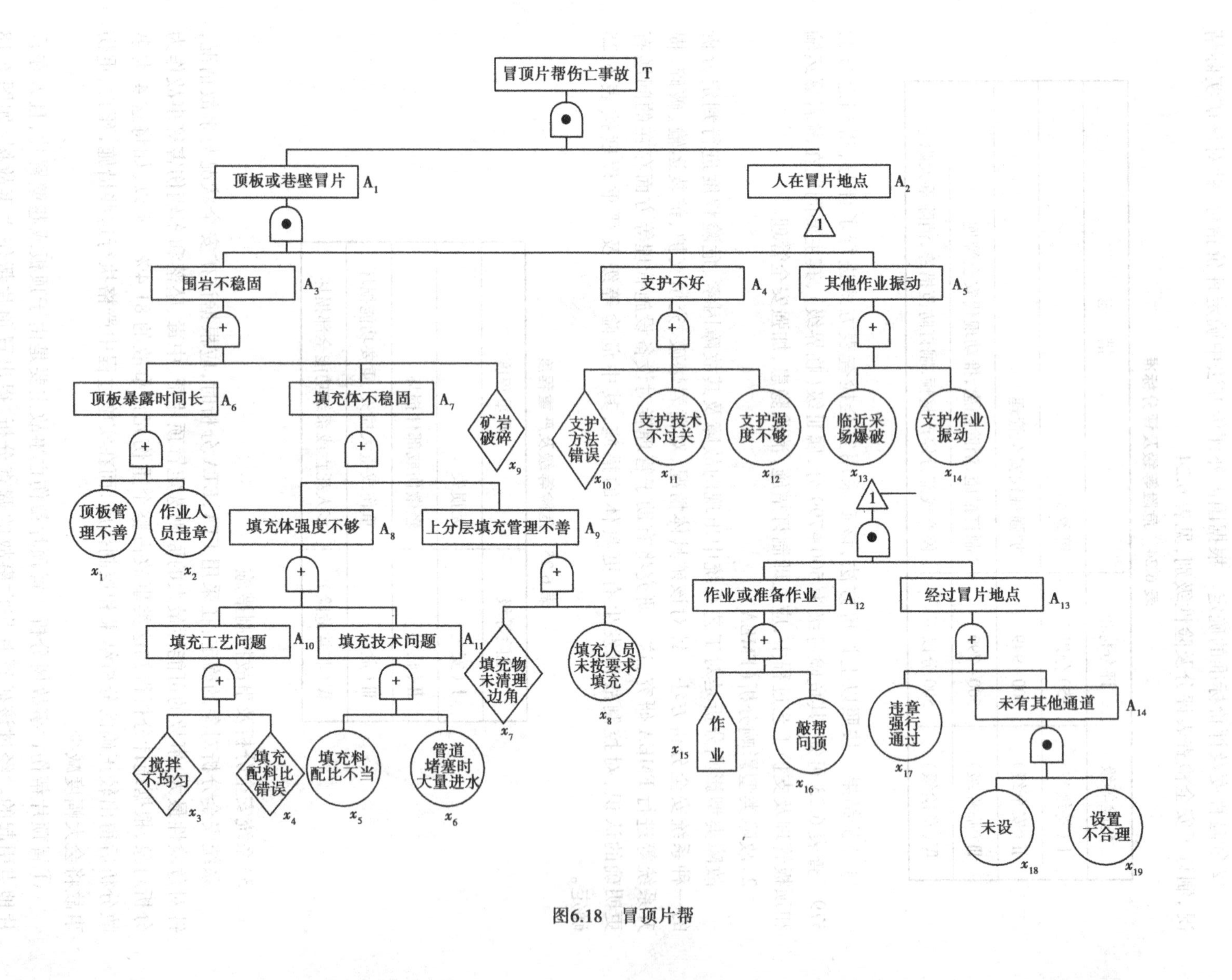
冒顶片帮伤亡事故 T
顶板或巷壁冒片 A1
人在冒片地点 A2
围岩不稳固 A3
支护不好 A4
其他作业振动 A5
顶板暴露时间长 A6
填充体不稳固 A7
填充体强度不够 A8
上分层填充管理不善 A9
填充工艺问题 A10
填充技术问题 A11
作业或准备作业 A12
经过冒片地点 A13
未有其他通道 A14
顶板管理不善 x_1
作业人员违章 x_2
搅拌不均匀 x_3
填充配料比错误 x_4
填充料配比不当 x_5
管道堵塞时大量进水 x_6
填充物未清理边角 x_7
填充人员未按要求填充 x_8
矿岩破碎 x_9
支护方法错误 x_{10}
支护技术不过关 x_{11}
支护强度不够 x_{12}
临近采场爆破 x_{13}
支护作业振动 x_{14}
作业 x_{15}
敲帮问顶 x_{16}
违章强行通过 x_{17}
未设 x_{18}
设置不合理 x_{19}
1

图6.18 冒顶片帮

根据图6.18计算其最小割集和最小径集如下：

$$T=(x_1+x_2+x_3+x_4+x_5+x_6+x_7+x_8+x_9)\times(x_{10}+x_{11}+x_{12})\times(x_{13}+x_{14})\times(x_{15}+x_{16}+x_{17}+x_{18}+x_{19})$$

故得最小径集共5组：

$x_1,x_2,x_3,x_4,x_5,x_6,x_7,x_8,x_9$

x_{10},x_{11},x_{12}

x_{13},x_{14}

$x_{15},x_{16},x_{17},x_{18}$

$x_{15},x_{16},x_{17},x_{19}$

其余最小割集共270组：

x_1,x_{10},x_{13},x_{15}

x_1,x_{10},x_{13},x_{16}

⋮

$x_9,x_{12},x_{14},x_{18},x_{19}$

从以上最小割集的分析可知，冒顶片帮发生共有19个事件270种组合的可能性。可见冒顶片帮伤人事故的可能性很大，故必须采取措施予以预防。从最小径集的计算，可知防止冒顶片帮伤亡事故的措施共有5种，每种方法都能控制冒顶片帮事故，其方案如下：

a.控制 $x_1,x_2,x_3,x_4,x_5,x_6,x_7,x_8,x_9$ 这9个事件，即在顶板管理上不允许过长时间暴露顶板，充填质量应保持其足够的强度，破碎带矿岩地带作业时应随时检查，这些问题得到解决，则可防止巷道顶板围岩冒落。

b.控制 x_{10},x_{11},x_{12}，主要是在支护方式、支护材料和支护技术上把关，使支护保持良好，这种方案也可防止冒顶片帮事故的发生。

c.控制 x_{13},x_{14}，即要控制其他如爆破支护等作业的振动，在生产现场这一点则难以做到。

d.控制 $x_{15},x_{16},x_{17},x_{18}$或 $x_{15},x_{16},x_{17},x_{19}$，即控制人在片冒点，正常作业时人必定要在作业现场，故主要解决人员违章通过冒顶片帮危险性较大的地段，设置安全通道，并使安全人行通道保持合理。

根据最小径集的分析，可知采用第二种方式较好，即加强支护方法的研究，提高支护和支护材料的质量，这对于矿岩破碎、地质条件复杂的矿山是一个有待于研究的问题。

②车辆伤害ETA

通过对该矿车辆伤害事故案例分析，应用ETA方法进行分析，结果如图6.19所示。

a.设置齐全的车辆运行信号，使通过该运行道的人员及时发现车辆来往的情况，避免伤害事故。

b.运行道较窄时，专门设置人行道。

c.在运行道狭窄，又未设人行道，则可设置人员躲避设施。

d.司机及行人应集中注意力观察前方路面情况，并保持车辆刹车装置的性能完好。

(4)风险率评价及综合安全管理评价

风险率评价是对系统内存在的危险性进行定量分析与衡量的评价方法。它是通过所评价系统的风险率，参照评价指标来确定其危险程度的。

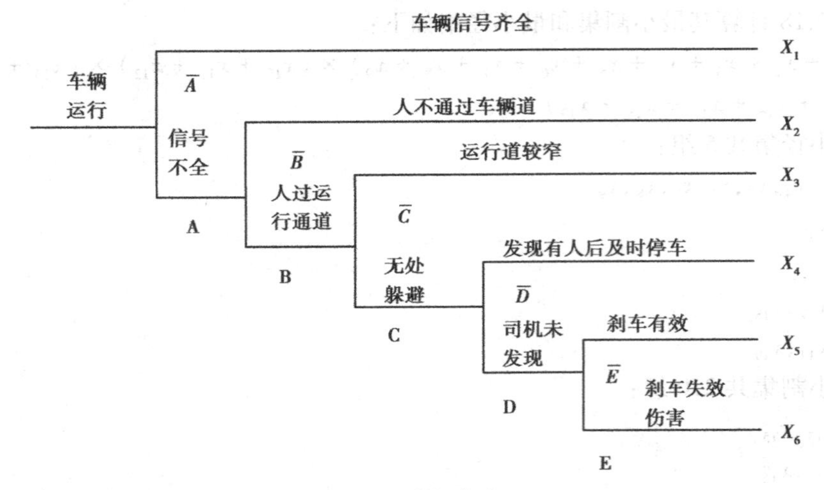

图 6.19　车辆伤害 ETA

1)风险率评价指标的确定

根据我国冶金、有色系统历年来的统计资料,风险率指标采用"(损失工作日)/(小时)"统计计算。因此,统计计算风险率指标作为该矿风险率评价标准见表 6.26。

表 6.26　风险率评价指标

工业类型与统计时间	风险率/(损失工作日·接触小时$^{-1}$)	死亡、重伤风险率/(损失工作日·接触小时$^{-1}$)
冶金系统(1986—1991 年)	3.1×10^{-4}①	—
冶金矿山(1986—1990 年)	6.84×10^{-4}②	—
冶金系统(1986 年)	4.1×10^{-4}③	—
有色系统(平均)	—	3.478×10^{-4}

注:①②③此表数据根据冶金系统职业安全与卫生统计资料,冶金系统 1949-1990 年职工伤亡事故报告以及有色系统提供数据计算。

2)风险率计算

风险率与事故概率及事故后果的严重程度有关。当事故发生概率很小时,即使发生事故后果十分严重,风险率也不会很大;反之如果事故概率很大,即使每次后果不太严重,但风险率依然很大。所以,为了比较系统地分析危险性,必须有一个指标,这个指标就是所谓的风险率,其计算见公式 6.4。

根据相关资料,历年来发生事故共 470 次,其中死亡 64 人,重伤 33 人,轻伤 373 人(以此数据为准)。按 GB 6411—1986《企业职工伤亡事故分类》标准。死亡按每人损失 6 000 个工作日计算,重伤事故按每人平均损失 105 个工作日最低标准计算,轻伤按每人平均损失 50 个工作日计算,则共损失工作日为:

$$6\ 000\times64+105\times33+50\times373=406\ 115$$

有了损失工作日 406 115 及事故 470 人次,我们可按式 6.27 计算其严重度:

$$S=\frac{\text{损失工作日数}}{\text{事故人次数}}\tag{6.27}$$

根据式6.4,计算其严重度为:

$$S = \frac{406\ 115}{470} = 846.07\left(\frac{\text{损失工作日数}}{\text{事故人次数}}\right)$$

事故频率,表示在一定生产周期内事故发生的次数,近似于事故概率。该矿1980—1992年共13年年平均在册人数为2 439人,每年按300天工作日,每天8 h计算,则总的工作时间为80×2 439×300×13=76 096 800 h,又知事故总人次数为470,则按下式计算频率:

$$f = \frac{\text{事故人次}}{\text{工作时间}} = 6.18 \times 10^{-6}\left(\frac{\text{事故人次}}{\text{工作小时}}\right)$$

有了严重度S和频率f,则可按式6.4计算其风险率R。

$$R = S \times f = 864.07 \times 6.18 \times 10^{-6} = 5.34 \times 10^{-3}\left(\frac{\text{损失工作日}}{\text{接触小时}}\right)$$

按此方法可计算出该矿1986—1991年、1986—1990年、1980—1992年及1980—1992年(死亡重伤)各段时间的风险率,见表6.27。

表6.27　该矿各时间段风险率

时间段	风险率 (损失工作日/接触小时)	死亡、重伤风险率 (损失工作日/接触小时)
1986—1991年	3.03×10^{-3}	—
1986—1990年	3.07×10^{-3}	—
1980—1992年	5.34×10^{-3}	—
1980—1992年	—	5.09×10^{-2}

3)评价结果

将表6.27风险率与表6.26风险率评价标准进行比较,得出以下结论:

a.该矿1986—1991年,风险率与冶金系统同期风险率相比,其风险率是冶金系统的9倍。

b.与冶金矿山1986—1990年同期风险率相比为其4.8倍。

c.与冶金系统1986年风险率(死亡355人,重伤917人,轻伤14 200人,属历史上高峰期)相比,该矿1980—1992年间的风险率(5.34×10^{-3})是其风险率(4.1×10^{-4})的13倍(这主要是由于该矿1984年一次中毒死亡29人的缘故)。

d.与有色系统相比,该矿的风险率(只含死亡、重伤)为其平均值的14.6倍。

由以上分析可知,该矿安全生产所承受的风险仍是相当大的。因此,必须采取有效措施降低事故,减少该矿安全生产所承担的风险率。

(5)综合安全管理评价

1)评价标准及各检查项目分数分配

根据实地调查,管理者制订了10种综合安全管理评价检查表,共101项检查项目,然后100分制给各检查项目分配分数,即各检查项目分配1分,共计101分,其评价标准及分数分配分别见表6.28、表6.29。

表 6.28　综合安全管理评价准则

级　别	评价准则	措　施
Ⅰ(特级)	95 分以上	
Ⅱ(安全级)	80~94 分	
Ⅲ(临界级)	50~79 分	
Ⅳ(危险级)	50 分以下	

表 6.29　综合安全管理安全检查项目分数分配

序号	检查内容	检查项目个数	分数分配	备　注
1	现代安全管理	15	16	
2	安全规划与计划	4	4	
3	职能部门职责	14	14	
4	安全教育	8	8	
5	特种作业训练	14	14	
6	安全责任制	10	10	
7	压力容器管理	5	5	
8	规章制度	12	12	
9	故事档案	10	10	
10	管理图表	9	9	
合　计		101	101	

2)评价结果

根据表 6.29 中的被检查项目,对该厂进行调查,在 101 项检查项目中,有 18 项不合格,这样按每项评分为 1 分,则计算其综合安全检查表评分为 101-18=83 分,查表 6.28 可知,该矿综合安全管理为Ⅱ级,即安全级,主要存在的问题是现在安全管理方法的推广使用方面。

6.8　安全评价方法应用实例

6.8.1　基于生产过程的企业安全评价

最近几年,安全评价得到了迅速的发展。安全评价方法从单一的安全检查表法、指数法发展到人工智能、神经网络等方法。从本质上看,这些评价方法是在一个固定的指标体系下,从简单的指标合成计算到复杂计算的发展,也是增大指标体系合成计算精确性的发展。但从现有的评价指标体系来看,存在评价体系定位不准确、评价指标模糊性较强的现象。研究表明,评价指标体系设置的合理性将直接导致评价结论的正确性。这样,问题就转向了如何建立更符合企业实际状况的安全评价体系,才能体现安全评价本身的意义,才能使企业通过安全评价了解到自身存在的不足,达到安全评价的目的。

(1)安全管理模型

1)传统的安全管理

得到更多的专家、学者认可的我国目前的安全管理模式仍然处在传统安全管理模式阶段,更多的是事后管理。汉森于1993年指出:传统安全管理的缺点是企业的安全管理总是处于孤立的状态,不能和其他的管理模式相适应,往往是职责只落在安全管理主管身上,更多的情况是,安全管理主管没有权力做出改变。也就是说,从这种安全管理的模式出发,安全管理更多的是流于形式,落不到实处。因此,以传统安全管理模式为基础构建的安全评价体系就可能达不到安全评价的目的。

2)职业安全健康管理体系

职业安全健康管理体系(Occupational Safety and Health Management System,OSHMS)是随着ISO 9000、ISO 14000在世界范围内的成功实施而推行的,由于其具有系统性、全过程管理和其他管理体系相兼容的特点,受到了普遍的关注。职业安全健康管理体系关注了从管理到生产、从采购到销售的各个环节的安全问题。随着社会的发展,社会、国家、企业和员工对安全的关注,代表现代安全管理模式的职业安全健康管理体系在企业中的普遍应用将成为必然的发展趋势。

3)基于生产过程的安全管理模型

针对职业安全健康管理体系在现场应用的快速发展,建立什么样的评价体系以合理评价企业的安全状况,是值得研究的。现代安全生产的完整概念应包括两方面内容:一是保证生产作业过程中员工的人身安全与健康,防止伤亡事故与职业病的发生;二是保证生产过程的连续性,使每一个生产环节都能在安全的状态下运行。基于生产过程的安全管理模型的建立:从这个概念来看,企业的"安全"与否与生产过程紧密相连,即安全寓于生产之中。故进行企业安全评价也应从熟悉企业的生产过程开始,结合现代安全管理模式建立安全评价指标体系。在这里,从系统的观点出发,结合职业安全健康管理体系系统化、过程化、结构化的特点,提出了基于生产过程的安全管理模型,如图6.20所示。

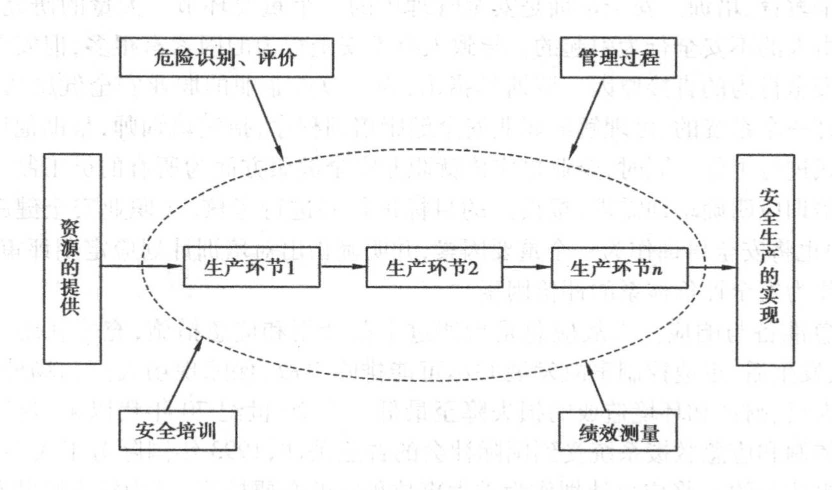

图6.20　基于生产过程的安全管理模型

(2)安全评价体系构建

1)安全评价指标分析

基于生产过程的安全管理模型的建立为现代安全管理体系在企业的应用与合理评价搭建了桥梁。在确定以生产过程为中心的安全管理后,如何确定安全评价体系及其评价指标,是关键的内容。从职业安全健康管理体系本身来看,它确定了从风险因素的识别到管理体系绩效的监督和测量再到持续改进整个过程。在整个过程中,以风险的识别、评价和管理为中心,其他过程为辅助过程。因此,安全评价体系中评价因素的确定应从以下几个方面考虑。

①生产系统的危险识别评价。安全评价的目的在于识别生产过程中的危险因素,并进行有效控制,以达到安全生产的目的,从而改善组织的职业安全健康绩效。因而,全面识别危害因素、进行风险评价成为企业安全管理体系建立与保持的基础,也是企业开展安全管理并持续改进的核心。《中华人民共和国安全生产法》规定:"生产经营单位对重大危险源应当登记建档,进行定期检测、评估、监控。"因此,生产系统的危害识别评价是安全评价体系中不可或缺的因素。它包括危害因素的辨识,风险评价,风险控制计划的提出,制订职业安全健康目标、管理方案并要求实施运行等多个步骤。

②管理过程。安全管理体系的运行是由各个管理过程相互联系构成的。所谓管理过程包括管理职责和权限的确定、相关法律法规的收集、职业安全健康信息的沟通、体系的运行控制、管理者行为和承诺等过程。

管理职责和权限的不明确,会使职业安全卫生管理人员不能主动、有效地实施和执行,最终会使安全管理的责任落到某几个人的肩上。职业安全卫生信息的沟通不仅可以使管理层获得职业安全卫生方面的信息,还可以使员工充分参与。同时,与同行业和政府等外部部门的联系沟通,可充分获得相类似的职业危害状况,可达到事前预防的目的。安全管理体系的运行往往是通过文件的传达来进行的,如何保证将文件传达的内容落到实处,是管理层要考虑的内容,即管理体系的运行控制;尤其管理者的承诺会影响全体员工对职业安全卫生工作的理解,从某一程度上说,也将影响伤亡事故的发生率。管理过程的识别,是保证安全管理运行的根本,管理过程是激活各个要素的重要手段。

③安全教育、培训。安全培训是安全管理中的一个重要环节。大量的研究表明,大多数的事故是由人的不安全行为引起的。导致人有不安全行为的因素有很多,但安全培训不足应是导致不安全行为的直接原因。罗斯顿指出,为了改进企业的职业安全健康质量,企业应为新员工制订一个系统的、可理解的职业安全健康培训程序,指定培训师,帮助他们以一种安全的工作方式进行工作。同时,企业也应该就职业安全健康方面为所有的员工制订一个持续培训计划。培训应明确培训需求,按设定的目标进行并进行考核。《职业安全健康管理体系审核规范》中也将安全培训作为一个重要因素,并明确指出对培训计划应定期评审。因此,应将安全培训作为安全评价体系的评价因素。

④应急准备与响应。事故应急是指通过事前计划和应急措施,充分利用一切可能的力量,在事故发生后,迅速控制事故发展并尽可能排除事故,保障现场人员和场外人员的安全,将事故对人员、财产和环境造成的损失降至最低。自20世纪70年代以来,建立重大事故的应急管理体制和应急救援系统受到国际社会的普遍关注,1993年国际劳工大会通过的《预防重大工业事故公约》,将应急计划作为重大事故预防的必要措施。《中华人民共和国安全生产法》第二十一条第(六)款规定:"生产经营单位的主要负责人员有组织制定并实施本单位的

生产安全事故应急救援预案的职责”。在我国，由于设备老化现象严重，尤其在高危行业生产过程中的不确定性因素较其他行业多，不可避免地会出现一些事故，在企业内部建立应急准备与响应制度是必要的，2004 年 1 月 7 日公布实施的《安全生产许可证条例》第六条对此也有要求。因而，对企业进行安全评价时，应急准备和响应计划的完整性是重要的一部分。

2）安全评价体系的建立

依据职业安全健康管理体系和相关法律法规及其要求，通过对生产系统危险识别评价、管理过程等几个方面的分析，建立了如图 6.21 所示的安全评价指标体系的框架，指出了企业安全评价应从危险识别评价、管理过程、安全培训和应急响应 4 个方面进行。

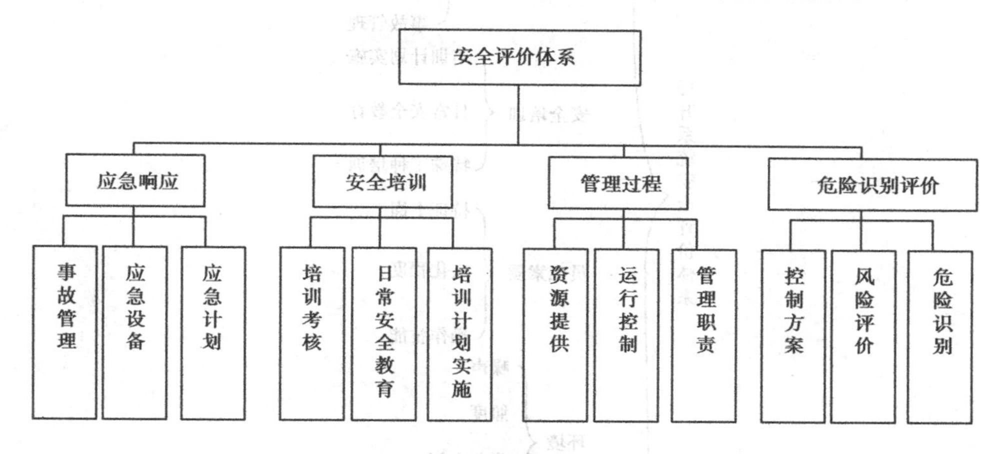

图 6.21　安全评价体系

（3）应用举例

由于图 6.21 所示的安全评价体系只是依照职业安全健康管理体系提出的评价思想，不是具体的评价指标，而具体的评价指标应根据企业的性质、规模确定。因此，安全评价体系确立后，就是依照相关的评价原则对企业进行评价单元划分，然后建立多层次、多指标的评价体系。该框架既可适用于企业的安全评价体系的建立，也适用于企业的二级单位安全评价体系的建立。以矿井这一大型复杂系统的提升系统安全评价为例说明如下。

1）矿井的生产过程

矿井的生产过程，按各个生产环节在煤炭生产过程中的地位和作用的不同，可划分为生产技术准备过程、基本生产过程、辅助生产过程和生产服务过程 4 个组成部分。在矿井的生产过程中，基本生产过程是主体，其他各生产过程是为实现基本生产过程服务的，但它们是相互联系、不可分割的。

2）提升系统安全评价体系及评价过程的确定

由矿井生产的一般安全评价体系和图 6.21，建立如图 6.22 所示的矿井提升系统安全评价指标体系。

企业生产系统的构成、功能及其在生产过程中安全程度的不同，决定了生产系统评价的指标组成和权值分配也不同，这就为系统的安全综合评价体系结构的合理性奠定了基础。各指标之间的关系确立方法主要有指数标度法、层次分析法、关联树法、模糊综合评价法等。

本章建立的评价体系指标合成方法采用层次分析法确定权值、模糊综合评价法合成。

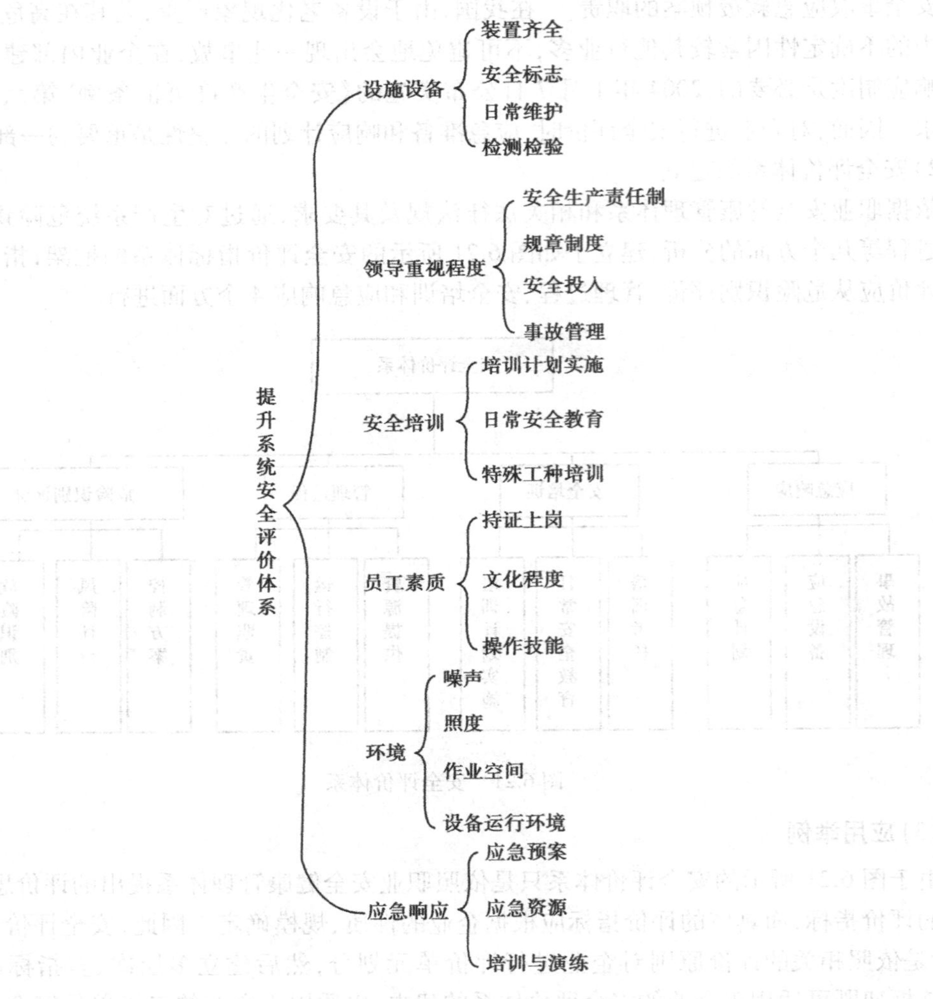

图 6.22　矿井提升系统安全评价指标体系

①评价指标权值的确定。对第二层次、第三层次的指标权值的确定，采用改进的层次分析法。在标度上，采用具有良好判断性、传递性的指数标度。

②指标项的得分评价。指标项的得分应根据预先依据所要评价的指标编制的安全检查表进行评定，依据煤矿的“三大规程”和相关的法律法规及企业规范，结合安全检查表与现场的安全记录表，最后给出各指标项的得分评价。

③现场应用。依据建立的矿井提升系统安全评价体系，对某矿副立井提升系统进行了应用，评价结果为良，矿方依据评价过程中暴露的问题进行了整改。通过现场的应用显示，以过程为基础建立的评价体系与现场实际的生产、管理过程比较容易结合，并且其过程、系统化的特点可以使得评价工作既看重整体，又兼顾过程。同时，合理的安全评价体系结构可以反作用于企业，有利于规范企业的安全管理。

④结论。安全评价质量的好坏、准确与否，与评价指标体系的建立有直接的关系。结合现代安全管理体系的结构及其运作方式，提出了基于生产过程的安全管理模型，为从安全管理体系实际的运作方式到相对抽象的安全评价指标体系的建立搭建了桥梁，从而使得建立的

安全评价体系也更加符合企业的性质、规模,便于企业实施安全评价,有利于企业的安全管理。根据企业的生产过程建立评价指标体系进行安全综合评价,可操作性加强,尤其是对类似于煤矿的大型复杂工业系统。因此,只有应用合理的安全综合评价体系结构,才能够为企业的管理层提供准确的决策依据,从而达到持续改善的目的。

6.8.2 某企业的活性炭生产性安全评价

(1)危险源的定量评价

为了科学合理地反映某企业活性炭催化剂生产线的安全生产状况,评价采用了国际上化工行业普遍采用的有效评价方法——Mond 法。

1)生产线主要危险源及安全隐患分析

活性炭催化剂生产所需原材料为优质原煤和煤焦油,通过图6.23所示工艺流程加工成最终产品。

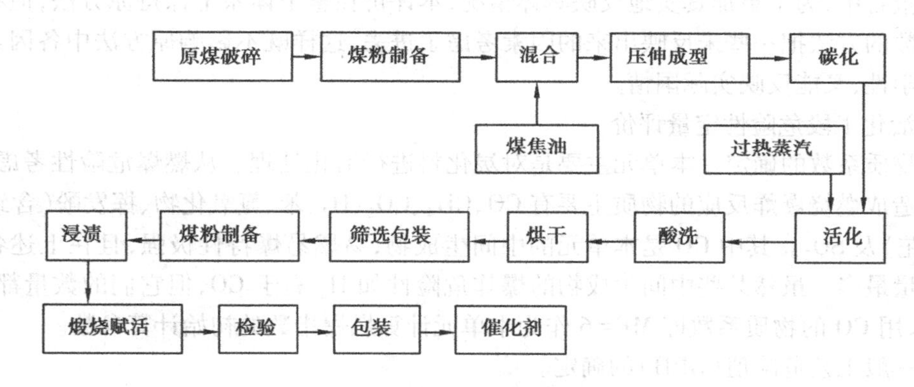

图6.23 活性炭工艺流程

根据实际情况,从各基本工序的主要原料、中间产物、工区的连贯性等方面考虑,活性炭催化剂生产线被分为4个评价单元,即①破碎、球磨工段;②混合、压伸、炭化工段;③活化工段;④催化剂生产、制药工段。整个评价以此为基础分为4个单元。

各单元具有的易燃易爆物质有很大差别。在单元①中,原料主要进行一些简单的物理处理。由于设备破损严重,导致煤粉大量泄漏,主要危险集中在煤粉的爆炸问题上。评价结果表明:本单元修正后的危险性指数等级为“很高”,表明情况是较为严重的。

单元②的主要过程是煤粉与焦油按一定比例混合后进行压伸,然后送入800 ℃左右的炭化炉进行高温炭化。炭化尾气中含有多种危险性物质,其中量最大且易燃易爆特性相对最厉害的是CO,所以按CO为基本物质的评价结果,其危险性指数等级已进入“极端危险”级别。

单元③的主要过程是半成品的炭化料进入活化炉,与通入的高温蒸汽进行反应,释放出大量有毒的易燃易爆气体。从量上考虑,仍以CO为主,所以单元③仍以CO为基本物质进行评价,其综合危险性指数分类结果已达到“极端危险”,供参考用的DOW综合指数分类结果也表明,其危险等级已进入“可能是灾难性的”一类,显然,其危险性已达相当严重的地步。

单元④工艺虽然复杂,但综合评价结果其危险性等级为“很高”,较前两个单元要低一些,所以此处不再赘述。

在实际评价过程中,影响评价结果的因素是多方面的。但是除基本物质以外,概括地讲,设备与工房的严重破损直接导致了多种因素指标值的提高。比如仪器仪表残缺不全、粉尘与有毒气体的大量泄漏、支架平台的严重腐蚀等。虽然各单元历年来的伤亡事故中燃爆事故不多,但与大量的机械伤害相比,粉尘与气体的爆炸燃烧才是最大的事故隐患。从评价结果来看,一旦有此类事故发生,其后果之严重是不堪设想的。

2)关于评价采用的方法

Mond 法是由英国帝国化学公司 Mond 工厂提出的一个全面、系统的安全评价法。该方法以美国 DOW 化学公司提出的 F&EI 法为基础,考虑了更多的影响因素,所以比较适合于一般化工生产线的安全性评价。

F&EI 法第一版发表于 1964 年。本评价采用的版本对评价单元的毒性、高温高压等方面考虑得已较为全面,在反映化工工艺本质安全性方面较为合理。

但这两种方法毕竟是出自国际上安全管理程度与自动化水平较高的两个工厂,能否直接拿来在国内使用还得在进一步的实践中检验。本评价是国内兵工行业第一次把该方法应用于正式报告中,为了更加真实地反映具体情况,本评价在整个体系上保持原方法,但在最后以修正系数的方法把一些未反映出来的因素考虑了进去,这样既不影响原方法中各因素的平衡性和科学性,又能反映实际国情。

3)活化工段危险性定量评价

①物质系数的确定。本单元主要是对炭化料进行活化处理。从燃爆危险性考虑,在本工段可能造成燃烧爆炸反应的物质主要有 CO、CH_4、CO_2、H_2、苯、氮氧化物、挥发酚(含致癌物 3,4-苯丙芘)及 SO_2。其中 CO 是本单元的中间生成物,易燃易爆特性极强,且在上述各种生成物中数量最多。虽然某些中间生成物的爆炸危险性如 H_2 高于 CO,但它们的数量都远比 CO 少,故采用 CO 的物质系数即 MF=6 作为本单元计算燃爆指数的初始计算参数。

②一般工艺危险值(GPH)的确定。

a.基本系数取 1。

b.放热反应(系数 0.30~1.25)。活化工段炭化料是在 900 ℃高温下进行活化处理,主要表现为放热过程,故选取放热化学反应系数为 1.00。

c.吸热过程(系数 0.20~0.40)。活化过程是放热反应,无吸热过程,故此项不予考虑。

d.物质的搬运或移动(系数 0.25~1.05)。在活化过程中,炭化料需要从炉顶装入容量为 30 t 的炉中,搬运量和移动量大,温度高,环境恶劣,选取系数为 0.80。

e.隔离或圈围(系数 0.25~0.90)。活化炉为高温设备,炉与炉之间无隔离防护,一旦发生事故就会波及整个工房,故选了上限系数值 0.9。

f.疏散通道(系数 0.35)。工房内,各个炉体布置较紧密,无充分疏散通道,所有上下阶梯腐蚀严重,故选取系数 0.35。

g.液体排放及飞溅控制(0.25~0.50)。该单元无液体产物或排放物,故此项系数为 0。

由以上 7 项,可以累计得到一般工艺危险值:

$$GPH = 1.0 + 1.0 + 0.80 + 0.90 + 0.35 = 4.05$$

③特殊工艺危险值(SPH)的确定。

a.基本系数取 1。

b.有毒物质(系数 0.20~0.80)。该单元排放有多种有毒气体,故选取上限系数值为 0.80。

c.负压。该单元炉内是正压操作,故此项系数为 0。

d.是否在可燃范围或靠近可燃范围操作。罐式存储可燃液体:本单元无可燃液体,本项系数为0;工艺不稳定或不易洗涤:本单元工艺是稳定的,本项系数为0;总是处在可燃范围内(系数0.80):本单元物理化学反应温度就处在可燃范围内,故选取系数为0.80。

e.粉尘爆炸(系数0.25~2.00)。本单元的炭化料基本不存在粉尘,故本项系数为0。

f.压力。活化炉正常工作时受正压98 Pa,基本属于常压操作,故此项系数为0。

g.低温(系数0.20~0.30)。本单元此项系数为0。

h.可燃或不稳定物质的数量。储存的可燃固体或生产过程中存在的粉尘总量为90 t,查表得此项系数为0.18。

i.腐蚀性和侵蚀性(系数0.10~0.75)。活化炉大量排放的腐蚀性气体有SO_2、氮氧化物和CO_2,故选取上限系数为0.75。

j.泄漏(系数0.10~1.50)。由于设备腐蚀、泄漏严重,故选取上限系数为1.50。

- 使用加热器。本单元无明火,故此项不予考虑。
- 热油交换系统(系数0.15~1.15)。本单元无热油交换系统,此项不予考虑。
- 旋转设备(系数0.50)。本单元使用鼓热风机等旋转设备,且功率较大,故此项系数取为0.50。

由以上几项累计得到特殊工艺危险值:

$$\mathrm{SPH} = 1.0 + 0.80 + 0.80 + 0.18 + 0.75 + 1.50 + 0.50 = 5.53$$

④单元危险系数。

$$F_3 = \mathrm{GPH} \times \mathrm{SPH} = 4.05 \times 5.53 = 22.40$$

⑤火灾爆炸指数。

$$\mathrm{F\&EI} = F_3 \times \mathrm{MF} = 22.40 \times 6 = 134.38$$

⑥DOW综合指数。

$$D = \mathrm{MF} \times \mathrm{GPH} \times M \times (\mathrm{SPH} + L) = 6 \times 4.05 \times 1.00 \times (5.53 + 0.7) = 151$$

式中　L——本评价单元的布置危险值,它参考环境安全条件中工艺设备布置的得分率30%得到,L取1-30%=0.7M;为本评价单元的特定物质危险值,因为本单元没有自燃发热的物质,所以取基本系数1.00。计算结果,在D值危险等级分类表中属可能是灾难性的。

⑦火灾荷载系数G。它是取整个评价工段上所有燃爆物质的总热值除以总占地面积的单位总潜热,主要以90 t炭化料的总热量除2 000 m^2占地得到360 000 kcal/m^2。

表6.30　人、机、环境安全状态评价得分表

评估项目	标准值	评价值	得分率
1.人员安全素质	220	175.5	79.8%
S_x 领导安全意识和素质	60	51.5	85.8%
S_x 安全部门的职能作用	40	32	80%
S_x 职工文化素质和安全技术教育	60	50	83%
S_x 规章制度执行情况	60	42	70%
2.机(物)安全状态	600	136	22.6%
S_y 主要生产设备完好率安全可靠性	260	37	14%
S_y 仪器仪表完好率及安全可靠性	110	40	36%

续表

评估项目	标准值	评价值	得分率
S_y 安全装置及有效性	60	16	27%
S_y 电器防爆及静电与避雷	100	0	0
S_y 能源动力安全保障	70	43	61%
3.环境安全条件	180	43	23.9%
S_z 工房及设施	60	18	30%
S_z 工房工艺设备布置	40	12	30%
S_z 作业环境文明卫生情况	30	1	3%
S_z 消防设施	35	6	17%
S_z 防毒和急救器材	15	6	40%
合计	1 000	354.5	35.5%

⑧单元毒性指数 U。本单元毒性相对较高，所以从取值表中对应取 $U=9$。

⑨设备内爆炸指数 E。活化炉内有负压产生时，空气进入炉体易引起爆炸，所以有一定危险性，对应取 $E=3$（中等）。

⑩气体爆炸指数 A。取法与 E 相似，由于煤气大量泄漏，空气爆炸危险性较高，取$A=266$。

⑪综合危险性指数 R。

$$R = D \times \left[1 + \frac{(G \cdot U \cdot A \cdot E)^{\frac{1}{2}}}{1\ 000}\right] \tag{6.28}$$

$$= 151 \times \left[1 + \frac{(360\ 000 \times 9 \times 266 \times 3)^{\frac{1}{2}}}{1\ 000}\right]$$

$$= 7\ 829$$

在 R 值危险等级分类表中属危险性“很高”。

(2)人、机、环境修正系数 K_1, K_2, K_3 的计算

这 3 个修正系数主要参考“人、机、环境安全状态评价得分表”中的得分率得到，以每一得分率去除标准值 0.684 得：

$$K_1 = \frac{0.684}{0.798} = 0.857$$

$$K_2 = \frac{0.684}{0.226} = 3.026$$

$$K_3 = \frac{0.684}{0.239} = 2.862$$

修正后的综合危险性指数

$$R' = R \cdot K_1 \cdot K_2 \cdot K_3$$

$$= 7\ 829 \times 0.857 \times 3.026 \times 2.862$$

$$= 58\ 106$$

在 R 值危险等级分类中属“极端危险”。

到此为止，就得到了活化工段评价值。DOW 综合指数评价结果为“可能是灾难性的”，Mond 法综合危险性指数评价结果为危险性“很高”，而修正后的综合危险性指数评价结果为“极端危险”。

(3)关于评价等级的判定标准

关于评价标准的问题，在兵器工业总公司制订的 BZA-1 评价方法中采用五等级判定法：

①轻度危险；

②比较危险；

③中等危险；

④严重危险；

⑤非常危险。

国外各种评价方法给出的标准不尽相同，如 *F&EI* 以折算的损失工作日来衡量危险级别，而 DOW 危险性指数等级判定表分为 9 个等级，Mond 法则分为 8 个等级。

考虑到各种标准的统一需要一个过程，本评价结果仍采用原方法中的评价标准。但是为了有一个定性的认识，把这些评价结果对照到前述五等级法时，对应关系见表 6.31，各单元的评价结果对照为：

表 6.31　Mond 法和 BZA-1 法危险性分级标准对照表

Mond 法综合危险性指数 R	R 危险性分类	BZA-1 分类
0~20	缓和	Ⅰ
20~100	低	Ⅱ
100~500	中等	
500~1 100	高(第一类)	Ⅲ
110~2 500	高(第二类)	Ⅳ
2 500~12 500	很高	
12 500~65 000	极端危险	Ⅴ
65 000 以上	极端危险	

注：单元 1：非常严重　总公司级　　单元 3：非常严重　国家级
　　单元 2：非常严重　总公司级　　单元 4：非常严重　总公司级

(4)结论

某企业活性炭生产车间的破碎、炭化、活化、催化剂等主要工段，经过全面安全评价，其危险等级已达到“非常严重”以上或“危险性高”以上，其中最严重的是活化工段，已经达到可能是“灾难性”或“极端危险”等级，或国家级。作为一个生产车间，其主要生产工段都达到危险性很高的严重状态，说明该企业活性炭生产线已属于国家级的重大危险源。

因此，某企业活性炭生产线安全技术改造任务已经迫在眉睫，否则，如果勉强维持生产，一旦发生事故，给国家、人民生命财产以及社会造成的损失和影响是巨大的，是不可挽回的。

思考题

1.简述本章所介绍的评价方法,并列出其使用特点。

2.请结合系统生命周期分析一个典型的企业需要完成的安全评价工作有哪些?(提示:从“三同时”入手)

3.某矿山发生了一起井下电缆起火事故,火灾中产生大量的CO,导致中毒死亡29人的特大事故,利用基于FTA的综合评价方法对这起CO事故进行分析评价。

4.某储罐区有两个400 m^3 的氯乙烯球罐,分别装有约300 t氯乙烯液化气体。球罐的压力为0.5 MPa(g),温度为常温,在两个球罐的周围有防火堤,氯乙烯对设备材质有轻微腐蚀性。试用“单元危险性快速排序法”对该处灌区危险性进行评价,确定其危险等级。

参考文献

[1] 周德群.系统工程概论[M]. 北京:科学出版社,2007.
[2] 孙东川,林福永.系统工程引论[M].北京:清华大学出版社,2004.
[3] 林柏泉,张景林.安全系统工程[M].北京:中国劳动社会保障出版社,2007.
[4] 徐志胜.安全系统工程[M].北京:机械工业出版社,2007.
[5] 袁昌明,张晓冬,章保东.安全系统工程[M].北京:中国计量出版社,2010.
[6] 吴超. 安全科学方法学[M].北京:中国劳动社会保障出版社,2011.
[7] 隋鹏程.安全原理[M].北京:化学工业出版社,2010.
[8] 中国就业培训技术指导中心,中国安全生产协会.安全评价师(国家职业资格一级)[M]. 2版.北京:中国劳动社会保障出版社,2010.
[9] 中国就业培训技术指导中心,中国安全生产协会.安全评价师(国家职业资格二级)[M]. 2版.北京:中国劳动社会保障出版社,2010.
[10] 中国就业培训技术指导中心,中国安全生产协会.安全评价师(基础知识)[M].2版.北京:中国劳动社会保障出版社,2010.
[11] 沈斐敏.安全系统工程理论与应用[M].北京:煤炭工业出版社,2001.
[12] 张乃禄,刘灿.安全评价技术[M].西安:西安电子科技大学出版社,2007.
[13] 谢振华.安全系统工程[M].北京:冶金工业出版社,2010.
[14] 吕淑然,王建国.安全生产事故调查与案例分析[M].北京:化学工业出版社,2013.
[15] 何学秋.安全工程学[M].南京:中国矿业大学出版社,2000.
[16] 程五一,王贵和,吕建国.系统可靠性理论[M].北京:中国建筑工业出版社,2010.
[17] 宋保维.系统可靠性设计与分析[M].西安:西北工业大学出版社,2000.
[18] 柴建设.安全评价技术、方法、实例[M].北京:化学工业出版社,2008.
[19] 赵廷弟,王自力.安全性设计分析与验证[M].北京:国防工业出版社,2011.
[20] 王绍印.故障模式和影响分析(FMEA)[M].广州:中山大学出版社,2003.
[21] 斯泰蒙迪斯.故障模式影响分析 FMEA 从理论到实践[M].2版. 陈晓彤,姚绍华,译.北京:国防工业出版社,2005.
[22] 周海京,遇今.故障模式、影响及危害性分析与故障树分析[M].北京:航空工业出版社,2003.

[23] GB/T 13861—2022.生产过程危险和有害因素分类与代码[S].
[24] GB 6441—86.企业职工伤亡事故分类标准[S].
[25] 乔建,赵铁. 基于 FMEA 的冷库氨制冷系统可靠性分析[J]. 山西建筑,2008, 34(31):184-185.
[26] 胡灯明,郑志强.油气管道安全预评价的 FMEA 方法分析[J]. 石油化工安全环保技术,2010, 26(4):21-25.
[27] 包薇.可靠性分析技术(一)——可靠性框图[J]. 讲座,2002(4):73-76.
[28] 文雪峰,张智宇,庙延钢,等.危险性预先分析及其在厂房、烟囱拆除爆破中的应用[J].云南冶金,2003, 32(4):1-5.
[29] 彭建华.建设工程危险源与事故隐患辨析[J].中国安全生产科学技术,2008,4(4):126-128.